Der Reiseweg der Bark »Lisbeth«
vom 25.4.1924 bis 23.8.1925

Schulz

ÜBER DEM NASSEN ABGRUND

Wilhelm Schulz

ÜBER DEM NASSEN ABGRUND

Als Kommandant und Flottillenchef im U-Boot-Krieg

4. Auflage

SEIT 1789

Verlag E.S. Mittler & Sohn · Hamburg · Berlin · Bonn

Bildnachweis

Atlantic-Pressebilderdienst 1; Bundesarchiv Freiburg 1; W. Fuchs, Schiffsfoto-Zentrale Hamburg 1; Schiffsfoto Jansen, Hamburg 6; Fotohaus Knospe, Sellin/Rügen 1; Schichau-Seebeckwerft, Bremerhaven 2; v. Seggern 1; alle übrigen Abbildungen und die Karte auf dem Vorsatzpapier stammen aus der Privatsammlung Wilhelm Schulz

Schutzumschlagbilder

vorn: *U 10*, eines der kleinen 250-t-Boote, während einer Fahrtübung
in der westlichen Ostsee im ersten Halbjahr 1939
hinten: der Verfasser mit Großadmiral Dönitz
Die Vorsatzkarte zeigt den Reiseweg der Bark *Lisbeth* 1924/25

Die Deutsche Bibliothek - CIP-Einheitsaufnahme

Schulz, Wilhelm:
Über dem nassen Abgrund : als Kommandant und
Flottillenchef im U-Boot-Krieg / Wilhelm Schulz.
Hamburg ; Berlin ; Bonn : Mittler, 1994
ISBN 3-8132-0750-1

ISBN 3-8132-0750-1; Warengruppe Nr. 21

Umschlag- und Innentitelgestaltung: T. Bonnie, Hamburg, unter
Verwendung zweier Fotos aus der Privatsammlung des Autors
Printed in Germany

Inhalt

Die Kriegsjahre 121

IV. Epilog 220

Personenregister 229

Vorwort

Seemann, Marineoffizier, Mensch. Diese drei Begriffe stehen für das Leben von Korvettenkapitän Wilhelm Schulz. Er wurde geprägt durch die Erziehung im Elternhaus eines preußischen Offiziers, im Königlich-Preußischen Kadettenkorps, auf Segelschiffen und Frachtern der Handelsmarine in weltweiter Fahrt sowie durch zwölf Jahre Dienstzeit bei der Kriegsmarine, vor allem in den zehn Jahren bei der U-Bootwaffe.

Sein Leben war voller Erlebnisse, die nicht nur mit Krieg und Sterben zu tun hatten, was in manchen amüsanten Episoden des Buches nachzulesen ist. Schwerpunkt der Darstellung ist natürlich das Kriegserlebnis. Wilhelm Schulz berichtet sachlich und konkret, läßt manche dramatische Situation wieder lebendig werden. Es wird deutlich, daß er auch in der Zeit der härtesten Kämpfe während des Krieges stets als fairer Soldat dem Gegner gegenübertrat. Dieses wurde nach dem Krieg von britischer Seite besonders gewürdigt.

Korvettenkapitän Wilhelm Schulz war einer der brillantesten und menschlich anerkanntesten Offiziere der deutschen U-Bootwaffe. Sowohl bei seinen Männern als auch bei seinen Vorgesetzten genoß er hohes Ansehen. Er gehörte zu den vielen Männern im Grauen Lederpäckchen der U-Bootfahrer, die ihre soldatische Pflicht bis zur letzten Stunde des Krieges erfüllten, weil sie überzeugt waren, ihrem Vaterland – ihrer Heimat – zu dienen.

Seine Erinnerungen vermögen hoffentlich, in unserer an Werten so armen Zeit, ein Beispiel dafür zu geben, wie auch unter den extremen Bedingungen einer Diktatur und des Krieges politische Zwänge und militärische Erfordernisse mit humanem Handeln in Übereinstimmung zu bringen sind.

Ursprünglich hat Wilhelm Schulz nur für seine Kinder und Enkelkinder geschrieben. Ich bin Frau Eleonore Schulz, seiner Witwe, dankbar, daß sie die Zustimmung gegeben hat, dieses Buch einem größeren Kreis zugänglich zu machen.

Berlin, im Frühjahr 1994 *Peter Tamm*

I. Kindheit und Jugendjahre

(1906 bis 1923)

Die Zeit bis zum Ersten Weltkrieg

Die Familie Schulz stammt aus der Neumark, die 1260 durch die askanischen Grafen von Brandenburg erworben, 1402 an den »Deutschen Orden« verpfändet und 1455 endgültig durch die Hohenzollern zur Kurmark Brandenburg zurückgeholt wurde.

Seit wann die Familie in der Neumark ansässig ist, läßt sich nicht mehr feststellen, aber mit aller Vorsicht vermuten.

Der früheste Nachweis (1822) nennt den Ort Königswalde, etwa 20 Kilometer südlich von Landsberg/Warthe, der als eine Gründung Friedrichs d. Großen im Zuge seines umfangreichen Siedlungs- und Aufbauwerkes nach dem 7jährigen Kriege angesehen werden kann und als größerer Ort in dieser Gegend seinen Namen zur Ehrung des königlichen Werkes erhielt; damit ist nicht auszuschließen, daß die Familie Schulz in Verbindung mit dieser Gründung um 1770 dorthin gekommen ist.

Diese Wahrscheinlichkeit deckt sich auch mit Erzählungen unseres Vaters Paul Schulz, die einen Hinweis auf Joachimsthal (Schorfheide/Uckermark) als Herkunft der Vorfahren enthalten, von dort sind sie anscheinend dann in die Neumark gekommen.

Mein Großvater Carl Heinrich Schulz – am 10. März 1829 in Marienwalde Krs. Arnswalde geboren – lernte das Sattlerhandwerk und kam auf der Wanderschaft nach Schlesien, wo er 1848 freiwillig Soldat wurde und in das Leib-Kürassier-Regiment (Großer Kurfürst) Nr. 1 in Breslau eintrat. Nach neun Dienstjahren hatte er das Unglück, durch den Hufschlag eines Pferdes in die linke Brustseite getroffen, zum Invaliden zu werden und den Dienst aufgeben zu müssen.

Wie schon damals üblich, sorgte dann der Staat dafür, daß er eine Anstellung bekam. Er verstarb am 30. Juni 1915 als Postbeamter a.D. im Alter von 86 Jahren.

Verheiratet war der Großvater mit Johanna Nepomucine Weymann, einer Töpfermeistertochter aus Nachod in Böhmen. Die Großmutter wurde 92 Jahre alt und verstarb am 3. Januar 1929 in Bad Warmbrunn in Schlesien. Großvater Carl Heinrich Schulz war der erste Soldat in unserer Familie.

Mein Vater, Carl Theodor Paul Max Schulz, wurde am 27. Februar 1865 in Schweidnitz in Schlesien, wo der Großvater damals als Postbeamter tätig war, geboren. Seine Eltern wollten, daß er Feldmesser würde und gaben ihn zur Lehre in das dortige Katasteramt, da Mathematik und Physik seine Stärke waren. Wie er mir später einmal sagte, wäre er gerne zur See gegangen. Er war ein sehr aufgeweckter und aufgeschlossener Mensch, doch waren seine Wünsche zu damaliger Zeit wohl nicht in die Tat umzusetzen. Die Seefahrt war im Binnenland recht verrufen, und es mangelte der Familie an Beziehungen zum Norden und speziell zu Schiffahrtskreisen.

Aber der Beruf eines Feldmessers konnte ihn auch nicht zufriedenstellen, und so betrieb er heimlich seine Bewerbung beim Militär, was durch die frühere Dienstzeit des Großvaters begünstigt wurde. Wie die Auseinandersetzung zwischen ihm und seinem Vater vor sich ging, ist im einzelnen nicht bekannt. Vater erzählte nur einmal, daß der Großvater erhebliche Bedenken gehabt habe und nur sehr ungern seine Zustimmung gab. Es war wohl auch darin begründet, daß es zu damaliger Zeit nicht leicht war, ohne Abitur und den nötigen Familienrückhalt Offizier zu werden.

Während seiner Kommandierung zum Artilleriedepot in Wittenberg wurde er am 31. März 1894 zum Leutnant befördert. Zur Zeit meiner Geburt war er Oberleutnant.

Vater heiratete am 8. Oktober 1903 Elisabeth Karoline Esche (genannt Ilse), eine Kaufmannstochter aus Hochheim bei Erfurt. Der Großvater Esche hatte nach dem Jahre 1870 eine Tabakfabrik gegründet, die er in dem in Konkurs gegangenen Gutshof in Hochheim vor den Toren der Stadt Erfurt etablierte.

Mein Vater war Feuerwerksoffizier. Diese Waffengattung gehörte der Artillerie an. Entsprechend den damaligen Verhältnissen spielte sowohl die Ausrüstung mit Pferden und Fuhrwerken wie auch die Munitionsversorgung eine große Rolle. Daher waren der Artillerie Spezialisten zugeteilt, die sich mit dem Bereich Gerät, Wagen und Geschirr (Zeugoffiziere) und Munition (Feuerwerksoffiziere) befaßten.

Während Vaters Kommandierung zum Regimentsstab des Fußartillerieregiments Nr. 7 in Köln wurde ich dort am 10. März 1906 in der Straße Weidenbach Nr. 37 geboren.

Ich wurde in eine glückliche Zeit hineingeboren. Handel und Wandel, Künste und Wissenschaften florierten; der Vater in dem geachteten Beruf eines preußischen Offiziers und die Mutter aus einem begüterten Kaufmannshaus stammend. Ich war der zweite Sohn, während mein Bruder Heinrich bereits seit dem 12. September 1904 die Welt mit seinem Dasein beglückte.

Meine ersten Kindheitserinnerungen gehen auf Breslau zurück. Wir wohnten damals in der Kaiserstraße, die direkt am Scheitniger Park gelegen war. Der Zeit gemäß hatten die Eltern eine große Wohnung, und, wenn ich nicht irre, auch zwei Dienstboten. Jedenfalls entsinne ich mich, daß ein Mädchen mit uns beiden Jungs öfter im Park spazieren ging und die Mutter wohl kaum allein für Kochen und Haushalt sorgte. Dazu kam, daß die Offiziere in damaliger Zeit einen Burschen zur Verfügung hatten. Dies war ein Soldat, der neben dem Dienst für die persönlichen Zwecke des Offiziers abgestellt war. Die Burschen übernahmen auch manche Hausarbeiten und taten diesen Dienst sehr gern, weil er ihnen eine gewisse Freiheit außerhalb des

Kasernements brachte. Bei einer solchen Haushaltsführung war Mutter in der Lage, viele Festlichkeiten und Ausflüge mitzumachen, da sie die wesentlichen Hausarbeiten an das Personal abgeben konnte. Aus dieser Zeit habe ich nur häusliche Eindrücke, wie Heinrich und ich zusammen spielen und manchmal mit den Eltern ausgehen.

Daneben gab es Ausflüge verschiedener Art mit den Eltern. Einer führte zu einem Munitionslager namens Karlowitz, das an einem Seitenarm der Oder gelegen haben muß. Vater besuchte solche Stellen seines Dienstbereichs manchmal an Feiertagen, um Posten und Sicherheitsanlagen zu inspizieren. Für uns Kinder fiel währenddessen ein Herumstöbern auf den Wällen zwischen den Munitionslagerstätten und dem nahegelegenen Flußufer ab, und so waren diese Sonntagsausflüge für uns ein freudiges Ereignis.

Es muß um das Jahr 1910 gewesen sein, als Vater nach Posen versetzt wurde. Dieses Gebiet kam 1793 und endgültig 1815 als Provinz zum preußischen Staat. Die Bevölkerung war zu unserer Zeit sehr nationalistisch eingestellt. Seit 1848 hatte sich eine polnische Nationalbewegung ausgebreitet, die sich bis zum Jahre 1910 verstärkte. Kaiser Wilhelm II. war sehr darauf bedacht, den Polen in vielen Dingen entgegen zu kommen. 1903 wurde eine Akademie, 1904 das Kaiser-Friedrich-Museum und 1912 auch das Kaiserschloß gebaut. Diese und andere Einrichtungen wurden aber von dem aufstrebenden Nationalismus der Polen abgelehnt, und so kam es ständig zu Reibereien, die vor allem das preußische Beamtentum und auch die preußischen Heeresformationen zu ertragen hatten.

Für uns deutsche Kinder war das keine angenehme Zeit, denn die Jungs der polnischen Bewegung suchten immer Streit, und es gab recht handfeste Auseinandersetzungen, wobei die altersmäßig überlegene Gruppe die andere kräftig durchbleute. Bald waren wir dran, bald aber auch die anderen. Zum Teil wurden die Eltern in diese Streitigkeiten mit hineingezogen. Soweit ich weiß, kam mein Vater mit polnischen Nationalisten einmal in eine unangenehme Auseinandersetzung, wobei er auf offener Straße ungebührlich behandelt wurde. Was hierbei geschah, ist mir nicht in Erinnerung. Ich weiß aber, daß Vater auf Grund dieser Angelegenheit von Posen versetzt wurde, und wir uns dann ab 1. Januar 1913 auf dem Schießplatz Neuhammer in Schlesien einrichten mußten.

Ende 1912 siedelten wir also von Posen – ich war damals sechs Jahre alt – nach Neuhammer am Queis über, wo für uns Kinder eine wunderbare Zeit anbrach. Vater war zur dortigen Kommandantur versetzt, in ein trostloses Kaff, das nur zu Schießübungen diente. Man hatte zu diesem Zweck zwei kleine Ortschaften, die in dem großen, teils steppenartigen Gebiet lagen, ausgesiedelt und die Gesamtfläche als Schießplatz hergerichtet. Rundherum war ein 80 Meter breiter Streifen gerodet worden, damit entstehende Brände nicht auf die benachbarten Forsten übergreifen konnten. Die anliegenden Gutsherren waren die Fürsten Solms und die Grafen Dohna mit großem Landbesitz. Zwei Dörfer, die aber nur geringe Einwohnerzahlen hatten, waren Doberpause und Dohms. In dem einen saß ein evangelischer Geistlicher und in dem anderen ein katholischer. Dazu gab es je eine Dorfschule. Neuhammer selbst war ein reines Militärlager mit dem sogenannten Arbeitshof (viele Pferde, Kutsch- und Lastwagen, Material für die Schießübungen und sonstiges Gerät), vielen Baracken für die im Sommer dort übende Truppe, zwei großen Maschinenhäusern, eins im Osten und das andere im Westen des Schießplatzes gelegen, und der Kommandantur, von der aus der ganze Betrieb geleitet wurde; hier wohnten wir auch.

Zum ständigen Personal gehörten der Kommandeur General Kretschmar, sein Adjutant, Oberleutnant von Garnier, mein Vater als Verantwortlicher für den ganzen Betrieb – damals im Range eines Hauptmannes – und Hegemeister Hoffmann, der für Land und Forsten zuständig war. Für meinen Vater sicher eine schöne Aufgabe, dort zu wirken, für uns heranwachsende Jungs in jeder Beziehung ein Eldorado und für die Mutter eine trostlose sandige und abscheuliche Wüste.

Wir Jungens sollten für das Gymnasium vorbereitet werden, wozu sich die Dorfschule nicht recht eignete. So wurden wir in die Hände von Erzieherinnen gegeben, die uns entsprechend unterrichten sollten. Zunächst übernahm diese Aufgabe Fräulein Kosel, die aus Ostpreußen stammte, und ein wenig später das aus Thüringen gebürtige Fräulein Huppel. Mutter hatte, wie üblich, ein Mädchen zur Verfügung, dazu ergänzte das Hauspersonal noch ein Bursche.

Die Eingewöhnung brachte für die Familie einige Probleme, weil während des Sommers von der Truppe fortwährend Schießübungen abgehalten wurden. Man hörte Gewehrfeuer, das Rattern der neukonstruierten Maschinengewehre und den Donner von den Haubitzen der Artillerie. Da die Übungen nicht nur tags, sondern auch am späten Abend und manchmal in den frühen Morgenstunden durchgeführt wurden, mußte man sich erst daran gewöhnen. Es ist aber bezeichnend für die menschliche Anpassungsfähigkeit, daß wir später nicht sagen konnten, ob am letzten Abend oder in der Frühe geschossen worden war, während unsere Hausbesucher müde am Kaffeetisch erschienen und über die unruhige Nacht klagten.

Im Sommer übten in Neuhammer im Durchschnitt zwei Regimenter Infanterie und je ein Artillerie- und Kavallerieregiment. – Diese Monate waren für uns Jungens natürlich am interessantesten, da wir so oft wie möglich zu den exerzierenden Truppen entwischten. Wir hatten hierzu viel Zeit. Um 8 Uhr morgens begann für einen von uns der Unterricht und endete um 10 Uhr. Während dieser Zeit hatte der andere Schulaufgaben zu machen. Um 10 Uhr wechselten wir uns ab, so daß unsere Arbeit mittags getan war. Nach dem Essen waren wir bald unterwegs, und wenn wir auch angehalten waren im großen Garten zu spielen, so zog es uns doch sehr zu dem Tun und Treiben der Soldaten.

Es war uns zwar verboten, während des Schießens den Truppenübungsplatz zu betreten, doch gab es genug Schleichwege, unseren Abenteuern nachzugehen. Ich muß allerdings hinzufügen, daß wir mit den Gegebenheiten des Geländes und den

Schießübungen sehr vertraut waren. Es gab auch eine Menge Hinweisschilder, Flaggensignale u.ä., die nicht nur uns Kindern, sondern auch Fremden in dem weitläufigen Gebiet zur Warnung dienten.

Am meisten reizten uns die neueingeführten Maschinengewehre. Da wir zu den jungen Offizieren, die häufig bei uns zu Gast waren, gute Beziehungen hatten, fiel es uns leicht, bei den übenden Truppen zuzuschauen. So kamen wir auf unseren Streifzügen eines Tages zu einer schießenden Kompanie, wo wir dann auch geduldet wurden. Wir durften sogar einmal an der Strippe ziehen, mit der damals die Schußfolge ausgelöst wurde.
Bei diesem und ähnlichen Besuchen gerieten wir auch in Kontrollen. Nahte sich, hoch zu Roß, ein Offizier, wurden wir schnell in eine Ecke verfrachtet, uns eine Zeltplane über den Kopf geworfen, und bedeutet, ganz still zu sein. Wir lugten dann natürlich neugierig hervor, was passierte, und wenn das »Donnerwetter« weitergeritten war, kam ein Soldat und holte uns aus unserem Schlupfwinkel. So lebten wir mitten unter diesen exerzierenden Truppen, und die Eltern haben sicherlich manchmal viel Angst um uns ausgestanden.

Gerne begleiteten wir auch die Kavallerie, wenn es mit den Pferden zum Fluß ging. Meist standen wir verdeckt hinter dem Schilderhaus an der Kommandantur und ließen den Schwadronschef an der Spitze vorbeireiten. Wenn die letzten Pferde herankamen, sausten wir aus unserem Versteck hervor, und ein Unteroffizier oder Feldwebel packte uns am Kragen und setzte uns vor sich aufs Pferd. So ritten wir dann stolz mit zur Schwemme.

In unserem geräumigen Garten bauten wir uns ein großes Schiff. Zunächst wurde der Rasen entfernt, dann der Schiffsrumpf als Erdwall aufgeworfen und nun ging es in die Tiefe. Wir kleinen Burschen hatten allerhand zu tun, um die Erde zu bewegen, denn Maschinenraum und Kajüte sollten so gestaltet sein, daß wir darin hocken konnten. Es war ein großes Glück, daß unser Vater sich diesen Bau einmal ansah. Da wir schon über einen Meter tief in die Erde gedrungen waren, wurden mit Hilfe des Burschen die Wände versteift, so daß uns kleinen Kerlen keine Verschüttung drohte.

Einmal kam Onkel Willi, der gerade zu Besuch weilende älteste Bruder meiner Mutter, zur Besichtigung des Schiffes in den Garten. Er traf mich auf der Kommandobrücke stehend an und fragte: »Wo ist denn Heini?« Ich sagte darauf: »Ich bin hier der Kapitän und Heini ist der Heizer, der sitzt da unten im Maschinenraum.« – Damals hatte ich in mir wohl schon den Hang entdeckt, einmal Seemann zu werden.

Im Winter hatten wir weniger Abwechslung. Es gab aber herrliche Möglichkeiten, sich auf Eisschollen den Fluß (Queis) herabtreiben zu lassen, wobei diese Schollen mit Stangen dirigiert wurden. Bei der starken Strömung war dies für uns achtjährige Jungs ein sehr gefährliches Unternehmen, und vom Vater strengstens verboten. Einmal wurden wir bei diesem Sport erwischt. Wir sollten, jeder mit 50 Pfennig bewaffnet, in das flußabwärts gelegene Dorf zum Haarschneiden gehen. Da guter Eisgang war, stakten wir uns mit einer Eisscholle in das strömende Gewässer und fuhren stromab zu unserem Haarschneider. Mit Hilfe der Stangen landeten wir auch glücklich, aber wir hatten bei unseren Bewegungen das Geld verloren. Mit ungeschnittenen Haaren schlichen wir bedrückt nach Haus. Nach einem energischen Verhör kam die ganze Sache heraus und unsere Bestrafung ließ nicht auf sich warten.

Besonders erwähnenswert ist noch das Kaisermanöver im Jahre 1913 in Schlesien, an dem Vater teilnehmen mußte. Zum Abschluß war eine Parade in Breslau vorgesehen. Um Mutter etwas Abwechslung zu bieten, lud Vater sie ein, diese Zeit in Breslau zu verbringen. Sie konnte bei guten Freunden unterkommen, hatte Muße, das Großstadtleben zu genießen und kehrte dann nach der feierlichen Abschlußparade, an der sie auf einem bevorzugten Platz als Zuschauer teilnahm, mit Vater gemeinsam zurück.

Die Eltern waren sehr gastfreundlich, wir hatten in Breslau wie auch in Neuhammer immer Gäste. In Neuhammer waren es hauptsächlich die im Sommer dort übenden Offiziere, für die diese Einladungen eine angenehme Unterbrechung des eintönigen Lagerlebens bedeuteten.

Wie ich bereits vorher erwähnt habe, war Vater für die gesamte Abwicklung des Schießbetriebes, soweit es die Versorgung, Ausrüstung und Überwachung betraf, verantwortlich. In dem ihm unterstellten Arbeitshof, wo neben vielen militärischen Materialien auch Waren des täglichen Bedarfs gelagert waren, gab es vor allem Pferdefutter, Holz, Kohle und andere Verbrauchsstoffe. Darüber hinaus arbeiteten dort Handwerker wie Tischler, Zimmerleute, Schmiede und Sattler.

Bei Übernahme des Kommandos fand Vater eine nicht ganz korrekte Regelung vor, nach der den am Ort wohnenden Offizieren und verheirateten Unteroffzieren die Verbrauchsstoffe des Arbeitshofes und die Inanspruchnahme der Handwerker unentgeltlich zur Verfügung standen. Bei den Offizieren waren dies im wesentlichen der Platzkommandant, sein Adjutant, der Zahlmeister, der Hegemeister und mein Vater.

Alles ging im Anfang ohne irgendwelche Reibereien vor sich, bis eines Tages der Oberleutnant v. Garnier einen Unteroffizier »annahm«, der sich etwas Kohle für den Privathaushalt entnommen hatte. Als mein Vater von weiteren solchen Zwischenfällen hörte, die eigentlich Lappalien waren – denn v. Garnier verfütterte mehrere Fuder Heu für seine privaten Reitpferde –, schob er der ganzen Sache einen Riegel vor. Er ordnete an, daß ab sofort jede Entnahme vom Arbeitshof sowie Beanspruchung der Handwerker dem Zahlmeister zu melden seien, der für diese Dienstleistungen den Marktpreis zu ermitteln hatte. Das Entgelt sollte dann von den monatlichen Bezügen einbehalten und der Staatskasse zugeführt werden. Dies wurde von den anderen Herren sehr übel vermerkt. General Kretschmar, der gerne gut aß und trank, und daher öfters Gast bei meinen Eltern war, äußerte sich anläßlich eines solchen Essens einmal meinem Vater gegenüber mit den Worten: »Mein lieber Schulz, gesellschaftlich sind Sie ein Ia-Mensch, aber dienstlich sind Sie mir unbequem.«

Die für uns Jungs so schöne Zeit in Neuhammer fand mit Ausbruch des Ersten Weltkrieges ihr Ende. Anfang 1914 wurde die Kleidung in der Truppe auf grau umgestellt. Eines Tages kam bei uns ein Paket an, das der Vater nach Dienstende öffnete, wobei wir Jungens zuschauten. Heraus kam die neue graue Uniform, die natürlich viel Beachtung fand. Es war wie ein erstes Vorzeichen für den ein halbes Jahr später beginnenden Weltkrieg.

In Hochheim und im Internat Goldberg

Mit Ende des schönen Sommers 1914 zogen am politischen Horizont Wetterwolken auf. Im Juni des Jahres wurden der österreichische Thronfolger Franz Ferdinand und seine Gemahlin in der bosnischen Hauptstadt Sarajevo ermordet. Durch den Bündnisvertrag Deutschland-Österreich wurden wir in diese Auseinandersetzung hineingezogen. Im Grunde war es nur der äußere Anlaß. Revanchegedanken Frankreichs über die Niederlage von 1871 und das Mißtrauen Englands gegen die Erstarkung der Festlandsmacht Deutschland mit ihrer Konkurrenz auf dem Weltmarkt ließen diese beiden Mächte enger zusammenrücken, wobei es Frankreich gelungen war, auch Rußland zu bewegen, dem Bündnis beizutreten. Verschlimmert wurde die Situation noch durch eine unglückliche Politik unseres Kaisers Wilhelm II., der es nicht verstand, tüchtige Berater um sich zu sammeln und dazu auch noch persönlich durch ungeschicktes Handeln und auch Taktlosigkeiten Verwirrung stiftete. Dies waren wohl die tieferen Ursachen für den Ausbruch des Krieges. Am 1. August 1914 wurde Rußland der Krieg erklärt (Folge unseres Bündnisses mit Österreich), am 3. August Frankreich und am 4. August trat auch England gegen uns in den Krieg ein.

In Neuhammer wurden alle Übungen abgebrochen. Die Truppen und auch Vater rückten ins Feld. Der Schießplatz wurde zur Aufnahme von Kriegsgefangenen vorbereitet, die nach der siegreichen Schlacht von Tannenberg in Ostpreußen in großen Mengen hereinströmten.

Die zur Bewachung eingesetzten Landsturmeinheiten hatten kaum scharfe Munition. Die Sicherungen waren sehr unzulänglich. So faßte Mutter den Entschluß, Neuhammer zu verlassen. Sie zog mit uns Jungs in ihr Elternhaus nach Hochheim bei Erfurt. Hochheim sollte für die Dauer des Krieges unsere Heimat werden.

Wir hielten also mit unserer Familie im Herbst 1914 in Hochheim Einzug. Auch dort war nur eine Dorfschule, so daß wir zum Gymnasium stets fünf Kilometer Weg gehabt hätten. So lag also nichts näher, als uns Kinder in ein Internat zu geben; auch bot sich die Unterbringung in einer Kadettenanstalt an. Die Kadettenhäuser nahmen allerdings die Zöglinge erst ab dem zehnten Lebensjahr auf, wo sie als Sextaner eingestuft wurden. Für meinen Bruder Heinrich war dies möglich, und so kam er im Oktober 1914 in das Kadettenkorps Naumburg a.d. Saale. Ich selbst wurde im April 1915, gerade neun Jahre alt geworden, in einem Internat in Schlesien, der »Schwabe-Priesemuth-Stiftung«, in Goldberg untergebracht.

In dieser Stiftung waren wir etwa 120 Schüler. Der Lehrplan entsprach dem des Realgymnasiums, auch gab es, was für mich wichtig war, eine Vorbereitungsklasse für die Aufnahme in die Sexta. Ich fühlte mich in Goldberg sehr wohl. Wie mir der Vater später erzählte, war ich ein besonders kräftig entwickelter Junge mit strahlenden Augen und von starker Lebensbejahung. Das freie und ungebundene Leben in Neuhammer hatte mir kaum Einschränkungen auferlegt. Trotz meines ausgeprägten Eigenwillens fügte ich mich in gegebene Verhältnisse gut ein.

Ich lebte gern in Gemeinschaft, war kameradschaftlich und hatte immer Freunde. Meiner frohen Art wegen war ich überall gern gesehen. Die Arbeit machte ich recht und schlecht. Das Vorbild des Elternhauses trug seine Früchte, und man bescheinigte mir, daß ich mich recht gut aufführte.

In Goldberg trugen wir keine besondere Kleidung. Wir hatten aber alle grüne Mützen mit einem breiten gelben Rand, so daß man uns in der Stadt als Internatsschüler erkennen konnte. Unsere Klassen waren etwa zwanzig Mann stark. Für die unteren Jahrgänge gab es wohl ab und zu Ausgang, aber meistens hielten wir uns in der Anstalt auf. – Mitunter machten die älteren Schüler abends verbotenerweise Ausflüge in die Stadt. Man konnte vom Schlafsaal mit gewissen Schwierigkeiten am Blitzableiter hinunterklettern, und kam damit direkt auf die Straße.

Eine besondere Rolle spielte damals schon die Ernährung. Man freute sich, Eßwaren zu bekommen. Da jeder solche Pakete erhielt, wurde ewig irgendetwas verteilt und es gab immer ein großes Hallo, wenn mit der Post auch Pakete ausgehändigt wurden.

In dieser Zeit fing ich auch an zu lesen. Natürlich beschäftigte uns der Kriegsverlauf sehr. Man konnte eine Zeitschrift abonnieren, die das Geschehen des Krieges behandelte. Ich entsinne mich noch genau an das Deckblatt, das in schwarz-weiß-roten Farben gehalten war und ein »Eisernes Kreuz« zeigte. – Daneben finde ich in meinen Briefen Hinweise auf ein Buch »Erdbeben in Lissabon« und »Die Reise nach dem Mond«. Anscheinend machten mir diese Reisebeschreibungen und Abenteuerbücher Freude.

In Goldberg lernte ich auch Schach, ein Spiel, das ich lange Jahre fortgesetzt habe und das mir immer sehr viel Freude bereitet hat.

Eine enge Freundschaft verband mich mit dem Sohn eines Missionars namens Hilzenbecher. Er war als Kind mit seinen Eltern in Afrika und Asien gewesen, sollte nun aber aus Schulgründen in Deutschland bleiben. Ich glaube, daß Hilzenbecher damals schon in mir den Wunsch wach werden ließ, auch einmal die Welt kennenzulernen. Ganz besonderes Interesse und für sein Alter sehr weitreichende Kenntnisse zeigte er auf dem Gebiet der Sternkunde. Sein Vater hatte ihm verschiedene umfangreiche Bücher mit vorzüglichen Abbildungen geschenkt. Wir saßen oft darübergebeugt am Tisch und lernten die ganzen Sternbilder in ihrer mannigfaltigen Gestalt kennen. Als dann der Winter kam und wir den klaren Sternenhimmel betrachten konnten, brachten wir oft zusammen lange Zeit in der Dunkelheit auf dem Schulhof zu, um die einzelnen Sternbilder ausfindig zu machen. Diese Kenntnisse konnte ich bei meiner späteren Seefahrtszeit gut verwenden. Trotz Teilbewölkung am Himmel fand ich mich immer sehr schnell zurecht und wußte genau, mit welchem Stern ich es zu tun hatte. Hilzenbecher und ich hatten uns sehr angefreundet, was sich auch auf meine Leistungen in der Schule gut auswirkte.

Im Frühjahr 1916 sollte auch ich im Kadettenkorps aufgenommen werden. Unabhängig davon trug noch ein Vorfall dazu bei, die Anstalt zu wechseln. Wie ich vorher schon ausgeführt habe, war ich ein besonders kräftiger, aber vielleicht auch manchmal jähzorniger Junge. Ich ließ mir von Gleichaltrigen und auch Jungens, die ein bis zwei Jahre älter waren als ich, nicht gern etwas sagen. So kam es, daß die Quintaner und Quartaner sich an mir rieben, und da ich kräftig genug war, mit ihnen einzeln fertig zu werden, rotteten sie sich zusammen, um mich zu verprügeln. Bei solcher Gelegenheit, es mochten wohl zehn bis zwölf Ältere auf mich eingedrungen sein, suchte ich Schutz in unserer Schuhputzstube, zerschlug dort einen Schemel, und trat den angreifenden Jungens, ein Stuhlbein schwingend, entgegen. Das Gefecht entwickelte sich schnell zu meinen Gunsten, da ich rücksichtslos und im Zorn auf die Jungen einschlug. Im Nu trieb ich sie vor mir her. Auf einem Treppenabsatz stellte sich mir Oberlehrer Werner entgegen, worauf ich auch ihn angriff und hart am Oberarm traf. Erst auf diesen Vorfall hin kam ich zur Besinnung und soll mich auf den Treppenabsatz gesetzt haben, wo ich bitterlich weinte.

Dies fiel in das Ende meiner Zeit in Goldberg. Meinem Vater wurde nahegelegt, mich doch von der Schule zu nehmen, weil solche Taten natürlich nicht tragbar waren. Der Schulsorge wurde mein Vater enthoben, weil ich bereits für das Frühjahr 1916 im Kadettenkorps angemeldet war.

Im Kadettenkorps Köslin und Naumburg

Die Geschichte des preußischen Kadettenkorps geht bis ins Jahr 1717 zurück, als Friedrich Wilhelm I. am 1. September des Jahres das »Corps de Cadets« gründete.

Friedrich Wilhelm I. beabsichtigte, beschäftigungslose junge Adelige für den Militärdienst heranzuziehen. Auch wollte man den Witwen gefallener Offiziere die Möglichkeit geben, ihre Kinder charakterlich und wissenschaftlich gut auszubilden.

Schon der Große Kurfürst hatte die Idee, ein einheitliches Offizierkorps zu schaffen. Er gründete Schulen, die er Ritterakademien nannte. Zwar hatte der Adel seit dem Anfang des 17. Jahrhunderts Gelegenheit, sich auf dem Gymnasium und auf der Hochschule in Frankfurt/Oder in besonderen mit diesen Anstalten verbundenen kriegswissenschaftlichen Kursen auszubilden. Leider wurde aber von dieser Möglichkeit wenig Gebrauch gemacht. So gründete er 1645 in Berlin die erste sogenannte Ritterakademie.

Es vergingen dann noch etwa siebzig Jahre, bis unter Friedrich Wilhelm I. das »Corps de Cadets« gegründet wurde, dem einheitliche Erziehungsregeln zugrunde lagen. Damit wurde die von den einzelnen Ritterakademien unterschiedlich gehandhabte Erziehung auf eine allen Kadettenanstalten gleichmäßige Grundlage gestellt.

Als ich ins Kadettenkorps eintrat, kamen die Kadetten nicht nur wie in alten Zeiten aus Adelskreisen, sondern etwa zur Hälfte auch aus den bürgerlichen Schichten. Diese Änderung hatte mit den Befreiungskriegen 1813 und der damit stattgefundenen Umgestaltung der Heeresverfassung ihren Anfang genommen.

Ursprünglich sollte ich in dasselbe Kadettenkorps wie Bruder Heinrich kommen. Naumburg war aber voll besetzt und so kam ich im Frühjahr 1916 nach Köslin in Pommern.

Dies bereitete einige Schwierigkeiten wegen der langen Anreise. Die Mutter begleitete mich aber zweimal und danach machte ich die Reisen allein. Hierbei mußte ich als Zehnjähriger in Berlin eine Droschke nehmen, um von einem Bahnhof zum anderen – nämlich vom Anhalter zum Stettiner – zu kommen. Auf der Rückreise fanden sich dann meistens auch schon in Berlin mehrere Kameraden ein, mit denen ich den Rest der Reise zurücklegte.

Über das Kadettenkorps und seine Erziehung ist viel geschrieben worden, darunter auch Negatives. Demgegenüber kann ich nur sagen, daß ich mich dort sehr wohl gefühlt habe. Der wissenschaftliche Schulplan entsprach dem des Realgymnasiums. Die Lehrer waren vorzüglich. Daneben nahm die Charaktererziehung breiten Raum ein. Kameradschaft stand oben an. Geräteturnen und Leichtathletik wurden besonders gepflegt. Selbstverständlich konnten die Kadetten auch anderen Neigungen und Liebhabereien nachgehen. So erhielt ich wunschgemäß Geigenunterricht, während andere Klavier spielten oder Zeichenunterricht hatten.

Besondere Erwähnung muß hier noch der 1910 in Naumburg eingesetzte Kommandeur Major Meyer finden, der die Ehrenräte der Kadetten zur Förderung der Selbsterziehung und das Erlernen eines Handwerks als Buchbinder, Tischler oder Klempner einführte.

Wenn auch an erster Stelle aus den Kadettenanstalten hervorragende Frontoffiziere sowie namhafte Generäle und Feldherrn hervorgingen, muß andererseits erwähnt werden, daß auch musisch, künstlerisch und schriftstellerisch begabte Männer ihre Erziehung im Kadettenkorps erhielten.

Ich möchte deutlich allen denen entgegentreten, die diese Erziehung als einseitig, mit Drill behaftet und dem Kadavergehorsam dienend, abstempeln wollen. Gehorsam, nicht sklavisch verstanden, Rechtssinn, Ehrgefühl, Opferbereitschaft, Kameradschaft und Patriotismus bildeten die Grundlage der Kadettenerziehung. Gute schulische Leistungen und körperliche Ertüchtigung waren selbstverständlich.

Der militärische Charakter der Anstalten spielte in den Vorkorps keine große Rolle. Wie in jedem Internat mußte natürlich Ordnung herrschen.

Die Vorkorps waren in zwei Kompanien mit je 120 Kadetten eingeteilt. Jede Kompanie hatte fünf bis sechs Abteilungen. Eine Abteilung bestand aus zwei Stuben mit je zwölf Kadetten. Zwischen den Stuben wohnte ein Erzieher, der stets ein junger Offizier war. Er hatte dort ein Wohn- und ein Schlafzimmer. Die Zusammensetzung in den Stuben war vertikal, d.h. der Stubenälteste war ein Sekundaner und dann ging es abwärts bis zur Sexta.

Über dem Stubenältesten standen die Abteilungsältesten und über allen der Kompanieführer. Alle diese Kadetten waren Sekundaner.

Ihren Pflichten gemäß wurden die »Älteren« Unteroffiziere genannt, daneben gab es auch Gefreite, und die übrigen, meistens Sexta bis Quarta, hatten keine besondere Aufgabe.

Die Kleidung war militärisch. Wir trugen die Uniform der »Preußischen Gardegrenadiere« in allen Kategorien, wozu auch das Drillichzeug gehörte. Letzteres war die alltägliche Kleidung in der Anstalt.

Militärisch lernten wir im Vorkorps nur die Grundlagen des Exerzierens bezüglich der Marschformationen und der Führung einer marschierenden Truppe, Dinge, die aber auch bei Pfadfindern und ähnlichen Organisationen geübt werden.

Im ganzen kann also hier von einer einseitigen Ausbildung nicht gesprochen werden. Die mit Obertertia beziehungsweise Untersekunda aus den acht Vorkorps kommenden Kadetten wurden in Großlichterfelde bei Berlin von der Hauptkadettenanstalt aufgenommen, wo die Erziehung mit der Primareife oder dem Abitur endete. Hier wurde die militärische Ausbildung erweitert. Wer dort Unteroffizier oder Gefreiter wurde, trug die gleichen Rangabzeichen wie die Armee. Mit der Reife für die Oberprima konnte man als Fähnrich in die Armee eintreten. Die besonders Begabten nahmen noch die Oberprima mit und wurden nach dem Abiturientenexamen als Leutnants in die Armee übernommen. Wer nicht Offizier werden wollte, konnte selbstverständlich auch nach seinem Abgang einen Zivilberuf ergreifen.

Die Zeit von 1916 bis 1919 war in vieler Hinsicht schwierig, da sie im Ersten Weltkrieg lag. Ich entsinne mich noch des Winters 1917/18, wo wir ernstlich hungerten. Einen richtigen Brotaufstrich gab es nicht, manchmal gab es eine Fischpaste, und auch mit Kartoffeln war es schlecht bestellt. Bei Durchsicht meiner damaligen Briefe finden sich immer Bemerkungen über Eßwaren, Pakete schicken und Hunger.

Im ganzen gesehen war es für mich eine schöne Zeit, an die ich gerne zurückdenke. Wir unternahmen viele Ausflüge zum nahegelegenen Gollenwald und an die See nach Groß-Möllen. Hinzu kam, daß die Eltern bei einem Ferienaufenthalt in Kolberg zwei Damen kennengelernt hatten, die in Köslin lebten. Denen wurde ich ans Herz gelegt, und sie luden mich öfters ein. Die beiden Fräulein Kahle hatten gute Freunde auf benachbarten Gütern, so daß die Einladungen sich nicht nur auf ihr Haus, sondern auch auf die Umgebung erstreckten.

Natürlich mußte man gemäß der Hausordnung um Stadturlaub bitten. Das ging dann so vor sich, daß es beim Kompanieappell hieß: »Urlauber und Gesuche vortreten.« Dann mußte man sein Vorhaben melden, und wenn im Betragen und in der Schule alles in Ordnung war, so durfte man am Wochenende ausfliegen. Hierzu bekam man aber den üblichen »Hat-sich-Zettel« mit, auf dem der Einladende bestätigen mußte, daß sich der Kadett in der Zeit von ... bis ... unter seiner Obhut befunden hatte.

Die älteren Kadetten, die schon einen gewissen Freiheitsdrang verspürten, fälschten allerdings manchmal so einen Zettel. Sie schrieben sich fingierte Einladungen, so daß sie dann frei umherbummeln konnten. Kam die Sache ans Tageslicht, gab es ein gewaltiges Donnerwetter.

Die Ferien verbrachte ich meistens in Hochheim im großväterlichen Haus. Weihnachten 1916 kam mein Bruder etwas verspätet auf Urlaub, weil im Kadettenkorps Naumburg Diphterie ausgebrochen war. Er wurde dann als bazillenfrei in Urlaub geschickt, doch muß ich mich wohl bei ihm angesteckt haben. Bei meiner Abreise nach Köslin in den ersten Januartagen fühlte ich mich sehr schlecht, und eine mitreisende Krankenschwester wurde von meiner Mutter auf dem Bahnsteig in Erfurt gebeten, auf mich etwas zu achten. Nach der Ankunft in Köslin war es üblich, daß alle Kadetten kurz vom Stabsarzt einer Prüfung unterzogen wurden, ob sie gesund waren. Unglücklicherweise erhielt ich auf dem Weg zum Lazarett von einem Vorgesetzten einen Auftrag, so daß ich zu spät zur Untersuchung kam. Es wurde bei mir aber die Temperatur gemessen und ich mit über 40 Grad sofort ins Bett gesteckt. Erst am nächsten Vormittag stellte nun der Stabsarzt Diphterie fest. Durch die Verschleppung wurde es ein schwerer Fall. Vater mußte aus dem Feld telegraphisch seine Einwilligung zu einer Überdosis von Medikamenten geben. Es ging um Tod und Leben. Mir wurde später gesagt, daß die Gegengifte, die mir verordnet wurden, so schwer gewesen sind, daß mit meinem Überleben kaum gerechnet werden konnte. Aufgrund meiner sehr guten körperlichen Verfassung ordnete aber der Arzt diese Behandlung an, nachdem er vorher noch zwei Spezialisten, die von Berlin kamen, zu Rate gezogen hatte.

Nach dieser Gewaltkur stellte sich eine Besserung ein, und nach etwa vier Wochen war ich bazillenfrei und sollte gesund entlassen werden. Jetzt war aber der ganze Körper durch die starken Medikamente gestört. Ich hatte eine Art Beinlähmung, konnte nicht trinken, und auch die Augen versagten den Dienst. Alles Geschriebene sah ich zweifach. Nach einer weiteren Lazarettzeit bekam ich einen längeren Erholungsurlaub, den ich mit der Mutter zusammen in Bad Blankenburg verbrachte. Erst im Mai 1917 kam ich wieder nach Köslin zurück.

Jetzt hatte sich aber vieles geändert. Meine überschüssigen Kräfte waren weg, vom Turnen blieb ich zwei Jahre befreit und auch sonst war mit mir leichter umzugehen. Ab 1919 durfte ich wieder Sport treiben, und erst als ich das Kadettenkorps verließ, hatte ich diese sehr schwere Krankheit ganz überwunden.

Ostern 1919 wurde ich noch gemäß einem früheren Antrag meines Vaters in die Kadettenanstalt Naumburg versetzt. Der Vater nahm Heinrich und mich aber im Herbst des Jahres nach Hause, und wir besuchten von da an das Realgymnasium in Erfurt.

Im Februar oder März 1920 erfolgte dann, gemäß Befehl der Alliierten, die Auflösung aller Kadettenanstalten. Damit wurde diese hervorragende Erziehungsstätte junger Menschen geschlossen.

Die Erfurter Jahre

Das unglückliche Kriegsende bedeutete für Volk und Vaterland, aber auch für unsere Familie, eine große Umstellung. Die Thesen des amtierenden amerikanischen Präsidenten Woodrow Wilson waren das Tagesgespräch und die Hoffnung der ganzen Welt, besonders aber des deutschen Volkes, auf eine bessere Zukunft. Wilson, einem professoralen Typ, der sich auf wissenschaftlichem Gebiet nicht durchsetzen konnte, gelang es, über den Weg als Gouverneur von New Jersey und als Kandidat der Demokraten im Jahre 1912 Präsident der USA zu werden. Seine bei Kriegsende bekannt gewordenen »14 Punkte«, auf die vertrauend auch der deutsche Waffenstillstand 1918 erfolgte, waren in aller Munde. Theoretisch gut gemeint, erweckten sie Aufsehen, waren aber praktisch nicht durchzusetzen.

»Das Selbstbestimmungsrecht der Völker, freie Schiffahrt in Krieg und Frieden, Abrüstung, unparteiische Regelung kolonialer Ansprüche, gegenseitige Garantien von Unabhängigkeit und Territorien der Nationen, und Grenzbereinigungen zu Gunsten der in diesen Gebieten lebenden Volksgruppen« waren einige seiner Gedanken, die in dem von ihm ins Leben gerufenen »Völkerbund« garantiert werden sollten. »Völkerverbrüderung« und »Nie wieder Krieg« waren die Schlagworte. Der unglückselige »Versailler Vertrag« enthielt nichts von diesen Gedanken. Statt Versöhnung und Ausgleich dominierte in ihm Vergeltung und wohl auch Haß.

So sah 1919 die allgemeine Lage aus, während wir im Großelternhaus in Hochheim lebten. Vater war noch im Dienst, wurde aber im Frühjahr 1920 als Major pensioniert. Zu dieser Zeit bekamen wir wieder eine eigene Wohnung in der Klingenstraße Nr. 7 in Erfurt. Ich nehme an, daß unsere Möbel während der Kriegsjahre irgendwo untergestellt gewesen waren. Die Suche nach einer Wohnung machte keine Schwierigkeiten, da es damals, anders als nach dem Zweiten Weltkrieg, außerhalb der Kampfgebiete keine zerstörten Häuser gab.

Die Ortswahl Erfurt war dadurch gegeben, daß Mutter mit uns Kindern bereits während des Krieges in Hochheim wohnte und wir durch das Großelternhaus einen Anhalt hatten.

Die Stadt mit ihren damals ca. 130.000 Einwohnern, nahe dem Thüringer Wald gelegen, war für uns als neuer Wohnsitz gut geeignet. Als ehemalige Universitätsstadt, mit vielen alten Bauten, dem Dom und der Severikirche, der Cyriaksburg und dem Petersberg, dem nahen Steigerwald und Wilrodaer Forst, durchflossen von der Gera, bot Erfurt als kleine Industrie- aber auch Rentnerstadt viele Möglichkeiten für die Eltern und uns heranwachsende Jungen.

Weimar und Jena lagen in der Nähe; aber auch die Kurorte des Thüringer Waldes, wie Friedrichroda oder Oberhof, und das Saaletal mit Bad Kösen und Naumburg waren beliebte Ausflugsorte.

Für unsere Familie gab es nun einschneidende Veränderungen. Der Vater war an einem Nierenleiden erkrankt und mußte für längere Zeit ins Krankenhaus. Die Pension war klein und das Vermögen durch Zeichnung von Kriegsanleihen festgelegt. Bei der dann folgenden Regelung und Umstellung auf Reichsmark im Verhältnis 1 : 10 blieben nur ganze 20.000,– RM übrig.

Unsere Wohnung hatte aber immerhin fünf Zimmer. Die Klingenstraße lag in einem bevorzugten Wohngebiet im Steigerviertel am Rande von Erfurt. Die Hauptlast der Familie ruhte auf den Schultern der Mutter. Ich bin selbst heute immer noch verwundert darüber, wie sie uns in dieser Zeit durchgebracht hat. Wir waren alle gut und proper gekleidet, wenn auch die Anzüge gewendet oder aus alten Wandvorhängen für uns hergestellt wurden. Die Mutter hatte, der damaligen Zeit entsprechend, als junges Mädchen eine gute Ausbildung in Hauswirtschaft, gärtnerischer Arbeit, Geflügelzucht, Schweineschlachten und Wildbretzubereitung sowie Weißnähen und Schneidern erhalten. In diesen Notzeiten kam ihr das zu Gute.

Für unseren Vater war es nicht leicht, Fuß zu fassen. Er war aus seinem Beruf, den er sehr liebte, herausgerissen. Durch Nierenkrankheit und Rheumatismus war er gesundheitlich anfällig. Im Alter von 55 Jahren war es für ihn schwer, eine andere Tätigkeit aufzunehmen. Nach drei vergeblichen Versuchen zog er sich ins Pensionärsleben zurück.

Politik und Wirtschaft standen damals im Zeichen der Novemberrevolution von 1918. Der Kaiser hatte abgedankt und lebte im Exil in Holland. Die deutschen militärischen Formationen waren offiziell aufgelöst. Arbeiter- und Soldatenräte hatten zunächst die Regierung in die Hand genommen, bis ein arbeitsfähiges Parlament gebildet werden konnte. Die tragenden neuen Parteien waren die Deutsch-Nationale

Volkspartei, die Demokraten, die Sozialdemokraten und die Kommunisten. Letztere spielten zwar keine große Rolle, sorgten aber über ihre militanten Anhänger Spartacusbund und Syndikalistische Jugend für Unruhe. – Eine neue Wehrmacht war erst im Aufbau begriffen, kam auch für die Herstellung von Ruhe und Ordnung im eigenen Land nicht in Betracht. Die Polizei war ebenfalls noch schwach und nicht durchorganisiert. So mußte die Regierung, um sich zu behaupten, auf noch intakte militärische Organisationen zurückgreifen, die »Freikorps«. Bekannt waren die Brigade Ehrhard (ehemaliger Kapitänleutnant), Brigade Roßbach, Freikorps Oberland und andere.

Thüringen und Sachsen wurden damals von dem Kommunisten Max Hölz mit seinem Gefolge von 20.000 Gleichgesinnten heimgesucht, die durch Plünderung von Geschäften und Gewalttätigkeiten die Bevölkerung drangsalierten. Dieser Schwarm überfiel auch Erfurt und man bat eine Freikorpseinheit, die Ordnung wieder herzustellen. Mir ist unvergessen geblieben, wie eine gut organisierte, zum Kampf vorgebildete Truppe von etwa zwei Kompanien (ca. 240 Mann) mit 20.000 randalierenden Leuten fertig wurde. Dabei gab es, soweit ich weiß, keine Opfer. Als der Zug des Freikorps im Erfurter Bahnhof einlief, gingen zunächst mehrere Stoßtrupps auf dem Bahnhofsplatz in Stellung und schossen mit den MG's entlang der Straßen, jedoch so, daß die Geschosse am Mauerwerk der höheren Stockwerke zerschellten. Im Nu flüchteten die Bürger oder auch die Anhänger von Hölz in Wohnungen oder in Nebenstraßen. Nun rückte aber die Truppe nach, und es dauerte keine zwei Stunden bis der wilde Haufen in Richtung Erfurt-Nord nach Gotha flüchtete. Ich war zu dieser Zeit im Großelternhaus in Hochheim und konnte von dort den Menschenstrom auf der fernab gelegenen Chaussee beobachten. Damit war Erfurt von dieser Plage befreit.

Im März des Jahres 1920 wurden mein Bruder Heinrich und ich zu Ostern konfirmiert. Wir waren die letzten Konfirmanden der noch bestehenden Militärgemeinde der Barfüßer-Kirche. Die Konfirmation fand während des Kapp-Putsches statt.

Eine Besonderheit nach der Revolution von 1918 waren die wie Pilze aus dem Boden schießenden politischen Jugendverbände. Auf der bürgerlichen Seite waren dies der »Deutschnationale Jugendbund«, der »Jungdeutsche Orden« und die Knappschaft des Jungdeutschen Ordens, auf der Arbeiterseite die »Adler und Falken«, welche den Sozialdemokraten zugerechnet wurden, sowie die Sozialistische und Syndikalistische Jugend, die noch weiter links orientiert waren.

Ich selbst gehörte dem Deutschnationalen Jugendbund an, während mein älterer Bruder Heinrich in die Knappschaft des Jungdeutschen Ordens aufgenommen wurde. Daneben gab es dann noch den Jugendring, in dem alle diese Vereinigungen, gleich welcher Art, zusammengefaßt waren. Während der Tätigkeit als Schriftführer meines Jugendbundes habe ich an verschiedenen Jugendringsitzungen teilgenommen. Das war aber keine ernsthafte politische Angelegenheit. Wir fühlten uns alle als Jugendliche und die Argumente bei den Diskussionen wurden mehr oder weniger leidenschaftlich vorgebracht. Im übrigen vertrugen wir uns ganz gut.

Inzwischen waren nun die Jahre vorgerückt und im April 1923 stellte sich auch für mich die Berufsfrage. Heinrich machte zu dieser Zeit das Abitur und würde danach aus dem Hause gehen. Er wollte wie der Vater Soldat werden. Da Großvater Schulz und auch unser Vater früh aus ihrer Soldatenlaufbahn herausgerissen worden waren und Heinrich nicht dasselbe Schicksal erleiden sollte, wurde ihm nahegelegt, eine Banklehre zu ergreifen. Er fing damit auch bei der Dresdner Bank an, doch behagte ihm das Ganze nicht. Er meldete sich heimlich beim Infanterieregiment 5 in Stettin für die Offizierslaufbahn an. Bald darauf wurde er angenommen und zeigte Vater die Annahmebewilligung. So ließ die Familie ihn dann gen Norden zu seinem erwählten Beruf ziehen.

Ich selbst hatte durch die früher geschilderte Krankheit und das Wechseln der Schulen zwei Jahre verloren, so daß ich mit 17 Jahren vor der Frage stand, ob ich ebenfalls noch das Abitur machen oder mit der »Mittleren Reife« die Schule beenden sollte.

Das Leben in Erfurt war mir aber zu eng geworden. Meine Phantasie, beflügelt von Reisebeschreibungen und Seefahrerabenteuern, schweifte in ferne Länder. Mich lockte die weite Welt mit ihrer Buntheit und ihrem unbegrenzten Arbeitsfeld. Erfurter Bekannte aus Kaufmannskreisen und der Marine brachten Vater den Gedanken der Handelsschiffahrt nahe, der meinen eigenen Ideen sehr entgegenkam. So wurde ich beim Deutschen Schulschiffverein in Elsfleth für die Laufbahn eines Offiziers und Kapitäns der Handelsschiffahrt angemeldet.

Abschließend möchte ich noch ein Wort über Religion und Kirche anfügen.

Meine Eltern waren beide religiös, nahmen immer an den Gottesdiensten teil, hatten im Haus oft Geistliche zu Besuch und achteten darauf, daß einmal am Tag ein Tischgebet und vor dem Schlafengehen das Nachtgebet gesprochen wurde. Im Internat und später im Kadettenkorps lief die Erziehung im gleichen Sinne weiter. Jeden Morgen vor Arbeitsbeginn gab es eine kurze Andacht, und Sonntags war Kirchgang.

Gern erinnere ich mich der Worte meines Vaters. »Der Gott im Hause Schulz ist ein froher, ein lebensbejahender, ein verständnisvoller Gott. Duckmäuser und miese Kerle mag er nicht leiden.«

Bei der Abreise hatte ich die Bibel und Goethes Faust sowie die »Selbstbetrachtungen des Kaisers Marc Aurel« bei mir. »Diese drei Bücher trage immer bei Dir«, sagte Vater. »Sie werden Dir viele Fragen beantworten.«

So ausgerüstet verließ ich 17jährig im April 1923 das Elternhaus und ging im Vertrauen auf meine Kraft und mit gesundem Gottvertrauen in die Welt hinaus. Nunmehr auf mich allein gestellt, weit ab ohne Hilfe und die Möglichkeit, mich mit einer Vertrauensperson zu besprechen, habe ich gelernt, Zwiesprache mit Gott zu halten. In manch schwieriger Situation haderte ich mit dem Allmächtigen, fand schließlich aber doch immer Trost nach einem innigen Gebet.

II. Die Zeit in der Handelsschiffahrt

(1923 bis 1933)

Die Jahre vor dem Mast
Segelschulschiff »Großherzogin Elisabeth«

Im April 1923 packte ich also in Erfurt meine Sachen, froh, die Schule hinter mich gebracht zu haben und fuhr erst einmal nach Bremerhaven.

Die dortigen Verwandten nahmen mich sehr herzlich auf, und Vetter Willi zeigte mir Hafen und Schiffe. Für mich als 17jährigen Binnenländer war dies ein aufregendes Ereignis. Das Gewimmel der vielen kleinen Barkassen, die verschiedenartigen Hafenanlagen, die Werften sowie die großen Seeschiffe erregten meine Phantasie. Ich träumte mich in ferne Länder hinein und erlag all den überschwänglichen Gedanken an das Erleben einer fremden Welt und fremder Völker, nach dem ich mich so sehnte.

Von Bremerhaven, wo ich mich einige Tage aufhielt, fuhr ich dann nach Elsfleth an der Hunte, einem Hafen, der weseraufwärts im Oldenburgischen Land liegt.

Bei Eintreffen des Zuges sahen wir schon einen gestandenen Seemann mit Mützenband *Großherzogin Elisabeth*, auf die Neulinge wartend, am Bahnsteig stehen, der uns zum Schulschiff geleitete.

Die *Großherzogin Elisabeth* gehörte dem Deutschen Schulschiffverein und stand unter dem Protektorat des Großherzogs von Oldenburg. Sie war ein Vollschiff, das im Jahre 1901 bei der Werft Tecklenborg in Geestemünde zum Zwecke der Ausbildung junger Seeleute gebaut worden war und die dafür notwendigen Einrichtungen enthielt. Das Schiff war mit 1260 BRT vermessen. Die Länge über alles betrug 92 Meter. Die Breite 11,90 Meter. Der Großmast war 40 Meter hoch.

So betrat ich nun zum ersten Mal ein großes seegehendes Schiff und dazu noch ein Segelschiff. Verwirrt schaute ich mir die vielen Tampen an, die ordentlich aufgeschossen über ihren Koffeinägeln hingen. Von unten sahen die Masten recht hoch aus, und ich betrachtete gespannt die Wanten, an denen wir wohl hinaufklettern mußten, um die Segel zu setzen oder zu bergen. Die Einkleidung und das Einleben dauerten etwa zehn Tage, bis der Dienst richtig begann. Im wesentlichen ging es um die Kenntnisse der Segel, woraus sie bestanden, wie sie geheißt, wie sie gefiert wurden und wie alles festgemacht und belegt werden mußte. Daneben gab es Unterricht in Spleissen und Knoten, in Seemannschaft und Schiffserhaltung, die vor allen Dingen auch das Deckwaschen und das ewige Putzen einschloß. Schiffe müssen nun aber einmal sauber sein, vor allen Dingen, wenn viele Menschen auf einem solchen Fahrzeug hausen. Und das war auf den Schulschiffen gegeben.

Die Besatzung betrug etwa 180 Mann, deren Kern die Schiffsoffiziere, Unteroffiziere und ein paar handfeste Seeleute, etwa 30 an der Zahl, bildeten. Der Rest, ca. 150 Mann, waren in zwei Jahrgänge unterteilt. Es kamen also jedes Jahr etwa 75 Neue hinzu, während 75 »Zweijährige« das Schiff verließen, um in die praktische Seefahrt zu gehen. Jeder Jahrgang war in zwei Divisionen eingeteilt und stellte je Division zwei Kuttermannschaften. Ich witterte hier einen Vorteil, und es gelang mir auch, bei meiner Division in die erste Kuttermannschaft übernommen zu werden. Das Kadettenkorps wie auch das Internatsleben waren für mich eine gute Schulung gewesen, so daß ich schnell erfaßte, worauf es ankam, um mir die nötige Position innerhalb meiner Altersgruppe zu sichern. Ich erwischte auch noch eine andere Aufgabe.

Jeden Freitag war auf dem Schulschiff »Großreinschiff« von 8.30 bis 12 Uhr. Während an anderen Wochentagen morgens nur schnell Decks gefegt und abends aufgeklart wurden, schwamm am Freitag das ganze Schiff unter einer Wasserflut. Anschließend wurde gefeudelt, Messing und Fenster geputzt sowie sonstige Aufräumungsarbeiten durchgeführt. Mit derartig minderwertiger Seemannsarbeit hatte ich in dieser Form natürlich nicht gerechnet, so daß ich Ausschau hielt, wie man ihr entkommen könne.

Da hörte ich, daß der Zahlmeister jemanden suche, der Schreibmaschine schreiben und ihm beim Bücherführen und sonstigen Angelegenheiten helfen könnte. Ich schoß natürlich sofort dahin, fand Wohlgefallen vor seinen Augen und erledigte die mir zugewiesenen Arbeiten so gut, daß ich die ganze Schulschiffzeit vom »Großreinschiff« am Freitag befreit war und außerdem mittags mit Arbeitsende immer mit etwas Eßbarem, seien es Rosinen oder sonstige schöne Sachen, zur Division zurückkehrte. Es ließ sich also alles gut an. Ich hatte mir einen guten Platz erobert und wartete in Ruhe ab, wie sich die Dinge entwickeln würden.

Viel Raum war auf einem solchen Schiff nicht. Geschlafen wurde in Hängematten, die in Holzkisten seitwärts der Aufenthaltsräume verstaut waren, und abends vor dem Schlafengehen entnommen wurden. Um die Hängematten geöffnet zu halten, gab es Spreizlatten, also Hölzer, die man am Kopf- und Fußende zwischenzwängte, so daß eine flache Mulde entstand. Am Morgen nach dem Wegstauen der Hängematten wurden die Tische heruntergelassen, welche unter Deck festgezurrt waren. Sie hingen am Tampen hernieder, so daß sich auf diesen schwebenden Unterlagen nur schwer schreiben ließ. So wurde aber eine mehrfache Verwendung dieser Räume möglich. Einmal als Schlafraum, einmal als Aufenthaltsraum zum Essen und Schreiben und einmal am Tage bei hochgeklappten Tischen als Versammlungsraum oder auch, falls bei stürmischem Wetter Tauwerk und Segel unter Deck zu bearbeiten und zu reparieren waren, als Arbeitsraum.

Am 28. Mai 1923 verließen wir unter Schlepperhilfe Elsfleth, um auf Bremerhaven Reede vor Anker zu gehen. Geplant war eine Reise durch die Nordsee über Skagen in die Ostsee, wo verschiedene Häfen angelaufen werden sollten. Vorgesehen waren Travemünde – Pillau – Swinemünde und dann die Rückkehr nach Elsfleth, um dort bei einem Zwischenaufenthalt die Vorbereitungen für die Auslandsreise zu treffen.

Am 31. Mai verließen wir Bremerhaven. Wir kamen draußen sofort in recht schlechtes Wetter und ich kann nur sagen, daß ich tüchtig seekrank geworden bin. Dieser Zustand dauerte immerhin drei Tage. Ich war ziemlich mitgenommen, da ich das Essen nicht bei mir behielt, ständig Magenwürgen hatte und mich übergeben mußte. So langsam gewöhnte der Körper sich aber an dieses ewige Fahrstuhlgefühl. Nach einigen Tagen wurde mir das schwankende Element vertraut.

Es erging mir auch später nicht besser, als ich in der Marine zur Unterseebootwaffe kommandiert wurde. Die Unterseeboote waren durch die großen Blei-Akkumulatoren, die für die Unterwasserfahrt benötigt werden, sehr gewichtsstabil und verhielten sich wie die berühmten Stehaufmännchen. Bei Seegang neigten sie sich wohl zur Seite, wurden aber schnell wieder durch den tiefen Schwerpunkt aufgerichtet, was sich in ruckartiger Bewegung vollzog. Im ganzen gesehen handelte es sich hier aber um Bagatellen, und ich kann sagen, daß ich immer gern zur See gefahren bin und später bei meinen Fahrten nie ernstlich unter Seekrankheit zu leiden gehabt habe.

Wir segelten also bei westlichem Wind mit angebraßten Rahen gen Norden. Als wir das Skagerrak bei stürmischem Wetter passiert hatten, war meine Krankheit vorbei. Nach Umrundung von Skagen begrüßte uns das Kattegat mit schönstem Wetter. Mit raumem Wind segelten wir bei freundlichem Sonnenschein am 7. Juni an den Städten Helsingborg und Helsingör vorbei und passierten bald darauf Kopenhagen, das üblicherweise angelaufen wurde. Es gab aber diesmal keinen Aufenthalt, was vermutlich auf die langsam immer mehr verfallende Währung zurückzuführen war, denn ohne Hafengebühren zu zahlen, gab es keinen Liegeplatz. Bereits in der Nacht bekamen wir die Leuchtfeuer von Arcona auf Rügen in Sicht, nahmen einige Segel fort und ankerten am folgenden Tag bei schönem Wetter um 12 Uhr mittags auf der Reede von Swinemünde.

Nach dem Anlaufen der verschiedenen Ostseehäfen ging es durch den Nord-Ostsee-Kanal mit kurzem Aufenthalt in Hamburg zurück in unseren Heimathafen Elsfleth.

Bei der Durchfahrt durch den Nord-Ostsee-Kanal lernten wir auch das Bergen der Stengen kennen. Die Stengen bilden das oberste Drittel des Mastes und müssen zur Verkürzung der Masthöhe beim Passieren von Brücken weggenommen werden. Das bedeutet: Segel abschlagen, Tauwerk klaren, Rahen aus den Racks lösen und alles »Gut« an Deck geben, ehe die Stengen gefiert werden können.

Im August und September lagen wir nun wieder in Elsfleth, wo die Vorbereitungen für die bevorstehende Auslandsreise erfolgten. Neben unserem Borddienst gab es eine Menge Möglichkeiten, den kleinen Ort Elsfleth zu erkunden. Von der Jugend, besonders den jungen Damen, geliebt, und von den Eltern und gesetzten Bürgern mit wachem Mißtrauen verfolgt, verbrachten wir mit viel Unsinn und Unternehmungslust unsere Tage.

Ein- und Auslaufen waren aber die großen Ereignisse für Elsfleth. Nur von einigen freundlichen Mädchen durch Tücherschwenken verabschiedet, wurden wir bei der Rückkehr von ganz Elsfleth, das die Anlegebrücke säumte, freudig »Willkommen« geheißen. Das Schulschiff gehörte einfach zum Ort.

Die Vorbereitungen zum Auslaufen kamen zum Abschluß. Die Takelage war gründlich überholt worden, Segeltuch, Ersatzteile und sonstiges Gerät ergänzt und verstaut in den Stores verschwunden. Zuletzt kam der Proviant, darunter auch lebendes Vieh. So rückte der Abschied heran, die Leinen wurden losgeworfen und zunächst wieder Bremerhaven Reede angelaufen. Am 29. September 1923 brachte uns der Schlepper bis zur offenen See, die Segel wurden gesetzt, die Reise mit Ziel Kanarische Inseln und Südamerika war angetreten.

Obwohl ich nun schon ein halbes Jahr in der Ostsee mit der *Großherzogin Elisabeth* auf Reisen gewesen war, änderte sich für mich jetzt doch das Bild, als es dem Ozean zuging. Das Wetter war in den ersten Tagen recht gut, doch dann, kurz vor Eintritt in den Englischen Kanal, kam der Wind von West und Nordwest, so daß wir zum Teil bei unsichtigem Wetter kreuzen mußten. Im Dunst zeigten sich hier und da die Klippen der englischen Küste, während man sich möglichst frei vom französischen Ufer hielt. Nach Passieren der Isle of Wight konnten die Schläge dann größer bemessen werden, auch gab es teilweise raumen Wind, so daß wir bald die Biskaya erreichten.

Der Golf von Biskaya wird von den Segelschiffsleuten wegen seiner starken Stürme ähnlich gefürchtet wie das Kap Horn. Hier erreichen bei starkem Westwind die Wellen eine besondere Höhe und Länge, um dann an der französischen Küste mit schweren Brechern die Strände heimzusuchen und gewaltigen Schaden anzurichten. Südwärts gehende Schiffe sind immer froh, wenn backbord querab Cap Finisterre, die Nordwestecke der Iberischen Halbinsel, erreicht wird, weil sich danach das Wetter meist beruhigt. Wir hatten also viel mit Segelsetzen sowie Segelmanövern zu tun und freuten uns dann, als wir querab der marokkanischen Küste den Nordostpassat erreichten. Hier beginnt für die Segelschiffe eine gute Zeit. Der Wind ist beständig, wenn auch manchmal stürmisch, und weht immer aus der gleichen Richtung.

Der erste Hafen, den wir ansteuerten, war Santa Cruz auf Teneriffa, wo es eine deutsche Kolonie gab. Es war für sie immer ein Ereignis, wenn ein deutsches Kriegsschiff oder auch Schulschiff zu Besuch kam, weil nun Festlichkeiten, Einladungen und Gegeneinladungen miteinander wechselten. Man freute sich, unter deutschen Landsleuten, die direkt aus der Heimat kamen, zu sein. Entsprechend der Größe unserer Besatzung wurden Gruppen gebildet, die den verschiedenen Einladungen folgten.

Mit den ersten an Bord kommenden Nachrichten erfuhren wir von der am 13. Oktober 1923 erfolgten Währungsreform, die auf einem von K. Helfferich ausgearbeiteten Plan (Roggenwährung) beruhte. – Von nun an galt die »Rentenmark«.

Am 2. November 1923 verließen wir Santa Cruz mit Kurs auf Rio de Janeiro. Als seemännische Arbeit stand das Schiften der Segel an. Die Sturmsegel wurden zur Schonung abgeschlagen und gegen leichtere oder ausgebesserte Segel ausgetauscht. Dieses Auswechseln erfolgte routinemäßig beim Eintritt in die ruhigeren Wettergebiete und umgekehrt. Da herrschte dann reges Leben und Treiben an Bord. Während die 24 riesigen Segel von den Masten über die Wanten hinunter und hinaufgegeben wurden, ertönten anspornende und muntere Zurufe in den Toppen und an Deck.

Eine besondere Gefahr bilden die sogenannten »Weißen Böen«. Da kann es sein, daß man bei strahlendem Sonnenschein, blauem Himmel und mittleren Windstärken sorglos dahinsegelt. Die Mannschaft ist mit Arbeiten in der Takelage und an Deck beim Segelnähen oder anderen seemännischen Arbeiten beschäftigt. Plötzlich bildet sich eine weiße Wolke im blauen Himmelsfeld. Ehe man durch ein anderes Symptom gewarnt wird, fällt eine heftige Bö über das Schiff her, so daß die voll aufgetakelten Masten von einer ungeheuren Druckwelle erfaßt werden und die Gefahr des Kenterns gegeben ist.

Eine solche Bö erlebte ich auf dieser Reise, als wir im leichten Arbeitsanzug an Deck arbeitend, plötzlich durch harte Kommandos hochgerissen wurden und zu unseren festeingeteilten Stationen eilten. »Ruder hart steuerbord, fier die Royals, los die Bramschoten, gei auf alle Royals und Bramsegel, Freiwache an Deck« waren die rasch hintereinander kommenden Kommandos, die uns alle durcheinander wirbelten. Unter dem starken Druck einer einfallenden Bö hatte sich das Schiff zur Seite geneigt, so daß es kaum möglich war, einen festen Standpunkt zu gewinnen und dabei noch seine Arbeit zu verrichten.

Der damals wachegehende Erste Offizier hatte aber gut aufgepaßt. – Aufgrund seiner Kommandos flatterten im Nu die Obersegel an den Rahen, so daß sich der Druck auf die Takelage verminderte. Bei hart steuerbord liegendem Ruder schoß das Schiff unter Bedienung der Brassen an den Wind, richtete sich langsam wieder auf und wir konnten nun die befohlenen Segelmanöver beenden.

Durch die Alarmrufe war die ganze Schiffsbesatzung aus ihrer Ruhe aufgeschreckt worden. Der Kapitän stürzte an Deck, rollenmäßig wurde das Ruder mit vier Mann besetzt, jeder tat das dringend Notwendige auf seiner Alarmstation.

Der ganze Spuk dauerte aber nur 15 bis 20 Minuten, dann war von der Bö nichts mehr zu bemerken, der Himmel war wieder klar und blau, die Sonne schien und das Meer tat so, als wenn sich überhaupt nichts ereignet hätte.

Am 16. November 1923 passierten wir den Äquator. Dies ist für Neulinge, die zum ersten Mal mit dem Schiff auf die südliche Halbkugel kommen, ein großer Augenblick, der von fast allen alten Seeleuten der europäischen Nationen als etwas Besonderes gefeiert wird. Bei der Linientaufe ruhte die Arbeit, es herrschte Sonntagsroutine. Große Vorbereitungen wurden getroffen. Die Tage vorher waren bereits mit vielen Organisationsaufgaben ausgefüllt. Die Kleidung, die Aufstellung eines Taufbassins, das Einüben von Reden und Gedichten, das Begrüßungszeremoniell von Neptun und Gefolge mußten besprochen werden. Mit drastischen Bemerkungen und den üblichen Hinweisen, daß man mit uns nicht sehr glimpflich verfahren würde, versuchten die Älteren uns Angst und Respekt einzujagen. Wir nahmen das aber mit Ruhe hin, denn wir waren schon ein bißchen hartes Leben gewohnt, und den Kopf konnte man uns ja nicht abschlagen. Pünktlich vier Glasen kam Neptun mit Gefolge an Bord und befahl, die Neulinge von Staub und Schmutz der Nördlichen Halbkugel zu befreien. Die Täuflinge wurden symbolisch mit einem hölzernen Messer rasiert, dann gab es Pillen zu schlucken, die scheußlich schmeckten; die Getränke waren nicht besser, so daß sich jedem wohl der Magen umdrehte. Unter einigen anderen Späßen wurden die Opfer dann tüchtig ins Wasser getaucht und hatten allerhand auszustehen, bis sie entlassen wurden.

So ging der Vormittag mit Musik, Heiterkeit und Reden dahin, dessen Zeremonien mit einem gemeinsamen Essen beendet wurden. – Dann zog Neptun mit Gefolge feierlich begleitet wieder zum Vorschiff, um in sein nasses Element zurückzukehren. Ich habe bei dieser Taufe den Namen »Albatros« erhalten. Der »Taufschein« ist heute noch bei meinen Akten.

Am 28. November steuerten wir bei Tagesanbruch die brasilianische Küste an. Beim Näherkommen schaute ich überwältigt auf das langsam auftauchende Rio de Janeiro, und ich kann nur bestätigen, daß man mit Recht diese Stadt als eine der schönstgelegenen der Welt bezeichnet.

Wir ankerten inmitten der großen Bucht in der Nähe der Stadt, setzten nach Bergen der Segel unsere Kutter aus, und es begann ein reger Verkehr mit dem Land. Nach Erledigung der Formalitäten durch Zoll und Staatsbehörden folgte die offizielle Begrüßung durch den deutschen Konsul und einige Mitglieder der Deutschen Kolonie, bis dann auch Händler und andere Leute an Bord kamen, die mit der Betreuung des Schiffes zu tun hatten.

Für uns Kuttergäste fing nun eine sehr anstrengende Zeit an. Es gab zwei Wachen. Jede Wache hatte zwei Boote, wovon das eine das Wachboot war, während das andere Piquettwache hielt. Letzteres bedeutete, daß während der Essens- und kleineren Ruhezeiten von diesem Boot die notwendigen Fahrten zu unserer Entlastung durchgeführt wurden. Bei den hohen Temperaturen zwischen 35 und 42 Grad Wärme war das Kutterpullen eine große Anstrengung. Wir benötigten für einen Trip von Bord an Land ca. 17 Minuten, hatten dann etwa 10 Minuten Ruhepause und ruderten wieder in 17 Minuten zurück. Die verbleibenden 16 Minuten konnten wir uns dann an Bord etwas frisch machen und es ging aufs neue los. Bei größeren Ausflügen wurden Motorboote von Land eingesetzt, da es unmöglich war, mit den eigenen Booten die vielen Seeleute hin und her zu bringen. Jedoch wurden die stündlichen Fahrten nie ausgesetzt, so daß man abends um acht Uhr, wenn man von der ordentlichen Wache entbunden war, sich doch nach Ruhe sehnte. Kuttergast zu sein war aber eine Auszeichnung.

Wir waren, gefordert durch die Arbeiten in den Toppen, starke Burschen und unsere nackten Unterarme bei hochgekrempelten Ärmeln zeigten deutlich, daß wir gewohnt waren, sie zu gebrauchen. In unserem jugendlichen Alter, mit unseren frischen Farben waren wir natürlich die Lieblinge der Damenwelt und erhielten viel Lob und bewundernde Blicke.

Am 7. Dezember hieß es von dieser liebenswerten Stadt Abschied nehmen. Wir setzten Segel für Buenos Aires. Auf der Reise hatten wir sehr stürmisches Wetter, das in diesen Breiten nicht ungefährlich ist. Nach elf Tagen Seefahrt wurde auf Montevideo Reede geankert. Die Mündung des Rio de la Plata ist zwar sehr weiträumig, doch sind die Fahrwasser zu den umliegenden Häfen und stromaufwärts teilweise recht eng. Wir sollten von hier mit einem Schlepper nach Buenos Aires gebracht werden, doch da er nicht erschien oder nicht schnell abkömmlich war, entschloß sich der Kapitän kurzerhand die »La Platabucht« auszusegeln und den Seekanal nach Buenos Aires ohne Hilfe anzusteuern. Ein dort wartender Schlepper brachte uns über den ausgebaggerten Kanal und durch die Hafenschleusen an die Pier, wo wir am 21. Dezember festmachten.

Ein Aufenthalt in Argentinien bedeutet Kontakt mit den dort lebenden Auslandsdeutschen. In dieses Land sind viele Deutsche ausgewandert und um Buenos Aires und die nähere Umgebung herum befindet sich eine große deutsche Kolonie. Hier wurden wir wiederum von unseren Landsleuten sehr herzlich empfangen, aber auch von der argentinischen Bevölkerung. Die Presse, vor allen Dingen die recht zahlreich in deutscher Sprache erscheinenden Zeitungen, brachten Bilder von unserem Schiff und der Besatzung. Es wurde weitläufig über die Takelung des Schiffes gesprochen, welche Fahrten es gemacht hätte, wann es schon einmal in Argentinien gewesen sei und so weiter.

Am 3. Januar 1924 verließen wir das gastliche Buenos Aires und gingen Anfang des neuen Jahres zu einem 5tägigen Aufenthalt nach Montevideo.

Am 9. Januar 1924 traten wir die Heimreise über Pernambuco an, wo Proviant und vor allen Dingen Frischwasser ergänzt wurde. Dann ging es endgültig der Heimat zu. In Elsfleth machten wir am 28. März fest. Zurückgelegt wurden auf dieser Auslandsreise 13.420 Seemeilen, wobei 142 Tage in See und 40 Tage in Häfen verbracht wurden.

Zum Leichtmatrosen befördert, hatte ich nun die Möglichkeit, noch ein weiteres Jahr auf der *Großherzogin Elisabeth* zu bleiben oder mich für die Fahrt auf einem Frachtsegler zu melden. Die dafür in Frage kommenden Reedereien waren die Firmen Laeisz, Hans Hinrich Schmidt und auch die finnische Reederei Ericson. Ich entschied mich für die Firma Hans Hinrich Schmidt, wohin mich der Schulschiffverein vermittelte.

Bark »Lisbeth«

Nach neun Tagen Urlaub, in denen ich vorwiegend mit den Eltern zusammen war, fand ich mich am 10. April 1924 im Büro der Hamburger Reederei Hans Hinrich Schmidt, Baumwall 3, Slomanhaus, zur Anmusterung auf der Dreimastbark *Lisbeth* ein.

Meine Heuer als Leichtmatrose betrug 42 RM im Monat bei freier Station und Verpflegung, wovon dann noch eine kleine Steuer und Versicherungsbeiträge abgezogen wurden. Wenn auch das Geld zur damaligen Zeit sehr viel mehr wert war, so war es doch ein recht bescheidener Erlös.

Von der *Großherzogin Elisabeth* waren wir mit vier Mann an Bord gekommen. Hans-Karl May, der aus Pinneberg stammte, Joachim Gottschalk, der später sehr bekannt gewordene Schauspieler, Hans Reiber und ich. Mit Gottschalk und May freundete ich mich schnell an. Wir hielten die ganze Zeit gut zusammen.

Besonders in Erinnerung geblieben sind mir ein Matrose Heini Bausch, ein Leichtmatrose Ernst Langlott, der etwa um 1960 Kapitän auf der *Hanseatic* war, Harry Wegmann, Sohn eines Inspektors der Fairplay Reederei mit immer froher Laune und Oscar Blaue, ein sehr ruhiger Matrose, später Kapitän bei der Hapag.

Die Fahrzeit auf Segelschiffen bildete damals die Grundlage für jede Ausbildung zum Schiffsoffizier beziehungsweise zum Kapitän. Sie betrug 24 Monate und sollte möglichst auf Rahschiffen geleistet werden. Wegen der fortschreitenden Technik und der abnehmenden Zahl von Hochseeseglern strichen bereits viele europäische Staaten diese Vorschrift. Deutschland hielt hieran noch längere Zeit fest, ich glaube bis zum Jahre 1927. Nach dem Ersten Weltkrieg, also dem Zeitpunkt, wo ich zur Schiffahrt ging, gab es in Deutschland noch ungefähr 27 Großsegler, die sich auf verschiedene Reedereien verteilten.

Zu unterscheiden waren Schulschiffe (damals gab es nur die *Großherzogin Elisabeth*), Frachtsegelschiffe mit Offiziersanwärtern, für die vor allem die Reederei Laeisz bekannt war und reine Frachtsegler. Die Laeisz-Segler fuhren neben der Stammbesatzung 10 bis 20 junge Seeleute, die Kapitän werden wollten. Unter den Offizieren dieser Schiffe waren meistens der Kapitän und ein Offizier für die Schulung des Nachwuchses besonders ausgesucht.

Bei den reinen Frachtseglern spielte die Schulung keine Rolle. Die Schiffe wurden unter normalen kommerziellen Gesichtspunkten betrieben. Die Einreihung in die Deckbesatzung erfolgte nach dem bisherigen Ausbildungsstand. Mit meiner einjährigen Schiffsjungenzeit wurde ich dienstgradmäßig als Leichtmatrose angemustert. Ich hatte mir ein Schiff der »freien Fahrt«, wie wir sagten, ausgesucht, denn meinem Temperament entsprechend wollte ich ja die richtige Seefahrt kennenlernen. Und dieser Wunsch, das muß ich heute sagen, wurde weitgehendst erfüllt.

Die *Lisbeth* war als stählerne Bark im Jahre 1902 auf der Chantier de la Loire in St. Nazaire gebaut und unter dem Namen *René* in Fahrt gesetzt worden.

Mit 2470 BRT vermessen, hatte sie eine Länge über Alles von 98 Metern, 12,24 Meter Breite und eine Höhe von 6,92 Meter. Die Masthöhen lagen mit etwa 45 Metern über Deck höher als die der *Großherzogin Elisabeth*; auch war die Takelung mit doppelten Bramrahen schwerer. Das Schiff wurde neben der *Henriette*, *Wilhelmine* und *Oldenburg* vom Reeder nach dem Ersten Weltkrieg angekauft, nach unserer Rückkehr im August 1925 vom Norddeutschen Lloyd erworben und zu einem Frachtschulschiff mit dem Namen *Bremen* umgebaut.

Außer der *Lisbeth* lagen im April 1924 von unserer Reederei noch die *Oldenburg* und die *Wilhelmine* im Hamburger Segelschiffshafen an den Pfählen. Tagsüber waren wir mit dem Seeklarmachen der Schiffe beschäftigt, schlugen Segel an, nahmen Wasser und Proviant über und verstauten Ausrüstungsgegenstände.

Mir machte es zuerst eine Menge Schwierigkeiten, mit dem Plattdeutsch fertigzuwerden. Ich war bisher gewohnt, nur hochdeutsch zu sprechen, und auch auf der *Großherzogin Elisabeth* war es die Dienst- und Kommandosprache. Hier an Bord wurde, abgesehen von drei Mann, nur platt gesprochen. Ich benötigte etwa 14 Tage, um einigermaßen den Gesprächen im Logis folgen zu können. Doch dann ging es sehr schnell, und ich hatte beim Zuhören überhaupt keine Schwierigkeiten. Richtig »platt« habe ich nie sprechen gelernt, doch konnte ich mich später ganz gut plattdeutsch ausdrücken. Aber zuerst kam es noch im Hamburger Hafen zu manchen Mißverständnissen, z.B. als der Erste Offizier einem Kameraden und mir, die wir oben in der Takelage arbeiteten, einmal zurief, daß wir runterkommen sollten, wenn wir fertig wären. Sein Plattdeutsch verstanden wir nicht und fragten mehrmals, was er denn meine, weil wir der Ansicht waren, wir sollten irgendetwas anders ausführen. Wie uns dann berichtet wurde, ging er kopfschüttelnd nach achtern, traf dort den Kapitän und sagte zu ihm: »... und mit de Lüd schüllt wi nu to See föhren.« Wir haben uns aber später mit ihm gut vertragen, denn er war ein ausgezeichneter Seemann und drei- oder viermal mehr um Kap Horn gesegelt als unser Kapitän. Er machte von dieser Tatsache auch, wenn es um die Erörterung von Segelmanövern ging, Gebrauch, indem er dem Kapitän andeutete, daß er von dieser oder jener Sache wohl mehr verstünde.

So war das Verhältnis vom Kapitän zum Ersten Offizier immer etwas gespannt. Der Zweite Offizier war noch sehr jung, 23 Jahre alt, hatte gerade sein Steuermannexamen gemacht und als Schiffsoffizier auf einem Segelschiff noch niemals Dienst getan. Die Mannschaft wohnte wie üblich im Vorschiff, während die Offiziere im Achterschiff untergebracht waren. Die Kombüse war, wie bei fast allen diesen Schiffen, in der Mitte in der Nähe des Großmastes gelegen. Für uns 16 Decksleute – darunter waren die wachegehenden Matrosen, Leichtmatrosen und Schiffsjungen zu verstehen – gab es zwei Schlafräume, für jede Wache einen mit fünf doppelstöckigen Kojen. Zwischen beiden Schlafräumen lag der Messraum, der zum Aufenthalt und zum Essen diente. Die Einrichtung war bescheiden und schmucklos, völlig aus Holz, aber sehr ordentlich. Wir mußten alles, was unserem persönlichen Bedarf diente, mitbringen.

Die Reederei schrieb dazu: »Zwei bis drei wollene Decken, Kopfkissenbezüge, Bettlaken, dazu ein Paar gute Seestiefel, gutes Ölzeug, zwei Päckchen weißes Arbeitszeug, ein Päckchen Landgangzeug, zwei Paar Arbeitsschuhe, ein Paar Landgangschuhe, drei Paar wollene, drei Paar leichte Strümpfe, vier Handtücher, sechs Taschentücher, drei Päckchen dickes, drei Päckchen leichtes Unterzeug, Arbeitsmütze und wollener Pudel, Schutzputzzeug, genügend Seife für die Dauer einer zehnmonatigen Reise, Tabak, Streichhölzer und zwei Taschenmesser mit Loch.«

Die Besatzung bestand aus 25 Mann. Kapitän Willi Hilgendorff, der Erste Offizier Cref und der Zweite Offizier Wilhelm Eggert bildeten die Schiffsführung. Die Mannschaft bestand aus sechs Matrosen, sechs Leichtmatrosen und vier Schiffsjungen. Daneben gab es dann noch die sogenannten Unteroffiziere, welche keine Wache gingen. Dies waren der Bootsmann, der Segelmacher, der Schmied und der Zimmermann. Außerdem gehörten zur Schiffsbesatzung noch der Koch und ein Kajütsjunge, der allgemein »Flunkie« genannt wurde.

Eine besondere Bedeutung kommt dem Kapitän eines solchen Schiffes zu, der ja während der langen Fahrten ganz auf sich selbst gestellt ist. Die Führung eines Segelschiffes dieser Art und Größe erfordert neben einer guten seemännischen Ausbildung auch langjährige Erfahrung.

Wir hatten mit Kapitän Hilgendorff nicht gerade den besten Vorgesetzten bekommen. Ich geriet mit ihm schon nach kurzer Zeit mehrmals aneinander, so daß unser Verhältnis während der nahezu anderthalb Jahre, die ich auf diesem Schiff an Bord war, sehr schlecht war. Wenn ich mich auch nicht von Schuld freisprechen möchte, so war Hilgendorff alles andere als ein menschlich guter Kapitän und wenig geeignet, Schwierigkeiten, die während einer solchen langen Reise auftraten, zu eliminieren. Als Seemann habe ich auf der Bark *Lisbeth* große Erfahrungen sammeln können, und hier muß ich dem Kapitän uneingeschränktes Lob zollen. Im Laufe meiner Auseinandersetzungen mit ihm gab es aber sehr harte Zeiten, und er verstieg sich sogar einmal zu der Äußerung: »Und den Schulz, den Hund, werde ich mir noch einmal kaufen.«

Die Kameradschaft unter uns Männern, die wir vor dem Mast fuhren (das sind die Leute, die vorne ihre Unterkunft haben) war ausgezeichnet. Wir hatten auf der ganzen Reise bis auf Kleinigkeiten keinerlei Reibereien und vertrugen uns sehr gut.

An dieser Stelle möchte ich der Auffassung vom trunkenboldigen und randalierenden Seemann entgegentreten. Nach meinen Erfahrungen, auch später als Schiffsoffizier, waren die berufsmäßig zur See fahrenden Männer, trotz ihrer Rauheit, Leute von großer Einsatzbereitschaft und guter Pflichtauffassung, mit Liebe zur Seefahrt und einer nahezu konservativen Haltung. Asoziale Elemente, Gelegenheitsarbeiter und im Leben gestrandete Figuren beeinträchtigen leider oft dieses Bild. Eine gute Besatzung entledigt sich ihrer so schnell wie möglich. Die Trinkereien und sonstigen Freuden im Hafen wird nur der richtig beurteilen können, der selbst die langen mit Einschränkungen verbundenen Seetörns kennengelernt hat.

An Bord gab es grundsätzlich keinen Alkohol. Unter Verschluß des Kapitäns befand sich aber immer ein Fäßchen mit Rum, der für Krankheitsfälle und zur Stärkung nach anstrengenden Manövern in kleinen Mengen ausgegeben wurde. Das Kommando lautete dann: »Besanschot an«. Zu dieser Arbeit mußte die Besatzung zum Besanmast, also dem dritten Mast aufs Achterschiff kommen, wo statt der Arbeit eine »Mug« voll Rum verteilt wurde.

Am 25. April kam der Lotse an Bord, die Leinen wurden eingeholt, zwei Schlepper brachten uns bis zum Feuerschiff *Elbe I*. Die Segel wurden gesetzt, und die weite See war von nun an unsere Heimat. Es begann eine Reise, die nahezu anderthalb Jahre dauern sollte. Erster Bestimmungshafen war Taltal in Chile. Ohne Funkstation von der Welt abgeschnitten und nur auf die Segel angewiesen waren wir nun uns selbst überlassen.

Über die Härten einer Kap-Horn-Umsegelung ist schon viel geschrieben worden, so daß ich nicht ausführlicher davon berichten möchte, nur soviel, daß wir zur dortigen Winterzeit am Kap waren, die für uns die Schwierigkeiten noch verschärfte. Mangels verfügbarer Ladung fuhren wir Ballast – im allgemeinen Eisenbarren oder Sand –, der bei fast allen Handelsschiffen ohne Ladung aus Stabilitätsgründen notwendig ist. Heute nimmt man solche Gewichtsveränderungen durch Fluten oder Lenzen der dafür vorgesehenen Tanks vor. Es ist bekannt, daß Segler in den alten Zeiten Eisenballast von Europa mitnahmen, der dann, im Bestimmungsland geschmolzen und zu Eisengittern verarbeitet, die Fassaden der Wohnhäuser zierte. Dem aufmerksamen Australienbesucher werden derartige Ziergitter bei älteren und heute zum Teil unter Denkmalschutz stehenden Häusern auffallen. Ein Segelschiff über die Weltmeere in Ballast zu fahren erfordert von der Schiffsführung erhöhte Aufmerksamkeit, denn die kleinste Bö oder schnell wechselnde Wetterverhältnisse zwingen zu raschen Segelmanövern, die auf unserer *Lisbeth* meistens mit dem Kommando »Freiwache an Deck« eingeleitet wurden. Ganz anders lag unser Schiff in der See bei der Rückreise von Australien. Mit Ladung bis oben vollgestaut »knüppelten« wir vor der stürmischen See dahin, so daß eher ein Mastbruch als Kentergefahr zu befürchten war.

Über Australien ging es dann nach Deutschland zurück. Am 23. August 1925, in Höhe von Terschelling-Bank Feuerschiff, erwartete uns ein Schlepper der Fairplay-Reederei, nahm das Schiff auf den Haken und brachte uns weserauf nach Bremen, wo wir im Holzhafen nach einer Gesamtreisedauer von einem Jahr und 120 Tagen festmachten.

Jetzt rüstete alles zum Landgang bzw. zum Verlassen des Schiffes. Das Vertragsverhältnis zwischen den Seeleuten und der Reederei wurde immer für die Reise festgelegt, so daß nach deren Beendigung sofort die Abmusterung vor dem Seemannsamt erfolgte, der Lohn ausbezahlt wurde und damit jeder frei entscheiden konnte, wie es weitergehen sollte. Manchmal blieben Besatzungsangehörige auch an Bord und musterten wieder neu an.

Ich selbst hatte aber die für das Steuermannexamen vorgeschriebene Segelschiffszeit von 24 Monaten erfüllt und wollte nun die Restfahrzeit von weiteren zwei Jahren auf Dampfern verbringen. Zwei Beamte des Seemannsamtes kamen an Bord, um die Abmusterung durchzuführen. Mir selbst kamen dabei die ganzen anderthalb Jahre vor Augen, die ich an Bord zugebracht hatte. Arbeit, Mühe und Kameradschaft waren in Ordnung, so daß ich mich in dieser Beziehung sehr wohl gefühlt hatte. Ich deutete aber bereits an, daß zwischen dem Kapitän und mir sehr starke Differenzen bestanden, die zum Teil recht unerträglich waren. Bei der Abmusterung war es üblich, daß man nach Empfang des Geldes oder der Papiere sich vom Kapitän, der der ganzen Zeremonie natürlich beiwohnte, verabschiedete. Als ich an die Reihe kam, steckte ich meine Papiere ein und drehte mich kurz um, um davonzugehen. So rief Kapitän Hilgendorff hinter mir her: »Auf Wiedersehen kannst Du wohl nicht sagen.« Ich blieb stehen, drehte mich um, schaute ihn an und sagte dann im Beisein der restlichen Besatzungsmitglieder und der Beamten vom Seemannsamt: »Herr Kapitän, ich habe als Seemann und in der Führung des Schiffes von Ihnen viel gelernt und werde das gerne mit in mein Leben hinausnehmen. Als Mensch werden Sie mir aber stets in schlechter Erinnerung bleiben.« Danach drehte ich mich wieder um und verließ das Schiff. Mit dem Seesack auf dem »Ast«, noch einmal kurz zurückschauend und den Kameraden zuwinkend, wandte ich mich einem neuen Lebensabschnitt zu.

»Cleveland« – »Havenstein« – »Fürst Bülow«

Die Suche nach einem Schiff war jetzt äußerst schwierig, Stellen waren knapp, Seeleute lagen massenhaft an Land. Ich hatte aber bald das Glück, auf dem amerikanischen Passagierschiff *Cleveland* anmustern zu können.

Die *Cleveland* war ein ehemaliger Hapagdampfer, der bei Ausbruch des Ersten Weltkrieges in Griechenland gelegen hatte, dort interniert worden war und dann als Kriegsbeute vom amerikanischen Reeder Harriman erworben wurde. Sie führte die Panama-Flagge, vermutlich um Alkohol ausschenken zu können, was auf USA-Schiffen wegen der »Prohibition« verboten war. Mit seinen zwei Schornsteinen machte das Schiff einen schmucken Eindruck. Es war etwa 16.000 BRT groß und konnte bei ca. 300 Mann Besatzung 1000 Passagiere und noch eine gehörige Fracht befördern.

Mit diesem Schiff machte ich nun vier Reisen. Im Schnitt benötigten wir zehn Tage zur Überfahrt Hamburg – New York mit Anlegen in Southampton und Cherbourg oder manchmal Boulogne; dann zehn Tage Liegezeit in New York und wiederum die gleiche Zeitspanne für die Rückfahrt nach Cuxhaven. Nach zehn Tagen Aufenthalt in Hamburg begann dann der neue Trip.

Die Seefahrt in diesen Wintermonaten zwischen New York und Europa war nicht sehr schön. Es herrschte meistens stürmischer Westwind und zum Teil hatten wir in Amerika auch sehr kaltes Wetter. Besonders westwärts fahrend nahmen wir bei der stürmischen See tonnenweise Wasser an Deck, so daß oft mit der Geschwindigkeit heruntergegangen werden mußte. Einmal schlugen uns die Treppen, die von einem oberen Deck auf das untere führten, in der See los, wobei wir Mühe hatten, diese hin- und herschießenden schweren Eisengerüste wieder zu bändigen. Die Bootsleute und wir 26 Decksbesatzungsmitglieder brachten es aber fertig, bei dem schweren Seegang, meist unter Lebensgefahr für den Einzelnen, die Treppen erst einmal lose einzufangen und dann in einem günstigen Moment festzulaschen. Um uns die Arbeit zu erleichtern, hatte der Kapitän die Geschwindigkeit nahezu auf Null reduziert und hielt das Schiff gerade gegen den Sturm.

Die Arbeit der Decksbesatzung auf der *Cleveland* bestand zumeist aus Malen und Deckwaschen. Nachts, wenn die Passagiere sich zur Ruhe begeben hatten, stets so ab 1 Uhr morgens, wurden alle Decks aufgeräumt und gesäubert. Wenn wir um 24 Uhr auf Wache kamen, begann das Wasserfest. Wir erhielten Scheuersteine, die in einen Eisenrahmen eingespannt waren und mittels eines langen Stiels gehandhabt wurden. Das zu reinigende Deck wurde unter Wasser gesetzt, wir alle stellten uns in einer Reihe auf und los ging es, hin und her und her und hin, bis alle Flächen abgeschrubbt waren.

Handwerklich habe ich auf der *Cleveland* aber doch etwas Besonderes gelernt, und zwar den Umgang mit Farben. Bei den Amerikanern wurden viele Arbeiten von der Decksbesatzung erledigt, die bei anderen Reedereien, speziell bei uns in Deutschland, von Fachfirmen im Hafen durchgeführt wurden. So malten wir sehr viel auf dem Promenadendeck, zum Teil aber auch Innenräume und bei jeder Liegezeit in New York außenbords den ein Meter breiten rot-schwarzen Streifen in der Wasserlinie. Die andere Arbeit des Außenbordsmalens wurde dann einer Firma in New York anvertraut, deren Leute meistens aus Spaniern und Portugiesen bestanden und von uns etwas geringschätzig mit dem Ausdruck »Schietgäng« bezeichnet wurden.

Der Alkoholschmuggel nach den USA spielte in damaliger Zeit eine große Rolle. Herstellung, Ausschank und Einfuhr waren nach dem Gesetz der »Prohibition« verboten. Es gab weit verzweigte Schmuggelorganisationen; aber auch Einzelne betätigten sich in dieser Richtung, wobei unser Schiff keine Ausnahme machte. Wie die ganze Angelegenheit funktionierte, kann ich nicht sagen. Ich wurde eines Tages vom Bootsmann angesprochen, der mich bei der Arbeit beobachtend fragte, ob ich das Maul halten könne. Ich erwiderte, das wäre schon möglich und wollte wissen, worum es sich handele. Er weihte mich kurz in ein Stichwort ein, sagte mir, daß ich pro Reise für eine bestimmte Aufgabe 25 Dollar bekommen würde; ich solle mich einmal mit dem Storekeeper Herrn Eggert in Verbindung setzen. Darauf ging er weiter.

Herr Eggert erzählte mir, daß pro Reise größere Mengen Alkohol nach New York mitgenommen würden und wies mich auch an, was ich dabei zu tun hätte. Im vorderen Teil des Schiffes war ein Raum für die Lagerung hergerichtet, und ich half in Hamburg mit beim Verstauen. Die deutschen Behörden spielten bei dieser Angelegenheit keine Rolle, da die Ausfuhr von Alkohol nicht verboten war. Später hatte ich dann mit anderen Seeleuten den Alkohol kurz vor Ankunft in New York an die Wäscheabgabestelle zu liefern. Sobald nämlich die Passagiere am Morgen des Ankunfttages aufgestanden waren, wurde die Bettwäsche abgezogen und zur Wäschekammer transportiert. Dort wurden dann große Bündel gemacht und nach Ankunft des Schiffes an der Pier von einer unter Kontrakt stehenden Laundry abgeholt. Wie die Flaschen in die Wäschebündel kamen, ist mir nicht bekannt. Wir Eingeweihten schauten bloß über die Reling gelehnt zu, wie die ganze Sache vor sich ging. Da sahen wir dann mehrere Wagen von der Wäscherei an der Pier auffahren. Die Wäsche wurde mit großen Kränen hinunter gehievt und verstaut; es kamen dann auch Zollbeamte, die Stichproben machten, doch mußte auch hier irgendeine Leckage gewesen sein, denn die Stichproben wurden immer bei Wäschebündeln vorgenommen, in denen kein Alkohol war. Da ich vier Reisen mit der *Cleveland* machte, verdiente ich mir so 100 Dollar extra. Natürlich kam mir das Geld gut zu pass und ich schickte es nach Hause für mein Sparkonto.

Die Verpflegung der Besatzung war ausgezeichnet. Kaffee, Tee, Milch und einige alkoholfreie Getränke waren nicht rationiert. Desgleichen verschiedene Brotsorten, Butter, Zucker, Wurst und Käse. In dem neben dem Logis liegenden Aufenthaltsraum sorgte ein Steward für unser leibliches Wohl. So war es schön, nach harter Arbeit außerhalb der Essenszeiten einen kleinen Imbiß zu nehmen. Welch ein Unterschied zu meiner *Lisbeth*!

Das Leben auf der *Cleveland* war, abgesehen von dem engen Logis und dem Zusammenleben mit den doch recht primitiven Männern, gut. Mit den Passagieren kamen wir kaum in Berührung. Einmal fiel mir der Name von Dr. Lasker auf, dem damaligen Schachweltmeister, der gerade von Moskau kam und in die USA reiste. Da ich selbst gerne und viel Schach spielte, interessierte mich dies.

Mit Schreibarbeiten und Bücherlesen war es schwieriger als auf der *Lisbeth*. Logis und Tagesraum hatten kaum Tageslicht. Das ewig eingeschaltete schlechte elektrische Licht, das dauernde Kommen und Gehen der Seeleute, die schlechte Lüftung und das Fehlen einer gemütlichen Ecke oder eines Tisches, an dem man arbeiten konnte, waren jeder geistigen Beschäftigung hinderlich.

Die Anziehungskraft der USA war sehr groß. Ich überlegte mir, in der dortigen Schifffahrt unterzukommen, eventuell sogar in einem schiffahrtsnahen Beruf Fuß zu fassen. Zur Erlangung eines amerikanischen Seefahrtsbuches hatte ich bereits polizeiliche Unbedenklichkeitsbescheinigungen und andere Papiere herbeischaffen müssen, so daß damit der erste Schritt geglückt war. Für die Einwanderung waren wieder andere Bescheinigungen und Tests notwendig; auch mußte ein Bürger der Vereinigten Staaten mit 2000 Dollar bei Stellung eines solchen Antrages bürgen. Es gab aber auch Möglichkeiten »schwarz« mit einem falschen Paß in die USA zu kommen. Solche Pässe konnte man bei etwas zweifelhaften Leuten im Stadtteil Bowry erwerben. Nach einer Mitteilung von Bordangehörigen kostete das 150 Dollar unter Beifügung eines Paßfotos.

Ich war also intensiv dabei, mich mit all diesen Fragen zu beschäftigen, als uns mitgeteilt wurde, daß die Hamburg-Amerika Linie das Schiff von der Harriman-Linie zurückgekauft habe. Nach Rückkehr wurde die ganze Besatzung in Hamburg abgemustert. Das Schiff ging zur Überholung ins Dock. Damit war dieses vielversprechende Arbeitsverhältnis für mich beendet.

Erneut ging es auf Suche nach einem Dampfer. Meine Eltern schalteten sich auch wieder ein und knüpften an den Gesprächen im Bekanntenkreis vor der *Cleveland*-zeit an. Über Major Lindemann, einen Regimentskameraden von Vater, führte ein Weg zum Stinnes-Konzern. Man zeigte sich aufgeschlossen, betonte, daß ich bei Stinnes gut aufgehoben wäre, bei der Reederei eine gesicherte Laufbahn vor mir hätte und dergleichen Dinge mehr, wie nun einmal die Gespräche der älteren Herren vor sich gehen. Stinnes-Direktor Meurer verständigte daraufhin die Reederei in Hamburg.

Kurz darauf erhielt ich von Inspektor Bette der Hugo-Stinnes-Linie eine Aufforderung, mich im Büro zu melden. Ich konnte in Kürze, am 27. Mai, auf der *Havenstein*, einem Dampfer, der für Ostasien bestimmt war, anmustern. Zunächst ging dieses Schiff aber auf die Zwischenreise, das heißt, es wurden Nordsee- und Kanalhäfen, meistens Bremen, Rotterdam, Le Havre und Antwerpen bedient. Dann kamen die Schiffe wieder nach Hamburg, um Restladungen zu nehmen und gingen nach einigen Liegetagen auf die große Reise.

Meine Zeit auf der *Havenstein* dauerte aber nicht lange. Nach Hamburg zurückgekehrt, mußte das Schiff im Hafen verholt werden. Auf der Back (Vorschiff) befanden sich außer mir der Zimmermann am Spill, ein Matrose und der Zweite Offizier, mit dem ich eine fachliche Meinungsverschiedenheit bekam, bei der er ins Unrecht geriet. Vermutlich durch das spöttische Lächeln der Seeleute irritiert, schimpfte er erregt auf mich ein und schlug mit der Faust nach mir. Ich konnte gerade noch ausweichen, schlug nun aber in der Rückdrehung meinerseits zu und versetzte ihm einen kräftigen Hieb, so daß er rückwärts über die in Höhe seiner Kniekehlen verlaufende Ankerkette flog.

Unrat witternd zog ich sofort zum Ersten Offizier, Herrn Martin, erbat Landgang und beschwerte mich beim Seemannsamt in der Admiralitätsstraße. Inspektor Röhe lud alle Beteiligten einschließlich des Ersten Offiziers zu einer Aussprache ein. Da der Zweite Offizier seinen Angriff auf mich nicht abstreiten konnte, meinte Herr Röhe, er solle sich mit mir vertragen. Andernfalls könne ihm die Tat ein halbes Jahr Gefängnis oder 1000 RM Geldstrafe einbringen.

Ich lenkte ein und erklärte mich bereit, meinen Strafantrag zurückzuziehen, sofern die Schuldfrage im Protokoll klar zu meinen Gunsten entschieden würde. So geschah es dann. Herr Martin nahm mich nach der Aussprache zur Seite und versicherte, daß mir persönlich aus der Angelegenheit kein Nachteil erwachsen solle. Mein Verhalten würde ja auch durch das Protokoll gerechtfertigt. Ich entschied mich aber, den glorreichen Aussichten meiner Stinneslaufbahn den Rücken zu kehren und kündigte mein Arbeitsverhältnis.

Für mich war also nach 23 Tagen der Fall *Havenstein* erledigt. Am 19. Juni 1926 befand ich mich wieder einmal in Hamburg an Land ohne Schiff. Die Reaktion meiner Eltern kann ich mir heute nachträglich gut vorstellen. Vater verlor aber kein Wort darüber, denn in den Briefen wird der Vorfall nicht erwähnt. Jetzt versuchte ein in Hamburg lebender Onkel Esche den stürmischen Verwandten unterzubringen.

Er hatte guten Kontakt zum damaligen nautischen Direktor der Hapag und verwies mich dann an einen Kapitän Höfer, der speziell die Offiziere betreute.

Nach einer Vorstellung bei der Hapag entschloß ich mich für diese Reederei. Am 3. Juli 1926 musterte ich als Matrose und Offiziersanwärter auf der *Fürst Bülow* an.

Die *Fürst Bülow* war ein großer Frachtdampfer von 12.000 BRT mit vier Masten. Das Schiff konnte eine Menge Ladung nehmen, hatte im Vorschiff vier und im Achterschiff drei Luken, alle wieder in drei Decks unterteilt, so daß oft mit fünf bis sechs Gängen gleichzeitig geladen beziehungsweise gelöscht werden konnte. Die Kessel der langsam laufenden Kolbenmaschine wurden mit Kohle beheizt. Die Reise ging nach Ostasien und dauerte viereinhalb Monate. Angelaufen wurden die Philippinen, Japan, Korea, China und Hinterindien.

Kapitän Kuttert führte, unterstützt vom Ersten Offizier Inhülsen und dem Leitenden Ingenieur, das Schiff. Zwei weitere Wachoffiziere, der Bootsmann, drei Quartermeister, sechs Matrosen, drei Offiziersanwärter und zwei Schiffsjungen vervollständigten die seemännische Besatzung. Insgesamt waren wir wohl 42 Mann an Bord.

Mit dem Dampfer *Fürst Bülow* machte ich drei Reisen.

1. Reise:	3. Juli 1926	bis	30. November 1926	Ostasien
2. Reise:	1. Dezember 1926	bis	20. Mai 1927	
3. Reise:	7. Juni 1927	bis	4. Oktober 1927	Südamerika – Argentinien

Auf der ersten Reise war mein Dienstgrad Matrose. Meine Wache lag von 8 bis 12 Uhr, danach waren acht Stunden frei und von 20 bis 24 Uhr hatte ich wieder meinen Dienst. Auf den Wachen war nicht viel zu tun. Man besetzte nachts mit einem anderen Matrosen, stündlich wechselnd, den Posten Ausguck hoch oben im »Krähennest« am vorderen Mast und das Ruder zur Unterstützung des Quartermeisters.

Am Tag war, neben Brückenwache, Decksdienst, der auf See im wesentlichen in der Instandhaltung des Schiffes, wie Rostklopfen, Malen und Säubern von irgendwelchen Teilen, bestand, während im Hafen Nebenarbeiten für den Ladebetrieb anfielen, da ja das eigentliche Löschen und Stauen der Ladung von einheimischen Arbeitern besorgt wurde.

Die Mannschaftsunterkünfte waren mit vier Kojen ausgestattet, während die Quartermeister zu zweit ihr Logis teilten. Daneben gab es einen Messraum, in dem gegessen wurde. Die Bedienung versah ein Kellnerlehrling, der wie üblich »Flunkie« genannt wurde.

Diese Reise war sehr erlebnisreich, da wohl zwölf Lösch- und Ladehäfen angelaufen wurden, so daß es auch neben der Arbeit viel zu sehen gab. Die Hauptanlaufhäfen waren Port Swettenham (Malakka-Halbinsel), Manila (Philippinen), Takao (China), Yokohama, Kobe und Noje (Japan) und Dalny (Korea) sowie Tientsin in Nordchina.

Auf der Rückreise berührten wir dann noch St. Nazaire und Le Havre. Auf diesen langen Trips mußten zwischendurch Kohlen genommen werden, was in Port Said, Colombo (Ceylon) und in Sabang (Niederl.-Indien) erfolgte. Die Kohlehäfen lagen meistens fest, da die deutschen Reeder, um nicht von den englischen Preisen abhängig zu sein, um die Jahrhundertwende das Deutsche Kohlendepot gegründet hatten, das weltweit seine Stützpunkte unterhielt, die dann von deutschen Schiffen angelaufen wurden.

Während der Hamburger Liegezeit im Dezember 1926 wurde die Besatzung neu angemustert. Ich wollte unbedingt noch eine Reise auf demselben Schiff bleiben, so daß ich auf einen Weihnachtsurlaub zu Hause verzichten mußte. Während der Ab- und wieder Neuanmusterung vor dem Seemannsamt hörte ich, daß ein Quartermeister von Bord ging, so daß diese Stellung frei wurde. Ich ging sofort zum Ersten Offizier und fragte ihn, ob ich diesen Posten bekommen könnte, denn er hob mich aus der Decksmannschaft ein wenig heraus und bedeutete einen gesonderten und bevorzugten Dienst auf der Brücke. Der Erste Offizier, Freiherr von Inhülsen, brummte etwas von »noch sehr jung«, guckte mich ein paarmal an, drehte sich dann kurz entschlossen zu dem Beamten um und sagte: »Hier haben wir gleich den neuen Quartermeister. Tragen Sie ihn bitte ins Protokoll ein.«

So kam ich also in ein besseres Logis und trat jetzt als Steuerer (Quartermeister) meinen Dienst an. Während meiner Wachzeit hatte ich im Hafen die Fallreepswache und brauchte nicht mehr Rostklopfen und Säuberungsarbeiten auszuführen. Ich mußte aufpassen, daß keine fremden Leute an Bord kamen, und auf See hatte ich während einer 4stündigen Wache immer zwei Stunden am Ruder zu stehen. Daneben fütterte ich die Hühner des Kapitäns, mußte Flaggenheißen, sofern das notwendig war, kochte für meinen Wachoffizier Kaffee und hatte andere solcher Kleinigkeiten mehr zu tun. Nach der Vorschrift sollten wir eigentlich Uniform tragen, doch blieb es bei der zivilen Matrosenkleidung. Ich gehörte aber jetzt zu den sogenannten Unteroffizieren, die auch Mitglieder in der Hapagkleiderkasse waren. Dieser trat nun auch ich bei, zahlte monatlich meine fünf Mark und erhielt alle Kleidungsstücke zum halben Preis, so daß mir damit viel geholfen war.

Die folgende Fahrt ging wiederum nach Ostasien.

Mitte Mai 1927, nach meiner zweiten Ostasienreise, blieb ich an Bord der *Fürst Bülow*. Ich wollte so schnell wie möglich die für meinen Schulbesuch vorgeschriebene Fahrtzeit erfüllen. Eine Reise nach Hause fiel wiederum aus. Meine reichliche Freizeit verbrachte ich in einem Seemannslokal am Silbersack auf St. Pauli, das Herrn Seidel gehörte. Seine Frau stammte aus Böhmen, die beiden netten Töchter bedienten die Gäste und so blieben die jungen Männer nicht aus. Hier verkehrten vor allem Leute, die einmal die Navigationsschule besuchen wollten. Ein großer Teil fuhr bei der Hapag, der Hamburg-Süd und auf Laeisz-Seglern. Das Lokal diente auch dem Postaustausch. Wir hinterlegten Nachrichten für Freunde, denn durch die offizielle Postabfertigung über die Reedereien war ein Zusammenfinden nicht möglich. Es lagen Listen aus, die jeder einsehen konnte, auch wurden Briefe hinterlassen, die dann von der Familie Seidel dem Empfänger ausgeliefert wurden. So waren wir immer gut informiert, auf welchen Schiffen und bei welchen Reedereien sich unsere Freunde aus der Schulschiffzeit der *Großherzogin Elisabeth* oder anderen Begegnungen befanden.

Bald darauf war mein Schiff klar für die dritte Fahrt, die aber diesmal zur Ostküste von Südamerika ging. Unser Erster Offizier Inhülsen wollte in seinem alten Fahrtgebiet Ostasien bleiben und wurde durch einen neuen Ersten Offizier, dessen Name mir nicht mehr erinnerlich ist, ersetzt. Ich freute mich auf diese Reise, weil wir Orte berühren würden, in denen ich schon früher gewesen war, jedoch auch neue Plätze sollten angesteuert werden. Anlaufhäfen waren Montevideo, Buenos Aires, Rosario, Santa Fé, wiederum Buenos Aires und auf der Rückreise Santa Cruz auf Teneriffa.

Am 7. Juni 1927 verließen wir Hamburg, nahmen einige Zwischenhäfen mit und erreichten termingemäß Buenos Aires. Hier erwarteten uns aber keine guten Nachrichten. Die schlechte Weltwirtschaftslage hatte auch Argentinien erfaßt. Es gab Ladungsschwierigkeiten, so daß wir eine längere Zeit tatenlos im Hafen lagen. Ich glaube, es waren im ganzen drei Wochen.

Von Buenos Aires liefen wir den La Plata aufwärts; zunächst nach Rosario. Dort löschten wir innerhalb von drei Tagen den Rest unserer Ladung; dann ging es nach dem noch weiter flußaufwärts gelegenen Santa Fé.

Am 4. Oktober 1927 kehrten wir von dieser Reise zurück. Für mich endete damit die Fahrzeit vor dem Mast, also als Mannschaftsdienstgrad, in der Handelsschifffahrt; ich hatte meine Fahrzeit erfüllt und konnte nun auf die Steuermannsschule gehen.

Steuermannsschule Hamburg

Im Oktober 1927 hatte ich die praktische Fahrzeit beendet und konnte nun die Steuermannsschule besuchen. Vorgeschrieben waren 24 Monate auf Segelschiffen und weitere 24 Monate auf Dampf- oder Motorschiffen. Auf meine Bitte hatte Vater die notwendigen Schritte und Formalitäten für den Besuch der Seefahrtsschule in die Hand genommen. Als ich auf der *Fürst Bülow* abgemustert hatte, war alles soweit geklärt, daß ich in einen Kursus, der am 7. November 1927 auf der Hamburger Schule begann, eintreten konnte.

Ich hatte also einen Monat Zeit und war wohl im Oktober in Erfurt bei den Eltern, die ich ja lange nicht gesehen hatte und begab mich Anfang November nach Hamburg, wo ich mit Iggi, einem Kameraden von *Fürst Bülow*, ein Zimmer nahm.

Die Hamburger Seefahrtsschule lag damals in der Bernhard-Nocht-Straße hoch am Elbufer mit Blick über die St.-Pauli-Landungsbrücken und auf den Hafen. Links war Wiezel's Hotel; rechts an die Schule schloß sich die Deutsche Seewarte an, der wiederum das Tropenkrankenhaus folgte. Der Direktor der Schule war Prof. Otto Steppes, dem ich später noch öfter begegnete. 1983 wurde er 100 Jahre alt.

Zu meiner Zeit war auf der Schule keine besondere Vorbildung vorgeschrieben. Es gab Volksschüler, Mittelschüler und Abiturienten. Entsprechend dieser Vorbildung lief ein dreimonatiger Vorkursus, in dem die Grundkenntnisse koordiniert wurden. Abiturienten und Schüler mit »Mittlerer Reife« konnten bei guten Leistungen von den Fächern Mathematik, Englisch und Deutsch dispensiert werden. Wir gingen dann oft zum Frühschoppen in die St.-Pauli-Landungsbrücken oder nebenan in Wiezel's Hotel bis wir in die nächsten Stunden, die nautischen Inhalts waren, wieder einsprangen.

Die Schulstunden fanden von 8 bis 13 Uhr statt, danach aßen wir Mittag. Zu Hause machten wir dann eine kleine Pause bzw. im Winter eine Dämmerstunde, die bei einem guten Kaffee von der Wirtin verbracht wurde. Dann kamen zweieinhalb Stunden Arbeiten, um 19.30 Uhr etwa Abendbrot und meistens lagen wir um 22 bis 22.30 Uhr im Bett. Zeitweilig nahm ich noch an einem Morsekursus teil, der in den Nachmittagsstunden stattfand, so daß an solchen Tagen die ganze Zeit bis abends um 22 Uhr gut ausgefüllt war. Damals wurde auch noch sonnabends Unterricht gegeben, so daß wir nur sonntags frei hatten.

In der Klasse waren wir 26 Schüler. Meine besonderen Freunde waren Iggi, mit dem ich ja zusammen wohnte, Fritz Dominik, dessen Vater als pensionierter Vizeadmiral Präsident der Deutschen Seewarte war, und Hermann Kempf, ein sehr aufgeweckter, heller Kopf. Zur gleichen Zeit mit mir ging auch noch Hans-Karl May zur Schule, mit dem ich auf der Bark *Lisbeth* gefahren hatte, allerdings in Altona. Späterhin kamen noch zwei Erfurter hinzu, die nach mir zur See gegangen waren und dann im Sommer 1928 »schulreif« wurden. Es waren Heinz Hellner und Jochen Horrer.

Wir hatten in der Klasse Bänke für drei Schüler. Links neben mir saß Iggi und rechts Dominik. Im Unterricht wurde sehr viel verlangt, vor allen Dingen auch schriftliche Arbeiten und Hausaufgaben, so daß wir genügend zu tun hatten. Am Ende der Schulzeit gab es noch einen Kursus im Hafenkrankenhaus über Erste Hilfe und ärztliche Betreuung bei Unfällen, mit dem Ziel, an Bord die einfachen Fälle selbst behandeln zu können.

Unsere Lehrer waren nicht nur Wissenschaftler, sondern auch Kapitäne, die uns in Seemannschaft, Seegesetzgebung und praktischer Nautik unterrichteten. Unser Mathematiklehrer hatte den für Hamburg bezeichnenden Namen »Hummel«, stammte aber aus Berlin. Er war unser Klassenlehrer, der sich mit sehr viel Freude, Humor und Engagement der derben Seeleute annahm und mit uns gut fertig wurde.

Am 29. Oktober 1928 bestand ich mein Examen mit »gut«. Kurz darauf erhielt ich das Befähigungszeugnis zum Steuermann auf Großer Fahrt, am 2. November meldete ich mich bei der Reederei, die mich sofort zur ärztlichen Untersuchung schickte, und vier Tage später musterte ich auf dem Dampfer *Naumburg* als Vierter Offizier an. Vorher mußte ich noch auf eigene Rechnung einen Sextanten kaufen, der bei der Firma C. Plath in Hamburg 260 Mark kostete. Außerdem hatte ich bereits im Sommer des Jahres begonnen, meine Ausrüstung als Schiffsoffizier vorzubereiten, was auch einiges Geld kostete. Ich meldete mich nun beim »Verein Deutscher Kapitäne und Schiffsoffiziere der Handelsmarine« als Mitglied an. Die Beitragsbestätigung erhielt ich am 1. März 1929 und bin seit dieser Zeit, allerdings mit Unterbrechung der Dienstzeit in der Kriegsmarine, immer Mitglied des Vereins gewesen.

Die Jahre als Schiffsoffizier bei der Hapag auf »Naumburg«, »Holm«, »Oceana«, »Württemberg« und »New York«

Nach dem Steuermannsexamen hatte ich keine Zeit, die Eltern zu besuchen und Urlaub zu machen. Drei Tage wurde ich im Hafen hin und her kommandiert, zuerst auf *Württemberg* und dann auf *Idarwald*, zwei Dampfer, mit denen ich gerne ausgefahren wäre. Am 6. November folgte jedoch wieder eine Umkommandierung, diesmal auf den Dampfer *Naumburg*, wo ich als Vierter Offizier für eine Heuer von 165 Mark anmusterte. Mein Einzug auf ein Schiff war jetzt ganz anders als früher, als »Jan Maat«. Ich erschien nur mit einem kleinen Handköfferchen, worin die notwendigsten Utensilien waren, und ein Speditionsmann kam mit dem großen Gepäck hinterher. Statt der alten Foxel, die man sich mit mehreren Mann teilen mußte, hatte ich jetzt einen eigenen Raum. Nach der 4jährigen Fahrtzeit als Matrose ein wahrhaftes Paradies!

Die *Naumburg* war ein für die Kosmos- und Australlinie erbauter Frachtdampfer von 7000 BRT. Aufgrund wirtschaftlicher Notwendigkeiten hatte die Hapag diese Linie aufgekauft und voll integriert. Die Schornsteine wurden umgemalt, doch lief innerbetrieblich alles noch im alten Kosmos-Austral-Stil. Dies drückte sich vor allen Dingen darin aus, daß es die großzügigere Behandlung der Offiziere, wie sie bei der Hapag üblich war, nicht gab. Während die Mannschaft damals schon einen gewissen Schutz durch ihre Tarifverträge hatte, nutzte man die Offiziere, da ihnen keine Überstunden bezahlt wurden, bezüglich des Arbeitsumfanges sehr aus.

Die *Naumburg* wurde vornehmlich in der Fahrt Java/Niederländisch-Indien eingesetzt. Laut Musterrolle war ich vom 6. November 1928 bis 18. März 1929 an Bord. Kapitän Albrecht, aus dem Oldenburger Land stammend, war ein tüchtiger Seemann und Kapitän, aber sehr rauhbeinig. Die anderen Nautiker waren der Erste Offizier Lange, der Zweite Offizier Thiesen, ein Dritter Offizier, an dessen Namen ich mich nicht mehr erinnere, und ich als Jüngster, Vierter Offizier.

Mein Aufgabenbereich lag nun ganz anders als die frühere Tätigkeit als Quartermeister. Zu unterscheiden war jedoch die Arbeit im Hafen und das Wachegehen während der Seefahrt.

Im Hafen hatten wir Offiziere vornehmlich mit der Ladung zu tun. Das Löschen und Laden mußte überwacht werden, wobei mir das Vorschiff und dem Dritten Offizier das Achterschiff unterstellt war. Für die gesamte Ladung war der Zweite Offizier verantwortlich, während dem Ersten Offizier der Decksbetrieb einschließlich der Lösch- und Ladetätigkeit unterstand. Wir Offiziere hatten im Hafen keine geregelte Arbeitszeit. Vor allem in den außereuropäischen Häfen, wo man keine gewerkschaftliche Organisationen kannte, spielte sich der Ladebetrieb von morgens um 6 bis zeitweise nachts um 11 Uhr ab. Wenn es einmal dringend erforderlich war, mußten auch Nacht- oder Frühschichten eingesetzt werden. Da gab es dann nur kurze Ablösungszeiten zum Essen und Schlafen, so daß mancher Offizier aus der Ladeluke auf die Brücke mußte, sofern das Auslaufen in seinen Wachtörn fiel.

Nach einer Reise, die uns über Belawan, Padang, Batavia, Cheribon, Semarang, Soerabaja, Makassar, Colombo führte, lief das Schiff am 15. März 1929 wieder in Hamburg ein.

Für mich fand diese Reise, die mit vielen neuen Eindrücken durchsetzt war, mit der am 18. März erfolgten Kommandierung auf den Dampfer *Holm* ein gutes Ende. An Urlaub war allerdings nicht zu denken, es ging sofort wieder an Bord.

Die *Holm* war ein Fracht- und Passagierdampfer, der bis 50 Passagiere nehmen konnte. Das Schiff war etwa 8000 bis 10.000 BRT groß, hatte keine hohe Geschwindigkeit, und wurde von einem Publikum bevorzugt, das Zeit hatte und die Seereise genoß. Die Reisenden brachten durch Spiel und Unterhaltung Abwechslung in das sonst etwas eintönige Schiffsleben.

Am 20. März 1929 gingen wir mit dem Schiff nach Südamerika in See. Anlaufhäfen waren Vigo in Spanien, Rio de Janeiro, Santos, Montevideo, Buenos Aires und etwa auch die gleichen Häfen auf der Rückreise. Im brasilianischen Hafen Santos herrschte bei unserer Ankunft Gelbfieber. Die neu an Bord kommenden Passagiere bedeuteten daher für uns, und auch für die Ausschiffung in Argentinien wegen einer eventuellen Quarantäne, ein Problem. Um beim Anlaufen von Buenos Aires Schwierigkeiten zu vermeiden, wurden zusätzlich zwei Ärzte, die von ihrer Regierung nach Santos geschickt worden waren, eingeschifft, so daß sie während der Überfahrt die Passagiere beobachten konnten. Hierauf ging dann die Einklarierung in Buenos Aires auch reibungslos vor sich.

Im Gegensatz zur *Naumburg* war der ganze Bordbetrieb auf der *Holm* aufgelockert, zwanglos, und damit auch mehr dem Passagierbetrieb angepaßt. Da sie keine große Geschwindigkeit hatte, ich glaube sie lief höchstens zwölf Seemeilen, benötigten wir für die lange Überfahrt von Vigo bis Rio de Janeiro einige Zeit.

An einem schönen warmen Junitag, am Sonntag, dem 2. Juni 1929, liefen wir mit der *Holm*, nach einer sehr angenehmen Reise, die für mich damals den Höhepunkt der Seefahrt zu bedeuten schien, in Hamburg ein. Es sollte aber noch besser kommen. Kaum einen Tag im Hafen, wurde ich zu meiner Überraschung auf den Luxusdampfer *Oceana* versetzt!

Die *Oceana* war ein Passagierdampfer von 8712 BRT. Die Kessel wurden noch mit Kohlen geheizt, bei einem Passagierschiff nicht sehr schön, besonders weil die *Oceana* völlig weiß gestrichen war. Wir hatten etwa 300 Mann Besatzung und konnten maximal 270 Passagiere an Bord nehmen. Alles war sehr luxuriös und fein eingerichtet. Echte Teppiche, gutes Mobilar und eine ausgezeichnete Betreuung der Passagiere ließen das Wort »Luxusdampfer« Wahrheit werden.

Das Schiff war vor dem Ersten Weltkrieg vom Norddeutschen Lloyd als Passagierdampfer für die Südamerikafahrt unter dem Namen *Sierra Nevada* eingesetzt worden. Nach dem Ersten Weltkrieg wurde es, in Brasilien liegend, als Kriegsbeute beschlagnahmt und unter dem Namen *Avaré* wieder in Fahrt gesetzt. Während einer Liegezeit im Hamburger Hafen kenterte die *Avaré* beim Ausdocken in den Howaldtwerken, so daß eine Grundüberholung erfolgen mußte.

Der brasilianische Staat zeigte nun kein Interesse mehr an dem Schiff. Ein damals in Berlin lebender Kriegsgewinnler kaufte für einen billigen Preis das Schiff und setzte es unter dem Namen *Peer Gynt* als Vergnügungsreisenschiff in Fahrt. Obwohl mit Heimathafen Hamburg eingetragen, lag das Schiff meistens in Genua, von wo aus es Mittelmeerreisen unternahm. Der neue Reeder packte das Schiff voller Getränke, verschickte Einladungen an alle möglichen Lebedamen der deutschen Nachkriegswelt und zog damit das entsprechende männliche Publikum an. Die Feste und Feiern auf diesem Schiff müssen einen derartig unglaublichen Ruf gehabt haben, daß sich die deutsche Reichsregierung einschaltete. Dem Eigentümer wurde die Reedereierlaubnis entzogen, und er mußte die deutsche Flagge niederholen. Wieder wurde das Schiff auf dem internationalen Markt angeboten und nun von der Hapag, deren Schiffsbestand wieder zunahm, angekauft. Sie ließ es gründlich überholen und setzte es dann als Luxusdampfer für Nordland- und Mittelmeerreisen unter dem Namen *Oceana* in Fahrt. Es hatte sogar ein kleines Wasserflugzeug, genannt »Oce-Annerl«, an Bord, mit dem sich die Passagiere die Landschaft aus der Höhe zeigen lassen konnten. Man kann sich leicht vorstellen, daß ich als junger Schiffsoffzier überglücklich war, bereits nach zwei Fahrten bei der Hamburg-Amerika Linie auf ein so schönes Schiff versetzt zu werden.

Neben dem Kapitän und dem Ersten Offizier wurde ich bis zu meinem Eintritt in die Kriegsmarine immer wieder auf dieses Schiff beordert und gehörte sozusagen zum lebenden Inventar.

Mit der *Oceana* machte ich in den folgenden Jahren mehrere Reisen, allerdings mit Unterbrechungen.

1. Periode:	4. Juni 1929	bis	11. September 1929
2. Periode:	15. Januar 1930	bis	8. Oktober 1930
3. Periode:	7. März 1932	bis	8. Oktober 1932

In dieser ersten Reiseperiode mit der *Oceana* machten wir mehrere Nordlandreisen, die im Durchschnitt elf Tage dauerten. Es gab aber auch eine oder zwei längere Fahrten, die bis zum Nordkap hinaufgingen und zum Abschluß von Mitte August bis Anfang September die sogenannte »Städtereise« in der Ostsee.

Auf den Norwegenreisen wurden viele Orte angelaufen, die wegen ihrer landschaftlichen Schönheit und Sehenswürdigkeiten von Interesse waren. In Erinnerung sind mir die Plätze Odda, Bergen, Andalsnaes, Molde, Lyngen, Norheimsund, Swartisen, Tromsoe, Lyngseidet, Drontheim, Digermulen auf den Lofoten, Hammerfest und Nordkap, um nur einige zu nennen, geblieben.

Auf der »Städtereise« wurden die Plätze Kopenhagen, Oslo, Stockholm, Leningrad, Riga, Reval, Pillau, Zoppot, Swinemünde und Travemünde angelaufen.

Die erste Reise mit der *Oceana* war eine Sonderfahrt. Der ADAC hatte das Schiff für diesen Norwegentrip gechartert. Die Passagiere kamen aus allen Teilen Deutschlands und wurden von Reiseleitern, die der Automobilclub gestellt hatte, betreut.

Ich selbst, als Neuling, hielt mich sehr zurück, beobachtete das ganze Leben und Treiben an Bord und machte mich, soweit es mir möglich war, nützlich. Ich mußte erst einmal mit der ganzen Routine vertraut werden und meine speziellen Obliegenheiten kennenlernen. Mit viel Einfühlungsvermögen versuchte ich die Wünsche der Passagiere mit dem Dienst und der Routine in Einklang zu bringen.

In den Monaten Juni/Juli bis Anfang August führten wir wohl etwa fünf solcher Norwegenreisen durch, so daß ich dann am Ende der Fahrten und anschließender Ostsee-Städtereise auf diesem Schiff ein gestandener Mann war.

Nach unseren Norwegenreisen, etwa Mitte August, lagen wir wieder in Hamburg und rüsteten zu der sogenannten Städtefahrt in der Ostsee. Die Spätsommertage, nicht zu warm, aber auch nicht zu kühl, luden besonders zu dieser Fahrt ein, auf der die Museen, Schlösser und andere Sehenswürdigkeiten in den Anlaufplätzen und deren näherer Umgebung besichtigt wurden.

Am 7. September 1929 machten wir wieder in Hamburg fest. Das Schiff lag nun bis zum Beginn der Mittelmeerreisen Anfang Januar auf. Die Besatzung wurde abgemustert. Die Passagierräume hatten nach einem Jahr eine Renovierung nötig, neue Teppiche wurden ausgelegt, Dekorationen verändert, Lampen ausgetauscht und vieles andere mehr. Die Maschinenanlage mit den Hilfsaggregaten wurde überholt und repariert. An Deck mußten Schäden beseitigt und Einzelteile ersetzt werden. Kurzum, das ganze Schiff hatte eine Grundüberholung nötig.

Zunächst blieb ich als einziger mit dem Ersten Offizier an Bord, um alle Verwaltungsangelegenheiten durchzuführen. Nach unserem Fachausdruck gab ich hier also eine Gastrolle, denn das Schiff war ja außer Fahrt gesetzt.

Die wirtschaftliche Lage in Deutschland war sehr schlecht. Die Arbeitslosigkeit nahm zu, es wurden sehr viele Schiffe aufgelegt, und jeder war froh, irgendwo Beschäftigung gefunden zu haben. Nach einigen Tagen Abwicklungsarbeiten auf der *Oceana* wurde ich dann im Hafen auf verschiedene Schiffe versetzt. In Erinnerung ist mir die *Oldenburg* geblieben, weiter die *Hagen*, die *Feodosia* und zum Schluß die *Eifel*. Letzteres Schiff hatte die Hapag von England gekauft; es war sehr klein und primitiv, so daß ich es wie eine kalte Dusche empfand, dorthin kommandiert zu werden. Ich war aber jung, machte mir nicht zuviel Kümmernisse und Sorgen darüber und genoß diese Wochen im Hamburger Hafen bei schönem Herbstwetter. Der Dienst war nicht zu anstrengend, da es meistens nur ein Wachegehen war, bei dem wir an Bord wohnen mußten, während Wachleute Tag und Nacht die Gangway besetzt hielten. Ich unternahm viele Ausflüge und wanderte besonders gern im Sachsenwald. Die herbstliche Zeit erinnerte mich an Bad Landeck in Schlesien, wo wir mit den Eltern machmal die Herbstferien verbrachten und wir Jungs mit großer Freude im angehäuften Laub herumstrampelten.

Drei Tage vor dem festgesetzten Auslauftermin der *Eifel* erschien ein neuer Vierter Offizier und sagte mir, daß er für die zukünftige Fahrt anmustern solle. Ich aber erhielt Order, auf den auslaufbereiten, im Hafen liegenden kombinierten Fracht- und Passagierdampfer *Württemberg* zu gehen.

Mit dem Dampfer *Württemberg* machte ich nur eine Reise von zweieinhalb Monaten, die mich wiederum nach Südamerika führte. Wie ich später hörte, war ich auf Bitten des Ersten Offiziers der *Oceana* auf dieses Schiff versetzt worden, da er mich unbedingt zu Beginn der Mittelmeerreise im Januar wieder bei sich haben wollte. Das Schiff hatte 7000 bis 9000 BRT, war also nicht allzu groß und konnte neben der recht erheblichen Stückgutladung etwa 600 bis 700 Zwischendecks-Passagiere befördern. Diese setzten sich hauptsächlich aus Auswanderern, Saisonarbeitern und Leuten mit wenig Geldmitteln zusammen. Die *Württemberg* war gegenüber den vor dem Kriege erbauten Auswandererschiffen etwas wohnlicher und komfortabler. Für mich war der Unterschied zwischen der *Oceana* und diesem Schiff aber sehr auffallend.

Die Reise führte über das in Spanien gelegene La Coruña, Lissabon, Rio de Janeiro, Santos und Buenos Aires. Die Rückreise lief etwa denselben Weg, doch wurden neben Rio de Janeiro dabei auch noch Gran Canaria, Leixoes und Vigo in Spanien angelaufen.

Das Leben auf der *Württemberg* machte mir Freude. Während auf Schiffen der Ersten und Zweiten Klasse die oberen Decks für die Passagiereinrichtungen genutzt werden und wir Schiffsoffiziere uns einschränken mußten, hatten wir bei diesem Schiff die ganzen oberen Decks für uns und konnten es uns gemütlich machen. Den einzigen Kummer machte mir nur die Anordnung der Reederei, im ganzen Schiff das Inventar aufzunehmen. Diese Arbeit fiel besonders für den Dritten und mich als Vierten Offizier an, so daß wir neben unserer Wache damit beschäftigt waren, von Kammer zu Kammer und von Raum zu Raum zu gehen, um alles zu registrieren.

Nach Ankunft in Hamburg am 13. Januar 1930 war eine 17tägige Liegezeit vorgesehen. Ich hatte mich auf einige schöne Tage eingestellt, um einmal so recht in Ruhe zu meinen Verwandten Esche gehen zu können und mit Freunden und Bekannten wieder Kontakt aufzunehmen.

Da kam aber am 14. Januar die Nachricht, daß ich mich sofort auf der *Oceana* zu melden hätte, um am 25. Januar mit dem Ziel Mittelmeer in See zu gehen. Diese Kommandierung war mir natürlich lieber als 17 Tage Aufenthalt in Hamburg. Ich packte sofort meine Sachen, meldete mich nur telefonisch bei meinen Bekannten und freute mich auf die nächste Periode der *Oceana*, die ich schon besser genießen konnte, da mir nun alles auf diesem Schiff vertraut war.

Auf dieser Fahrt ins Mittelmeer berührten wir die Plätze Southampton, Cadiz, Tanger, Ceuta, Algier, Tunis, Palermo und steuerten, wieder nördlich fahrend, Genua als Endhafen an.

Nach Auswechseln der Passagiere in Genua führte die nächste Route über Neapel, Messina, Reggio, Catania, Haifa, Jaffa und rückkehrend über Rhodos, Piräus nach Venedig.

Auf dieser Reise hatten wir hohen Besuch an Bord, den Herzog von Kurland mit Frau und Tochter, Prinzessin Helene, sowie aus Oberschlesien Graf und Gräfin Ballestrem, mit Sohn und den beiden reizenden Komtessen Maria Irmgard und Marie Sophie. Da noch mehrere andere junge Menschen an Bord waren, bildete sich eine fröhliche Runde, und auch wir jungen Schiffsoffiziere gehörten zu der lustigen Gesellschaft.

Auf fast allen Mittelmeerreisen liefen wir Sizilien an. Hier booteten wir für den großen Landausflug einen Teil der Passagiere in Messina aus, liefen mit dem Rest das gegenüberliegende Reggio an und schifften dann alle wieder beim Anlaufen des südlicher gelegenen Catania ein.

Nach Rhodos sollte Konstantinopel angelaufen werden. Es war nebliges Wetter, als wir uns der vor der Dardanelleneinfahrt liegenden Insel Tenedos näherten. Morgens um neun erhielt ich den Befehl, sofort zu loten. Auf der *Oceana* loteten wir noch mit dem an der Lotleine befestigten Senkblei. Beim Betreten des Außendecks merkte ich, daß wir festsaßen, denn die Maschinen gingen volle Fahrt zurück; es war jedoch wegen des Nebels nichts zu sehen. Zunächst versuchte der Kapitän, das Schiff mit eigener Kraft wieder frei zu bekommen, doch es gelang nicht. Gegen Nachmittag trafen zwei Schlepper ein, deren Abschleppversuch aber nichts fruchtete. Die von den Schleppern ausgesandten Taucher meldeten, daß das Schiff auf reinem Sand saß. Am nächsten Tag nahm uns ein kleiner Passagierdampfer alle Passagiere ab, so daß wir in Ruhe das Flottmachen des Schiffes betreiben konnten. Es wurde so verfahren, daß die Schlepper zu beiden Seiten des Schiffes liegend mit ihrem Schraubenstrom den Sand unter der *Oceana* wegmahlten. Ein Abschleppversuch glückte am dritten Tage. Da am Schiffsboden keine Beschädigungen festgestellt wurden, nahmen wir die Passagiere bis auf einige Ängstliche wieder an Bord und konnten die Reise fortsetzen.

Die ganze Sache hatte für uns noch ein kurioses Ende: wir bekamen von der Bergungsgesellschaft nach dem Einlaufen in Hamburg ein Entgelt für Mithilfe.

Auf See werden allgemein zwei Unterstützungsaktionen unterschieden, die »Hilfeleistung« und die »Bergung«. Bei ersterer genügt es, daß nur ein Mann auf dem havarierten Schiff an Bord bleibt, der z.B. die Leine eines Schleppers entgegennimmt und um den Poller legt, über den das Schiff abgeschleppt wird. – Ist jedoch niemand an Bord, so daß das hilfeleistende Schiff alle Arbeit allein machen muß, spricht man von Bergung; auch spielt die Ladung eine Rolle. So können die Kosten bei einem beladenen Schiff sehr hoch sein, denn der Wert besteht ja nicht nur aus dem Schiff selbst, sondern auch aus der mitgeführten Ladung.

Hier erhielten wir also aus der Summe, die die Reederei dem Berger zahlen mußte, eine Zuwendung, weil wir geholfen hatten. So ging dieses Unternehmen noch gut für uns aus.

Am 2. Juni 1930 machten wir in Hamburg fest und waren fieberhaft mit Vorbereitungen für die nun anstehenden Norwegenreisen beschäftigt, zu denen wir schon nach einigen Tagen Liegezeit wieder starteten. So war für Landgang, Besuche und Treffen mit Freunden keine Zeit. Eine kurze Meldung bei Verwandten und Bekannten erfolgte per Telefon, der Dienst nahm seinen Fortgang.

Wegen des bevorstehenden Besuches der Kapitänsschule und verschiedener anderer Angelegenheiten, die zu besprechen waren, hatte ich meinen Vater gebeten, mich doch einmal in Hamburg zu besuchen. Während der Norwegenreisen bot sich dazu die beste Gelegenheit, da man ja etwa alle 14 Tage wieder im Hafen war. So klappte dieser Besuch dann auch, wenngleich ich mit Vater nur am 30. Juni, also einen Tag, zusammensein konnte. Die meiste Zeit verbrachten wir an Bord, wo ich ja schöne Aufenthaltsräume hatte, so daß wir in Ruhe alles besprechen konnten. Der Abschied kam dann recht schnell, aber Vater konnte noch einmal zusehen, wie ein solcher Luxusdampfer mit allen dazugehörigen Formalitäten von den St.-Pauli-Landungsbrücken, wo wir die Passagiere übernommen hatten, in See ging.

Von der nun folgenden herbstlichen Städtefahrt in der Ostsee erinnere ich mich besonders an zwei Orte: Leningrad und Riga. Den Abschluß dieser Periode mit der *Oceana* bildete nun die Reise nach den Atlantischen Inseln. Angelaufen wurden die Inseln Guernsey, Teneriffa, Gran Canaria und Madeira.

Etwa am 8. Oktober 1930 war diese Periode auf der *Oceana* zu Ende. Einige Urlaubstage in Erfurt zu verbringen war nicht möglich. Bereits am 9. Oktober wurde ich auf die *New York* versetzt. Wieder hieß es schnellstens alles packen, Abschied nehmen, sich auf dem neuen Schiff beim Ersten Offizier melden und in den neuen Rahmen einleben.

Ich war aber froh, eine Arbeit zu haben, und konnte besonders glücklich sein, von einem Schiff schnellstens auf das andere zu wechseln, denn ein Teil meiner Kameraden lag bereits brotlos an Land. Die Arbeitslosigkeit nahm immer mehr zu, viele Schiffe wurden aufgelegt – von der Hapag allein, wie ich an meine Eltern schrieb, 40 Fahrzeuge –, wobei auch massenweise Entlassungen vorkamen. Für uns junge Leute waren aber Fahrzeiten besonders wichtig, weil ihr Nachweis für den nächsten Schulbesuch, zum Beispiel bei mir zum Kapitänskursus, erforderlich waren. Alle Zeit, die wir nicht angemustert an Land verbrachten, waren Ausfallzeiten. Daher war es verständlich, daß man auf ein Urlaubsgesuch oder auch eventuell die Bitte um mehr Gehalt verzichtete, nur um in Arbeit zu bleiben.

Die Kommandierung auf den Dampfer *New York* war also für mich wichtig, da ich ja im Januar 1931 auf die Kapitänsschule gehen wollte, sofern ich die vorgeschriebene Fahrtzeit von zwei Jahren als Schiffsoffizier erfüllt hatte. Wie bereits kurz vorher gesagt, nahm die Zahl der Arbeitslosen immer mehr zu. Wirtschaft und die gesamte politische Lage innerhalb Deutschlands wurden immer schlechter, so daß ich froh war, dank der Fürsprache von Kapitän und Erstem Offizier der *Oceana* ein derart günstiges Schiff zu bekommen, das Ende des Jahres wieder in Hamburg war, so daß ich direkt nach abgeschlossener Fahrtzeit auf die Schule gehen konnte. An eine Beförderung war immer noch nicht zu denken; ich wurde wieder als Vierter Offizier angemustert.

Die *New York* war damals das neueste der großen Schiffe der Hamburg-Amerika Linie, gehörte zur *Ballin*-Klasse, hatte eine Vermessung von 21.000 BRT und lief 19 1/2 Knoten. Meine Kammer an Bord war geräumiger als auf der *Oceana* und sehr schön eingerichtet. Allgemein aber fehlte die Gemütlichkeit, wie z.B. der Wintergarten sowie die ausschließliche Beschäftigung mit den Passagieren.

Ich befand mich eben auf einem Schnelldampfer, der zwischen New York und Hamburg hin und her fuhr und dabei nicht nur Passagiere, sondern auch Ladung beförderte. Hieraus erklären sich auch die langen Liegezeiten in Hamburg und in New York mit etwa acht Tagen, denn es mußte ja nicht nur die Ladung abgegeben, sondern auch neue gestaut werden. Wir konnten – soweit mir in Erinnerung ist – etwa 800 Passagiere befördern.

Unsere Passagiere nahmen wir stets in Cuxhaven, liefen dann noch Southampton und Cherbourg an und gaben beim Einlaufen in New York auf Ellis Island (Einwanderungsstation) die Passagiere der 3. Klasse ab. Die 1. und 2. Klasse wurde dann am Kai abgefertigt.

Die Arbeit war auf einem solchen Schiff insgesamt aber nicht ruhiger als auf der *Oceana*. Hatten wir es dort nur mit Passagieren zu tun, so kam hier noch die Ladung hinzu.

Unser Fahrplan sah nun wie nachstehend aus:

	1. Reise	2. Reise	3. Reise
Hamburg ab	9. Oktober 1930	6. November 1930	3. Dezember 1930
New York an	18. Oktober 1930	15. November 1930	12. Dezember 1930
New York ab	23. Oktober 1930	20. November 1930	18. Dezember 1930
Hamburg an	31. Oktober 1930	28. November 1930	26. Dezember 1930

Die Hoffnung, mit der New York schon Weihnachten zu Hause sein zu können, wurde also nicht erfüllt, doch schaffte ich es dann, am 29. Dezember die Eltern zu besuchen und wenigstens Neujahr mit ihnen zu feiern.

Nach Beendigung der dritten Reise am 26. Dezember 1930 konnte ich dann abmustern und traf am 29. Dezember in Erfurt ein. Hier erwartete mich die ganze Wärme meines Elternhauses, das ich lange Zeit nicht betreten hatte, doch gab es auch einen großen Kummer. Mutter hatte im Sommer des Jahres festgestellt, daß mit ihren Augen etwas nicht in Ordnung war, und nach einigem Hin und Her hatte sie sich dann im November 1930 zu einem berühmten Augenspezialisten nach Jena begeben. Nach eingehender Untersuchung mußte sie einem operativen Eingriff zustimmen, bei dem das eine Auge entfernt wurde. Mutter hat von diesem Zeitpunkt an immer ein Glasauge getragen, was ihr einen etwas eigentümlich starren Blick gab. Ihre Augen, auf die sie so stolz war, und die immer auch ihr lebhaftes Temperament widerspiegelten, veränderten nun ihren Ausdruck. Aber ihrem fröhlichen Wesen tat dies doch keinen Abbruch, und wir schlossen sie herzlich in unsere Arme, so daß sie dann bald über diese schwierige Situation hinweg kam.

Kapitänsschule Hamburg

Am 29. Dezember 1930 hatte ich die vorgeschriebene praktische Ausbildungszeit, die damals noch zum Besuch der Kapitänsschule erforderlich war, erfüllt. Wie üblich musterte ich ab, und war somit aus dem Dienst der Hamburg-Amerika Linie entlassen. Durch Unterstützung des Vaters, der vieles, was meinen Schulbesuch betraf, brieflich geregelt hatte, konnte ich in den am 5. Januar 1931 beginnenden Schifferkursus (wie dieser Kapitänskursus damals hieß) eintreten.

Bereits am 3. Januar reiste ich wieder nach Hamburg, wo es galt, schnell unterzukommen, denn in zwei Tagen sollte ja die Schule beginnen. Diesmal wohnte ich allein und fand Unterkunft im Loogestieg 7, 3. Etage, bei einer Familie Gottschalk. Sie hatten zwei Töchter, etwas jünger als ich, und waren in allem sehr bemüht, mich zu verwöhnen. Das große Etagenhaus lag in bevorzugter Wohngegend, hatte Fahrstuhl, Zentralheizung, fließend kaltes und warmes Wasser. Herr Gottschalk war Fellhändler und hatte wohl mit seinen Geschäften keine glückliche Hand gehabt, so daß man gezwungen war, ein Zimmer der recht großen Wohnung abzugeben.

Während ich auf der Steuermannsschule monatlich mit 180 bis 200 Mark ausgekommen war, verbrauchte ich jetzt im ganzen 250 Mark, die größtenteils aus meinen Ersparnissen stammten, aber von meinen Eltern auf diese Summe aufgerundet wurden. Wie immer bei solcher Gelegenheit drehten sich die ersten Briefe natürlich ums Geld.

Der Unterricht auf der Seefahrtsschule machte mir Freude. Im Gegensatz zur Steuermannsschule mit dem normalen Schulunterricht wurde jetzt überwiegend vorgetragen, und wir mußten selbständig zu Hause arbeiten. Die praktischen Fächer traten mehr in den Hintergrund, bereits Bekanntes wurde stofflich erweitert und Fächer wie Meteorologie und Meereskunde ausführlicher behandelt. Neu hinzu kamen die Beförderung von gefährlichen Gütern auf Schiffen, die Schiffsbesetzungsordnung, Gesetzeskunde, Seerecht mit den Schwerpunkten Große und Kleine Havarie sowie Bergung auf See. Daneben wurde der Navigationsunterricht dem technischen Fortschritt entsprechend erweitert.

Bei der Fülle des Stoffes hatten wir tüchtig zu arbeiten. Ausgehen und Unternehmungen fanden ausschließlich an den Wochenenden statt, die ich meist mit meinen Kameraden verbrachte, jedoch in den Sommertagen mindestens alle 14 Tage einmal für Ausflüge in die sehr schöne Umgebung von Hamburg nutzte.

Am 7. Juli 1931 bestand ich dann das damals so genannte »Schifferexamen«. Das Zertifikat erhielten wir von der Deputation für Handel, Schiffahrt und Gewerbe in Hamburg. Es lautete:

> »Gewerbebefugnis zum Schiffer auf großer Fahrt mit der Berechtigung, Schiffe jeder Art und Größe in allen Fahrten und über alle Weltmeere zu führen und auch auf ihnen den Steuermannsdienst zu verrichten.«

Diese Gewerbebefugnis wurde dann später, am 7. März 1932 geändert. Die Worte »Gewerbebefugnis« und »Schiffer« wurden durch »Patent A 6« und »Kapitän« ersetzt.

Mit dem Schifferexamen war meine Ausbildung sowohl theoretisch wie auch praktisch abgeschlossen, und ich konnte nun in meinem erwählten Beruf alle Positionen, die irgendwie möglich waren, ansteuern.

Funkerkursus und Arbeitslosigkeit

Obwohl ich das Examen mit der Note 2 (gut) abgeschlossen hatte, konnte ich weder bei der Hamburg-Amerika Linie noch anderswo eine Stellung finden, da die wirtschaftlichen Verhältnisse in Deutschland sehr schlecht waren.

So entschloß ich mich, noch einen Funkerkursus anzuhängen, um die Zeit etwas zu überbrücken. Der Vorteil solcher Ausbildung lag darin, daß man auch auf Schiffen Anstellung finden konnte, auf denen gemäß der Besatzungsordnung kein hauptamtlicher Funker vorgesehen war. Auf diesen Schiffen wurde die Funkstation nur zu vorgeschriebenen Zeiten durch einen Schiffsoffizier besetzt, der dann eingehende Funksprüche aufnahm und ausgehende absetzte. Somit war ebenfalls sichergestellt, daß Seenotfunksprüche anderer Schiffe immer aufgenommen werden konnten, wenn auch mit einer gewissen Zeitverzögerung. Ich hoffte, den Kursus schnell zu beenden.

Meine Hoffnung trog aber, denn es gelang mir nicht, bei dem geforderten Tempo 100 (100 Zeichen pro Minute) die Texte fehlerfrei aufzunehmen. Anfang November meldete ich mich zum ersten Mal zur Prüfung. Den theoretischen Teil mit Gebührenberechnung, Technik, Physik und Verwaltung bestand ich mit »gut«. Mit dem Hören und Geben kam ich aber nicht zurecht und mußte mich weiter vervollkommnen. Die erste Prüfung brachte aber den Vorteil, daß ich nun mit der Theorie nichts mehr zu tun hatte, sondern nur noch an den Übungen für Hören und Geben teilnahm.

Am 1. Dezember fiel ich aber in der praktischen Prüfung wiederum durch. Mein Geben war gut, besonders das offene Telegramm null Fehler, doch waren im chiffrierten Text wieder vier Fehler. Ich durfte bei dieser zweiten Prüfung anschließend noch einmal chiffrierten Text aufnehmen, doch machte ich in der Aufregung prompt zehn Fehler.

Eine erneute praktische Prüfung am 16. Dezember schlug ebenfalls fehl.

Ich ging nun erst einmal zur Hamburg-Amerika Linie und sprach mit Kapitän Dau über meine Weiterverwendung bei der Reederei. Er wies auf die schlechte Wirtschaftslage hin, doch machte er mir Aussichten, daß ich in absehbarer Zeit ein Schiff bekommen könne. Nach Hinterlegung meiner Heimatanschrift fuhr ich am 20. Dezember als »Arbeitsloser« zu den Eltern nach Erfurt.

Es erscheint mir an dieser Stelle wichtig, doch einmal zu der ganzen Zeit Stellung zu nehmen.

In den Jahren 1929 bis 1933 verschlechterten sich die wirtschaftlichen Verhältnisse in Deutschland ganz rapide. Die Weltwirtschaft steckte in einer Krise, die 1929 von Nordamerika ausging, wo man von den »Schwarzen Tagen an der New Yorker Börse« sprach. Auch Europa wurde in diesen Strudel hineingerissen, und als 1931 die Österreichische Kreditanstalt zusammenbrach, folgten ihr in Deutschland am 13. Juli 1931 die Danatbanken, ein Zusammenschluß der Darmstädter- und Nationalbank.

Als Folge der wirtschaftlichen Schwierigkeiten mußten wegen der aufgelegten Schiffe viele Kapitäne und Schiffsoffiziere entlassen bzw. in ihren Positionen zurückgestuft werden. Die Arbeitslosenzahlen stiegen unaufhaltsam, so daß wir im Jahre 1932 ca. 4,5 bis 4,7 Millionen Unbeschäftigte hatten. Die Bevölkerung war allgemein mit der Regierung nicht zufrieden. Daher fiel es den sehr aggressiv agierenden Nationalsozialisten nicht schwer, weite Teile der Bevölkerung auf sich zu vereinigen.

Am 23. September schrieb ich an die Eltern:

»Die Verhältnisse drängen ziemlich hart zur Entscheidung, und man muß eben abwarten, was geschieht. Am Sonntag, dem 27. September sind hier in Hamburg Bürgerschaftswahlen, die ziemlich rot ausfallen werden. Wir haben dauernd Hauer- und Schießereien. Heute kommt Hitler. Er spricht in drei Sälen. Alles ausverkauft. Retten aus diesem Mist wird er uns wohl auch nicht, aber er bringt wenigstens wohl einige grundlegend neue Gedanken.«

Das ganze deutsche Volk wartete damals sehnsüchtig auf eine starke Führung und erhoffte von Hitler eine Besserung der wirtschaftlichen Verhältnisse. Nur so ist der große Zustrom zur Nationalsozialistischen Deutschen Arbeiterpartei zu erklären, der dann diesen Mann 1933 zur Macht brachte.

Sorgenvoll berichte ich in dieser Zeit an meine Eltern:

»Weit größere Sorgen und Gedankenplage bereiten mir die politischen und damit eng verbundenen wirtschaftspolitischen Schwierigkeiten. Wir sind in unserem Beruf zu abhängig davon. Der Reederverband hat sämtliche Tarife gekündigt und Forderungen gestellt, die für uns unannehmbar sind. Falls er sich in seiner Forderung nicht umstellt, ist ein Streik von unserer Seite nicht ausgeschlossen. Ich kann mich hier nicht weiter über die ganze Sache aussprechen, da Euch zum vollen Verständnis die ganzen Grundlagen unserer Tarifentwicklung fehlen. Nur möchte ich sagen, daß die Gehaltskürzungen 25,9% betragen sollen, abgesehen davon, daß Einschränkungen bezüglich der freien Tage, Urlaub, Effektenversicherung, Verpflegungsgeld, Funkerzulagen etc. angehängt werden sollen. Unser Vorsitzender des Verbandes Deutscher Kapitäne und Schiffsoffiziere hat nach Entgegennahme der Forderung des Reederverbandes mit diesem Fühlung genommen und ausgeführt, daß in Anbetracht der schweren Zeit auch die Kapitäne und Schiffsoffiziere bereit wären, Opfer

zu bringen, doch müßte jedes Opfer einen Zweck haben. Er hat nun die Frage gestellt, ob durch die Kürzungen der Heuern wieder Hoffnung bestünde, daß die aufliegenden Schiffe in Dienst kämen und somit die Arbeitslosigkeit in unserem Beruf abgebaut würde. Die seitens der Reeder erfolgte negative Antwort hat im Verband den Entschluß gefestigt, die Forderung als undiskutabel abzulehnen. Es wird von unserer Seite auch sehr richtig angeführt, daß bei diesen geringen Verdiensten der Schiffsoffizier unbedingt Nebenverdienste suchen muß, um seine Familie zu ernähren. Die ganze Angelegenheit beschäftigt uns natürlich sehr. Für 120 Mark Heuer (für einen Vierten Offizier) gedenke ich auch nicht zu fahren, nicht so sehr aus dem Grunde, weil ich das Gehalt für mich zu gering erachte. In heutiger Zeit unter den elenden Verhältnissen muß jeder herhalten. Aber mit 30 Jahren oder mit 40 Jahren, wo man doch mit Familie rechnen muß, kann und werde ich mich nicht mit so geringer Entlöhnung begnügen. Und wenn die Gesamtheit sich den Forderungen beugt, so ist dies eben kein Beruf mehr für mich.«

Entsprechend hoch ging es nun auch in den Versammlungen des Verbandes Deutscher Kapitäne und Schiffsoffiziere zu. Im allgemeinen kann sich der Seemann kaum um Tariffragen kümmern, weil er ja, in der Schiffahrt beschäftigt, über die ganze Welt verstreut ist. So kommen in den Versammlungen meist nur die Arbeitslosen und dann natürlich auch die Seefahrtsschüler zur Sprache. Es fehlt also der wichtigste Teil der Mitglieder, weil die wirklich Tätigen abwesend sind. Wir jungen Leute waren damals sehr aufgebracht, und warfen auch unseren führenden Standesgenossen Unverständnis und mangelnde Einsicht vor.

Wie war nun die Lage bei der Hamburg-Amerika Linie, bei der ich ja weiterhin Anstellung suchte? – Dort lagen im Februar 1931 bereits 40 von etwa 120 Schiffen auf und bis zum Jahresende hatte sich die Zahl noch vergrößert. Drei alte Erste Offiziere waren entlassen worden, acht Erste Offiziere wurden in den Dienstgrad eines Zweiten Offiziers und 20 Zweite Offiziere in den Dienstgrad eines Dritten Offiziers zurückgestuft.

Vierte Offiziere wurden – wenn überhaupt – nur mit Kapitänsexamen eingestellt, während man den Absolventen der Steuermannsschulen ein Weiterfahren zu einem Taschengeld von 30 Mark pro Monat bei freier Station und Verpflegung anbot, um ihnen überhaupt die Möglichkeit zu geben, die praktische Fahrtzeit, die für den Besuch der Kapitänsschule notwendig war, zu erlangen.

Hinzu kam, daß sehr viele Vergünstigungen, die speziell die Hamburg-Amerika Linie ihren Schiffsoffizieren gewährt hatte, gestrichen wurden.

Dies war die Lage, als ich beim Personalchef der Hamburg-Amerika Linie, Kapitän Dau, Mitte Dezember 1931, leider ergebnislos, vorsprach.

Ich hatte mich bereits im November arbeitslos gemeldet, ließ mich vor Abfahrt nach Erfurt zu den Eltern umschreiben und erhielt in dieser Zeit wenigstens pro Woche 20 Mark. Wir mußten aber zweimal wöchentlich auf dem Arbeitsamt vorsprechen, um den nötigen Stempel zu erhalten. So waren das Wiedersehen mit den Eltern und die gesamte Stimmung etwas gedrückt. Ich selbst nahm damals an einer Fortbildungsschule Spanischunterricht, um die Zeit auszunutzen. Daneben schrieb ich unentwegt Bewerbungsschreiben an viele Reedereien und auch andere Unternehmen, von denen ich annehmen konnte, daß sie einen Nautiker mit meiner Ausbildung in Landstellungen verwenden könnten. Hiermit waren dann aber meine Tage auch ausgefüllt. Solche Bewerbungsschreiben mußten damals mit der Hand geschrieben sein, ganz abgesehen davon, daß jedem dieser Schreiben ein handgeschriebener Lebenslauf beigefügt wurde. Ich war tagelang neben meinem Spanischunterricht mit diesen Arbeiten beschäftigt. Wenn ich mich recht entsinne, habe ich in den drei Monaten bis zu meiner Wiedereinstellung bei der Hapag rund 100 dieser Schreiben abgeschickt.

Auf der Suche nach einer Anstellung faßte ich auch andere Berufe ins Auge. Im Aufbau befand sich damals die Luftfahrt mit der Verkehrsfliegerei und den Luftschiffen. Die Eltern machten ihre Beziehungen mobil, um mich zu unterstützen.

Besonders möchte ich auch den Vater meines Freundes, den Viceadmiral a.D. und Präsidenten der Deutschen Seewarte Dominik erwähnen, der aufgrund seiner Stellung mit der Direktion der Hapag zu tun hatte und sich rührend meiner Angelegenheit annahm.

Wenn ich nach diesen vielen trüben Tagen, die bis Anfang März andauerten, dann doch wieder eine Anstellung bei der Hamburg-Amerika Linie fand, hatte ich es im wesentlichen Admiral Dominik, aber auch meinem alten Kapitän Wagner und dem Ersten Offizier Heinrich Koch der *Oceana* zu verdanken.

In den ersten Märztagen des Jahres 1932 erhielt ich ein kurzes Schreiben der Hamburg-Amerika Linie mit der Aufforderung, mich am 7. März bei der Personalabteilung zu melden. Mir war sofort klar, was das bedeutete, ich packte schnell meine Koffer, verabschiedete mich von den Eltern und war pünktlich im Büro der Hapag, wo mir Kapitän Dau eröffnete, daß ich einer von den wenigen Offizieren sei, die augenblicklich eingestellt würden. Leider müßte ich wieder als Vierter Offizier für die damals vereinbarte Heuer meinen Dienst tun, aber im übrigen wünsche er mir alles Gute. Im Nu war ich draußen mit dem wundervollen Gefühl, eine Arbeit zu haben. Mein Schiff war wieder die *Oceana*.

Wieder in »Lohn und Brot« – noch einmal mit der »Oceana« unterwegs

Es ist nachträglich kaum zu beschreiben, wie glücklich man als junger Mensch ist, in einer Zeit, wo überall Arbeitslosigkeit herrscht, wieder in seinem Beruf zu stehen. Vom Hapagbüro ging ich sofort an Bord, wo ich sowohl vom Kapitän als auch vom Ersten Offizier sehr freudig begrüßt wurde.

Die erste Fahrt führte uns von Hamburg direkt nach Madeira, dann an die nordafrikanische Küste nach Ceuta, weiter nach Malaga, Algier, Palma de Mallorca, Barcelona, Villefranche und endete in Genua.

Weitere Reisen nach Griechenland und Ägypten folgten. Im Mai machten wir wieder in Hamburg fest, wo die *Oceana* bis zum Beginn der Nordlandkreuzfahrten überholt werden sollte.

Am 2. Juli 1932 liefen wir zur ersten der drei Norwegenreisen aus. Als hohen Besuch hatten wir die Großherzogin von Sachsen-Weimar mit ihrem Sohn Prinz Bernhard Friedrich an Bord. Begleitet wurde sie von einem Herrn und ihrer Hofdame, einem Fräulein von Helldorf. Mit ihnen umzugehen war eine reine Freude, denn wir hatten an Bord manchmal keinen leichten Stand mit recht anmaßenden und auch schlecht erzogenen Menschen. Oft waren es Persönlichkeiten, die im bürgerlichen Leben einen guten und hervorragenden Namen hatten, jedoch im Umgang mit ihren Mitmenschen sich nicht gerade von der besten Seite zeigten, besonders Angestellten gegenüber.

Nach meinen Aufzeichnungen waren am 31. Juli 1932 in Deutschland Wahlen, wobei es sich wohl um Reichstagswahlen gehandelt hat. Die in See befindlichen Schiffe sollten zum ersten Mal an Wahlen teilnehmen, so daß wir einige Vorbereitungen durchzuführen hatten. In meinem Fotoalbum der *Oceana* ist die vom Zimmermann gefertigte hölzerne Wahlurne und eine Passagierin zu sehen, die ihren ausgefüllten Wahlbrief an den Kapitän weitergibt, der sie dann in den Holzkasten wirft.

Auf dieser Fahrt hatten wir 177 Mann Besatzung und 118 wahlberechtigte Passagiere an Bord. Die Auszählung ergab dann:

Nationalsozialisten	105	Deutsch-Nationale	49	Deutsche Volkspartei	19
Kommunisten	51	Sozialdemokraten	46	Zentrum	14

Insgesamt 284 abgegebene Stimmen von 295 Wahlberechtigten. Acht Stimmen gingen an Splitterparteien, drei Stimmen waren ungültig. Es waren immerhin erschreckend viele Stimmen für die Kommunisten.

Am 16. August 1932 wurden diese Norwegenreisen beendet und das Schiff schnellstens zur Ostseereise klargemacht, und Anfang September gingen wir zu einer Atlantikfahrt in See.

Anlaufhäfen waren Southampton, Lissabon, Casablanca, Santa Cruz de Palma auf den Kanarischen Inseln, Madeira, Azoren und rückkehrend Queenstown in Irland und die Isle of Wight im Kanal.

Am 8. Oktober 1932 liefen wir in Hamburg ein. Das war das Ende der dritten und letzten Periode auf der *Oceana*, die mich sieben Monate lang zu vielen schönen Plätzen im Mittelmeer, in Norwegen, an der Ostsee und auf den Atlantischen Inseln geführt hatte.

Politisch und wirtschaftlich hatte sich die Lage im Jahre 1932 weiter zugespitzt. Die Hapag mußte 60 Offiziere entlassen, 42 Schiffe lagen auf. Die Bezahlung des Personals war schlecht. Die Aussichten auf ein gutes Fortkommen in absehbarer Zeit aussichtslos. Im April 1932 wurde Reichspräsident v. Hindenburg als Kandidat der republikanischen Parteien mit 53% der abgegebenen Stimmen wiedergewählt. Dem bisherigen Reichskanzler Brüning folgte im Juni des Jahres der weit rechts stehende Franz von Papen. Er versuchte, mit den Nationalsozialisten eine Koalition zu bilden. Die von Hitler erhobenen Ansprüche verhinderten jedoch ein Zusammengehen, aber man war sich in der Regierung auch nicht einig, wie den Gesamtschwierigkeiten begegnet werden könne.

Um einmal einen Eindruck meiner finanziellen Lage zu geben, füge ich hier die Aufstellung einer Abrechnung von der *Oceana* bei, die sich auf die Mittelmeerreisen vom 7. März 1932 bis 30. Mai 1932, auf 2 Monate und 24 Tage, also fast 3 Monate, bezieht.

Gehalt 410,– RM

Lohnsteuer	RM 25,65
Krisensteuer	RM 5,20
Bürgersteuer	RM 9,–
Arbeitslosenversicherung	RM 15,93
Seekrankenkasse	RM 16,57
Angestelltenversicherung	RM 18,–
Aufnahmen im Ausland	RM 140,–
Kleiderkasse	RM 30,–
Versorgungskasse	RM 13,20
	RM 273,55
Ausgezahlt	RM 136,45

Mit solchen Verdiensten konnte man natürlich keine großen Sprünge machen, doch war ich froh, überhaupt Arbeit zu haben. Viele Pläne wurden geschmiedet, einige mit den Eltern ernsthaft diskutiert. Bei meiner Ausbildung lag ein Wechsel zur Fliegerei nahe, die jetzt im Kommen war. Immer wieder versuchte ich dort über irgendwelche Stellen Fuß zu fassen. Durch Bekannte der Eltern wurde die Verbindung mit Herrn Becker, dem damaligen Leiter der Verkehrsfliegerschule in Warnemünde hergestellt. Diese Bemühungen habe ich lange Zeit fortgesetzt. Es existieren noch Briefe von Vater und mir, die nach Warnemünde oder zu irgendwelchen Mittelsleuten gingen. Abschließend muß ich jedoch sagen, daß alle diese Versuche, die sich auch noch in das Jahr 1933 erstreckten, ohne Erfolg geblieben sind.

Eine andere Idee von mir war, beeindruckt von den Fortschritten, die ich im russischen Raum bei meinen Besuchen in Riga und Leningrad gesehen hatte, in die russische Handelsmarine einzutreten. Damals machte ich mir natürlich nur ein vages Bild vom Kommunismus, sah aber die Zielstrebigkeit, mit der in diesem Lande aufgebaut wurde, bewunderte straffe Führung und Autorität der Regierenden, die bei uns sehr darnieder lagen, und glaubte dort mein Glück machen zu können.

Ich ging also zum russischen Konsulat in Hamburg, wo mir bedeutet wurde, daß ich mein Gesuch an Herrn Bittker, Obersten Volkswirtschaftsrat in Moskau, richten solle. Dieser Brief, datiert vom 19. November 1932, ist im Durchschlag noch in meinen Akten. Ich möchte hieraus einen Absatz zitieren, in dem ich mich sehr schmeichelhaft über Rußland ausdrücke:

»Ich bitte um Auskunft, ob es mir als Deutschem Schiffsoffizier möglich ist, eine Stellung in der russischen Handelsmarine zu erhalten. Das große Interesse, das ich den einzigartigen russischen Verhältnissen entgegen bringe sowie der Wunsch, mir vielseitige Kenntnisse in der praktischen Seefahrt zu erwerben, sind der Grund, der russischen Sowjetunion meine Dienste anzubieten.«

Auf diese Anfrage habe ich aber nie eine Antwort erhalten.

Die Zeiten waren also nicht gerade rosig. Ich blieb zunächst auf der *Oceana* an Bord. Dann wurde ich als Wachoffizier auf im Hafen liegenden Schiffen eingesetzt, ein feines Leben mit wenig Arbeit. Auf den aufliegenden Schiffen war es sehr ruhig, ich hatte viel Platz, doch da man ewig hin und her geschickt wurde, suchte ich mir an Land eine Unterkunft.

Am 27. Oktober erhielt ich die Kommandierung auf das Frachtschiff *Uckermark*, mit der ich nun zwei Reisen nach Java/Niederländisch-Indien machen sollte. Natürlich gab es keine Beförderung, und ich mußte wieder als Vierter Offizier meinen Dienst tun. Einerseits froh, Arbeit zu haben, konnte ich andererseits meine Pläne eines Berufswechsels nicht weiter verfolgen.

Nach der ersten Reise machten wir am Sonntag, dem 5. März 1933, im Hafen von Hamburg fest. Das Datum ist insofern von Bedeutung, als an diesem Tag die Reichstagswahl war, in der die Nationalsozialisten mit den Deutsch-Nationalen zusammen die Mehrheit im Reichstag erhielten (52 %).

Für mich gab es eine große Neuigkeit. Über Dominiks und andere Freunde hörte ich, daß die Kriegsmarine nach dem Untergang des Segelschulschiffes *Niobe* Handelsschiffsoffiziere einstelle, die im Lebensalter unter 28 Jahren seien. Da ich diese Voraussetzungen erfüllte, setzte ich sofort alle Hebel in Bewegung, um noch angenommen zu werden. Zumindest wurde ich vorgemerkt, stellte mich bei der Hamburger Kriegsmarinedienststelle vor, und bin auch, soweit ich mich erinnere, einmal nach Kiel zur Bildungsinspektion der Marine gefahren, die die ganzen Personalangelegenheiten bearbeitete. Wenn ich auch nicht sofort mit einem positiven Bescheid rechnen konnte, so fand ich doch überall offene Türen und ersah aus der Aufnahme, daß Fürsprachen, wie meines Kameraden Bauer, der bereits in Mürwik war, wie auch die von Vizeadmiral Dominik und anderen Herren Früchte getragen hatten.

Nach der Rückkehr von der nächsten Reise am 19. Juli 1933 schlug die Abschiedsstunde meiner 10jährigen Dienstzeit in der Handelsschiffahrt.

Gleich nach der ersten Kontaktaufnahme mit Hamburger Freunden und Bekannten hörte ich, daß einige Einstellungen von Handelsschiffsoffizieren in die Kriegsmarine vorgenommen worden waren. Ich setzte sofort alle Hebel in Bewegung, um einen Berufswechsel in diese Richtung zu erreichen, machte hier und dort Besuche und stellte mich erneut bei der Kriegsmarinedienststelle in Hamburg vor. Auch unternahm ich nochmals eine Reise zur Bildungsinspektion nach Kiel und wandte mich um Unterstützung an mir bekannte einflußreiche Persönlichkeiten, darunter auch an Admiral Dominik.

Dann ging ich zur Hamburg-Amerika Linie, unterbreitete Direktor Reichenbächer, dem Personalchef für die Schiffsoffiziere, meine Absicht, den Beruf zu wechseln und bat um Beschäftigung im Hamburger Hafen, damit ich jederzeit für die Kriegsmarine zur Verfügung stünde.

Dieser Bitte wurde auch entsprochen, so daß ich auf verschiedenen im Hafen liegenden Fahrzeugen als wachegehender Offizier eingesetzt wurde, worunter sich auch die neuerbaute *Magdalena* und der Dampfer *Staßfurt* befanden.

Am 5. September 1933 wurde ich zur Kriegsmarinedienststelle in Hamburg gebeten und erfuhr, daß meinem Gesuch stattgegeben worden war, und ich mich am 2. Oktober in Stralsund bei der 2. Schiffsstammdivision der Ostsee zu melden hätte.

Ein großer Druck war von mir genommen, ich begab mich sofort zur Hamburg-Amerika Linie und bat um Urlaub, damit ich noch einige Tage zu Hause verbringen konnte.

Damit waren meine Pläne, zur Verkehrsfliegerei oder zur russischen Handelsmarine zu gehen, ad acta gelegt. Neue Weichen waren für meinen weiteren Lebensweg 60 gestellt. Ich wandte mich dem artverwandten Beruf der Seeoffiziere in der Kriegsmarine zu.

Gern denke ich an diese zehn Jahre, die Kameraden, die Kapitäne und die Schiffe zurück. Ich nahm Abschied von einem Beruf, den ich liebte und denke dabei an die Worte von Joseph Conrad:

»Oh Jugend, ihre Stärke, ihr Glaube!
Für mich war das Schiff kein alter Kahn,
sondern die Probe, der Prüfstein des Lebens.
Ich denke mit Freuden an das Schiff, mit
Zärtlichkeit, wie man eines Toten gedenkt,
den man geliebt hat.«

III. Die Zeit in der Kriegsmarine

(1933 bis 1945)

Einstellung und Grundausbildung

Bis zu meiner festen Einstellung in die Kriegsmarine waren noch allerlei Formalitäten zu erledigen, auch gab es noch einige kleine Klippen zu überwinden. So stellte man bei der ärztlichen Untersuchung eine leichte Farbenblindheit für Rot fest. Wie man mir erklärte, handelte es sich um einen Geburtsfehler. Ich hatte Angst, daß ich deswegen nun nicht angenommen würde, doch umschiffte der damalige Kapitänleutnant Bernhard Rogge als zuständiger Referent der Bildungsinspektion, die für unsere Einstellung verantwortlich war, diese gefährliche Ecke. Auf seine Frage, ob ich je in der Handelsschiffahrt Mühe mit der Unterscheidung von rot und grün gehabt habe, erwiderte ich ganz offen mit »nein«, was auch den Tatsachen entsprach. Hierauf sagte er mir, ich müsse einen Revers unterschreiben, daß ich bei eventuellen Beanstandungen wegen dieser Farbenblindheit mit meinem Ausscheiden aus dem aktiven Dienst der Kriegsmarine zu rechnen habe. Ich unterschrieb und habe während meiner ganzen späteren Dienstzeit nie Schwierigkeiten wegen der Farbenblindheit gehabt.

Ich konnte nun der Hamburg-Amerika Linie mitteilen, daß ich endgültig in der Kriegsmarine bleiben würde und bat um Entlassung und ein Zeugnis. Dies wurde mir dann im Juli 1934 zugeschickt; der letzte Absatz lautete:

»Herr Schulz wurde von uns als besonders tüchtiger Nachwuchs betrachtet und wir sehen ihn nur sehr ungern aus unseren Diensten scheiden.«

Am 3. Oktober 1933 wurde ich also im Alter von 27 Jahren als Rekrut in die deutsche Kriegsmarine eingestellt und mußte mich bei der 2. Schiffsstammdivision der Ostsee in Stralsund, Frankenkaserne, melden, wo ich der 6. Kompanie zugeteilt wurde und auf der Stube 129 Quartier bezog.

Damit war das Kapitel »Handelsschiffahrt« für mich beendet.

Wie kam es nun dazu, daß zu dieser Zeit ausnahmsweise Handelsschiffsoffiziere, Diplomingenieure, Ärzte und auch Schiffbauer nach abgeschlossenem Studium in die Kriegsmarine eingestellt wurden? Der erste Grund war, daß das Segelschulschiff Niobe am 26. Juli 1932 auf einer Ausbildungsreise im Fehmarn Belt mittags gegen 13 Uhr in einer Sturmbö kenterte und total verloren ging. Von der 110 Mann starken Besatzung, größtenteils Kadetten, fanden 69 den Tod, gerettet wurden 40.

Nono, meine spätere Frau, erinnert sich, daß ihre Familie an demselben Tag auf dem flachen Dach des Hauses in Katharinenhof gestanden hätte, um die vorbeifliegende

»DO-X« zu beobachten. Hierbei sahen sie im Nordosten der Insel das Schulschiff *Niobe* unter vollen Segeln seines Weges ziehen. Als die »DO-X« vorüber war und die Beobachter sich wieder umwandten, war das Segelschulschiff verschwunden, und man wunderte sich, wo es geblieben sei. Erst später wurde der tragische Untergang über die Radionachrichten bekannt.

Den weiteren Anlaß bildeten politische Hintergründe. Hitler löste sich vom Versailler Diktat und leitete die Aufrüstung der Wehrmacht ein. Um die entstandene Lücke im Offiziersnachwuchs zu schließen, wurden einmal die normalen Einstellungen schrittweise erhöht, und zum anderen der Ausfall der mit der *Niobe* untergegangenen Kadetten durch Zusatzeinstellungen von beruflich bereits vorgebildeten jungen Leuten ausgeglichen.

Unsere Gruppe, die der Handelsschiffsoffiziere (HSO), war etwa 30 Mann stark, die, vermehrt durch Diplomingenieure, Ärzte und Bauingenieure, Anfang Oktober ihren Einzug in Stralsund hielten, um Soldaten zu werden. Die ganze Ausbildung dauerte drei Jahre und war wie folgt festgelegt:

03. Oktober 1933 bis 31. Dezember 1933	Rekrutenzeit	3 Monate
01. Januar 1934 bis 31. März 1934	Beförderung zum Fähnrich zur See. Einreihung in den Offiziersanwärter-Jahrgang 32 Infanterielehrgang	3 Monate
01. April 1934 bis 30. März 1935	Marineschule Mürwik Abschluß Seeoffiziershauptprüfung	12 Monate
01. April 1935 bis 30. September 1935	Waffenkurse	6 Monate
	Ab 1. Oktober 1935 ein Jahr Frontdienst Flotte, hierbei Beförderung zum Oberfähnrich zur See	12 Monate
01. Oktober 1936	Beförderung zum Leutnant zur See	

Gemäß den Einstellungsbedingungen wurde bei uns HSO's in der Gesamtwertung die Dienstzeit ab dem 18. Lebensjahr gerechnet. Nach zehn Dienstjahren war man pensionsberechtigt; in meinem Falle ab 1. Oktober 1943. Für das Pensionsalter wurde die Zeit in der Handelsschiffahrt zur Hälfte auf die ruhegehaltsfähige Dienstzeit angerechnet.

Die Umstellung in meinem Leben war sehr groß. Man muß bedenken, daß ich nahezu 28 Jahre alt war, zwei Examen hinter mir hatte, mit verantwortlicher Tätigkeit als Schiffsoffizier betraut gewesen war und als Offizier der Handelsschiffahrt in Unterkunft, Verpflegung und sonstigen Freiheiten weit größeren Spielraum gehabt hatte als den, der mir jetzt hier in Stralsund gewährt wurde. Auch das Gehalt war gering.

Gehalt und Zehrzulage	89,46 RM
Kleidergeld	9,60 RM
Verpflegungsabzug	33,30 RM
Bar per Monat	65,76 RM

Die Marineleitung hatte sich wohl Mühe gegeben, als Ausbilder für uns »ältere Herren« besonders gute Offiziere und Unteroffiziere auszusuchen. Unser Kompaniechef war Kapitänleutnant Fiedje Kai, der mit uns gut fertig wurde, ohne irgendwelche Weichheiten durchgehen zu lassen. Unser Zugoffizier war Oberleutnant zur See Musenberg, der noch als junger Mann an den Freikorpskämpfen im Baltikum teilgenommen und später den Weg zur Kriegsmarine gefunden hatte. Die Unteroffiziere waren alle gut gewählt, sehr verständige Vorgesetzte und bei uns allen beliebt.

Zunächst bemühte sich unser Korporal Becker darum, uns das Stehen, Gehen und Sitzen beizubringen, was, militärisch gesehen, ein Zivilist von Natur aus nicht kann. Daneben lief die Grundausbildung, die sich auf Exerzieren, Marschieren, Grüßen und Bewegen in Uniform erstreckte. Für mich waren das natürlich alles »alte Hüte«, denn durch meine Erziehung im Kadettenkorps konnte ich hier nichts Neues lernen. Abgesehen davon, daß man nun eben 27 Jahre alt war, gab es keine Schwierigkeiten und es blieb der Trost, daß in drei Monaten der ganze Zauber beendet sein würde. Zunächst mußten wir vier Wochen im Kasernement bleiben, bis wir gelernt hatten, uns einigermaßen in Uniform zu bewegen.

Am 28. Oktober wurden wir vereidigt und von dem Tag an hatten wir Ausgang, allerdings mit der Verpflichtung, um 21 Uhr abends wieder in der Kaserne zu sein. Sehr reizvoll waren diese Ausflüge in Stralsund nicht. Uns waren ganze fünf Lokale erlaubt, und zum Tanzen ging man nur in die »Ressource«, eine Bürgervereinigung, die wir aber in unserer Matrosenuniform nicht gerne aufsuchten, und lieber warteten, bis wir als Fähnriche eingekleidet wurden. Wir waren aber von dem vielen praktischen und ungewohnten Dienst meist recht müde und blieben bis auf einige Wochenenden in der Kaserne.

Auch meine Tagebücher, Aufzeichnungen und Briefe weisen wenig Besonderes aus. Auf dem Frachtdampfer *Ambria* der Hapag, der im Hafen lag, besuchte ich einen mir bekannten Dritten Offizier. Bruder Heinrich schickte mir die Anschrift eines Regimentskameraden, der in Stralsund verheiratet war. Ich bekam Einladungen zum Kaffee und Abendbrot, die in den einförmigen Kasernendienst und die Verpflegung Abwechslung brachten. Kino, Theater und Oper wurden besucht; notiert habe ich »Zarewitsch« und »Arabella«. Für uns Handelsschiffer waren das Zerstreuungen, zu denen wir bei den langen Fahrten in der Welt keine Gelegenheit gehabt hatten.

Zu dieser Zeit erreichte mich auch ein Dankschreiben der Deutschen Seewarte für Beobachtungen, die ich auf der *Oceana* während des Internationalen Polarjahres

1932/33 und auf meinen Reisen mit der *Uckermarck* festgehalten und dann bei diesem Institut eingereicht hatte. Es existieren von mir drei solcher Arbeiten, die für die Berichtigung der Seekarten und nautischen Handbücher sowie für die Meteorologie von Bedeutung waren.

An die drei Monate in Stralsund und auch die ganze spätere Fähnrichszeit bis zum Abschluß der Ausbildung denke ich nicht so gerne zurück. Es waren nicht der Dienst, auch nicht die Vorgesetzten oder gar die Kameraden, die mich bedrückten. Es war wohl einfach das Einerlei eines Dienstes, den ich zur Genüge kannte; es waren die persönlichen Einschränkungen, denen man unterworfen war; und es war das Bewußtsein, auf der Leiter des Lebens noch einmal ganz von vorne starten zu müssen. Dies alles drückte sich in meinem Befinden aus. Ich war deprimiert, sah blaß aus, mir fehlte oft der nötige Schwung, die Kameraden fragten, was mit mir los sei. Da half nur die Einsicht, sich mit dem Ganzen abzufinden, das Ziel ins Auge zu fassen und durchzuhalten.

So schleppte sich die Rekrutenzeit dahin. Wir waren froh, als Weihnachten herankam. Zu Fähnrichen befördert, zogen wir die neuen Uniformen an, die uns von der Handelsschiffahrt bekannt waren. Lediglich kleine Abzeichen und der Marinedolch wiesen auf unsere Zugehörigkeit zur Kriegsmarine hin. Im Gegensatz zur Handelsschiffahrt mußten wir immer in Uniform ausgehen. Zivil durfte man ohne ausdrückliche Genehmigung der Vorgesetzten erst ab Beförderung zum Leutnant tragen.

Während der Weihnachtsfeiertage konnte die Familie wieder einmal vollzählig zusammen sein, denn auch Bruder Heinrich war gekommen. Bereits am 29. Dezember reiste ich weiter nach Hamburg, da es dort noch einiges zu erledigen gab. Diese Tage nutzte ich weidlich aus, um alte Freunde und Bekannte zu besuchen.

Bei meinem Freund Kempf, jung verheiratet und inzwischen Lehrer an der Seefahrtsschule, verbrachte ich einen vergnügten Abend. Zum Abschied besuchte ich noch den sonntäglichen Frühschoppen der »Hansea«, der, soweit ich mich entsinne, im Lokal Ostermann am Eingang der Reeperbahn stattfand.

So endete das Jahr 1933 nun doch noch ein wenig freundlich.

Lehrgänge – Waffenkurse – Marineschule Mürwik

Ab Januar 1934 kamen wir mit dem dezimierten Seeoffiziersjahrgang 1932 (*Niobe*) zusammen, mit dem wir die gesamte weitere Ausbildung durchliefen. Man hatte bei uns HSO's die Segelschulschiffs- und Auslandskreuzerzeit ausgespart. Jetzt wurden wir zu einer Crew zusammengefaßt.

Der nachstehende Plan gibt eine Übersicht über die einzelnen Lehrgänge. Die Zeit auf der Marineschule in Mürwik nimmt mit neun Monaten den Hauptteil ein.

03. Januar bis 31. Januar 1934	Schiffsartillerieschule Kiel
01. Februar bis 17. März 1934	II. Schiffsstammdivision Ostsee Stralsund 28. Februar bis 17. März Ohrdruf (Schießplatz)
18. März bis 09. April 1934	Torpedo- und Nachrichtenschule Mürwik
10. April bis 25. Mai 1934	Küstenartillerieschule
26. April bis 12. Mai 1934	Sperrschule Kiel
13. Mai bis 03. Juli 1934	Torpedo- und Nachrichtenschule Mürwik
04. Juli bis 18. April 1935	Marineschule Mürwik – Fähnrichslehrgang
19. April bis 26. Juli 1935	Schiffsartillerieschule (SAS) Kiel
29. Juli bis 03. August 1935	Unterseebootabwehrschule Kiel
04. August bis 27. September 1935	Auf Kreuzer *Königsberg*
02. Oktober bis 20. Dezember 1935	Unterseebootschule (Ende der Ausbildung)
01. Januar 1936	Beförderung zum Leutnant zur See

Am 3. Januar 1934 trafen wir auf der Schiffsartillerieschule in Kiel-Wik ein, wo uns unsere Quartiere zugewiesen wurden. Wir lagen mit vier bis fünf Mann auf einer recht geräumigen Stube. Für jeden war ein Tisch aufgestellt und so hatten wir ausreichend Platz, unsere schriftlichen Arbeiten zu erledigen. Der Unterricht erstreckte sich auf Schießlehre, Ballistik, optisches Kriegsgerät, Pulver und Munition und wurde durch Geschützexerzieren auf einem Artillerieschulboot ergänzt. Solche Lehrgänge waren bei uns sehr beliebt, denn es wechselten Theorie mit Praxis und Seefahrt, was uns allen viel Spaß machte. Es wurde allerhand von uns verlangt und viel vorausgesetzt, so daß man eine Menge studieren mußte, um den Anforderungen gerecht zu werden. Viel Zeit, sich in Kiel umzusehen, blieb nicht übrig; auch ging dieser Lehrgangsmonat schnell vorüber.

Den Abschluß bildeten schriftliche Arbeiten und auch eine kleine mündliche Prüfung. Nach meinen Aufzeichnungen schloß ich mit den Noten sieben bis acht ab, was bedeutete: »gut« bis »sehr gut«.

Anschließend ging es wieder nach Stralsund zurück, um an dem vorgeschriebenen Infanterielehrgang teilzunehmen. Wir wurden auf der Insel Dänholm ausgebildet, die aus zwei Teilen besteht und nur mit einer kleinen Fähre zu erreichen war. Hierzu schrieb ich an die Eltern:

»Wir liegen auf dem kleinen Teil der Insel und sind in Baracken untergebracht, immer zehn Mann auf einer Bude; obwohl alles ganz räubermäßig ist, sind wir guter Dinge und fühlen uns hier sehr wohl. Wir sind wieder feldgrau eingekleidet und laufen den ganzen Tag in hohen Stiefeln herum. Lehm und Dreck gibt es genug. Das Bedürfnis in die Stadt zu gehen ist nicht groß, denn wir brauchen mindestens eine 3/4 Stunde. Mitunter muß man eine Stunde rechnen, doch wir haben hier die freie Natur um uns und sehen über den Kleinen Sund hinweg die Insel Rügen und auf der anderen Seite die Stadt. Bei unserem Einzug war rechtes Winterwetter; der Schnee knirschte in der Kälte unter unseren Sohlen, doch der schöne Tag machte

uns den Einzug leicht. Am Sonnabend machten wir schon das erste Fest mit. Die ganzen Fähnriche (wir sind hier 110 Mann) wurden auf verschiedene Lokale verteilt, und dann ging es los. Ich war im »Schloßgarten«, einem Lokal mit dem Publikum wie vielleicht im »Hohenzollern » am Kaiserplatz in Erfurt. Trotzdem wir nicht allzu große Hoffnungen hatten, wurden wir angenehm enttäuscht und haben uns fein amüsiert. Wir bekamen Urlaubsverlängerung und durften bis gegen fünf Uhr bleiben.«

Bei dieser infanteristischen Ausbildung ging es vor allem darum, zu lernen, wie man sich im Gelände mit Stahlhelm, Gewehr und Marschausrüstung auf dem Rücken zu bewegen hat. Wir lernten in auseinandergezogenen Formationen an den Rändern der Landstraßen zu marschieren, wurden auf den Wert von Waldstücken und mit Buschwerk bedecktem Boden hingewiesen, erhielten aber auch Schulung im freien Gelände, wie jede Bodenwelle oder jedes Grabenstück auszunutzen ist, um sich möglichst unsichtbar für einen eventuellen Gegner zu bewegen. Manchmal wurden auch Ausmärsche angesetzt, bei denen dann auf Gutshöfen oder in Dörfern übernachtet und biwakiert wurde. Für uns junge Männer war dieses körperliche Training in der freien Natur ein reines Vergnügen.

In diesem Lehrgang war als Abschluß der Ausbildung eine 14tägige Schießübung auf dem Schießplatz Ohrdruf in Thüringen vorgesehen.

Am 28. Februar rückten wir von unseren Quartieren aus, eine Musikkapelle setzte sich an die Spitze unserer Fähnrichskompanie und brachte uns zum Stralsunder Bahnhof, wo mehrere Eisenbahnwagen Dritter Klasse auf uns warteten. Da unsere Gruppe nicht groß genug war, um einen ganzen Transportzug zu füllen, wurden wir an fahrplanmäßige Züge angehängt, was natürlich das Reisetempo verminderte. Wie ich aus den Aufzeichnungen ersehe, fuhren wir vormittags um 11 Uhr von Stralsund ab, mußten in Pasewalk umgehängt werden und kamen nachmittags 17 Uhr nach Berlin. Dort weiterer Aufenthalt bis 23 Uhr abends, und dann Weitertransport nach Ohrdruf, wo wir frühmorgens am 29. Februar ankamen.

Für mich war dieser Lehrgang darum aufregend, weil Ohrdruf nur etwa 30 km Luftlinie von Erfurt entfernt lag und in diese Zeit auch mein Geburtstag fiel, und sogar auf einen Sonntag! So waren also Briefe an die Eltern vorausgegangen, junge Damen aus dem Bekanntenkreis mobil zu machen, denn wir wollten mit sechs bis acht Mann diesen Sonnabend/Sonntag nach Erfurt kommen, um das Wochenende und ganz besonders auch meinen Geburtstag zu feiern.

Alles klappte sehr gut, denn es waren auch die beiden Erfurter Horrer und Köppe in meiner Gruppe, die gemeinsam drei Schwestern stellten. Wo junge Männer sind, finden sich auch schnell junge Mädchen ein. Zwei meiner Freunde konnten mit bei meinen Eltern wohnen, und auch die übrigen erhielten Einladungen zu befreundeten Familien. Es wurden viele Kuchen gebacken, und unser Erfurter Bekanntenkreis wetteiferte, uns fröhliche Stunden zu bereiten. Dieser Geburtstag ist mir persönlich und auch gewiß allen meinen Freunden und den jungen Damen in schöner Erinnerung geblieben.

Die Zeit in Ohrdruf und die Ausbildung waren für uns ein Eldorado. Das Verhältnis zwischen Kompanieführer, Zugoffizier, Unteroffizieren und uns hatte sich aufs beste entwickelt. Wie immer, wenn man sozusagen auf der Schulbank sitzt, gab es viel Übermut und Unsinn, der, einmal erdacht, gleich in die Tat umgesetzt wurde. So hatten wir bei einer kleinen Feier ziemlich über den Durst getrunken, und auf dem Rückweg in die Kaserne den biederen Bürgern von Ohrdruf die Gartentüren ausgehängt, in einen nahen Fluß geworfen und anderen Unfug mehr gemacht. Natürlich gab es sofort Beschwerde von der Bürgerschaft bei unserem Kommandeur, der die Fähnrichskompanie antreten ließ und nach den Übeltätern fragte. Unser Gruppenältester meldete, daß wir uns alle verantwortlich fühlten, so daß der Kommandeur die Entscheidung traf: »Zwei Stunden Strafexerzieren und Begleichung aller angerichteten Schäden durch Einbehaltung der Kosten über den Zahlmeister von der nächsten Monatslöhnung.« Damals bekannte man sich eben noch zu seinem Unfug und stand für den Schaden gerade, bis dieser wieder beseitigt war.

Nun steckten wir uns wegen des Strafexerzierens hinter unseren Zugoffizier und die Korporäle und baten, das ganze Exerzieren in den Nachmittag zu legen und mit einem Ausmarsch zu einem nahegelegenen Dorf zu verbinden, wo wir unsere Vorgesetzten einladen wollten, mit uns ein wenig zu feiern. Dieser Vorschlag fand offene Ohren, allerdings ersparte man uns beim Strafexerzieren nichts. Als aber die zwei Stunden vorüber waren, trat die Gruppe geschlossen unter Gewehr und marschierte mit frohem Gesang in eine am Schießplatzrand gelegene Gastwirtschaft, wo wir es uns bei Speis und Trank wohlgehen ließen. Diese Feier dauerte ebenfalls sehr lange, dann ging es in der Nacht mit flottem Marsch zurück, und wir lernten, auch nach reichlich genossenem Alkohol gerade zu stehen und uns nichts anmerken zu lassen.

Hatten wir auf dem »Dänholm« geübt, uns feldmarschmäßig im Gelände zu bewegen, so ging es bei der Ausbildung in Ohrdruf um das Schießen mit Platzpatronen und scharfem Geschoß. Solche Übungen sind natürlich nicht ungefährlich, doch wir lernten, uns unter Feuerschutz im Gelände zu bewegen. Hierbei wurde von uns körperlich viel verlangt, aber wir waren runde 30 Jahre alt und gut belastbar und freuten uns, gefordert zu werden.

Mit Abschluß der Schießübung in Ohrdruf war unsere infanteristische Ausbildung beendet. Nunmehr erfolgte unsere Laufbahnentwicklung rein im Marinesektor.

Bevor die im wesentlichen theoretische Ausbildung auf der Marineschule im Sommer begann, lagen erst einmal die ganzen Waffenkurse vor uns. Zuerst kamen wir auf die Nachrichtenschule in Flensburg-Mürwik, siedelten dann am 10. April zur Küstenartillerieschule in Schillig (Nähe Wilhelmshaven) über, nahmen an einem

Kursus auf der Sperrschule in Kiel vom 26. April bis 12. Mai teil und gingen danach noch einmal zurück zur Torpedoschule nach Flensburg-Mürwik, wo wir den Kursus am 3. Juli beendeten.

Diese Kurse dauerten meistens 14 Tage bis drei Wochen und machten uns jeweils mit den theoretischen Grundlagen bekannt. Es folgten dann praktische Übungen an den Geräten, Geschützen oder Torpedos, teilweise mit Ausbildungsfahrt auf einschlägigen Fahrzeugen in See.

Zum Abschluß mußten kleinere Arbeiten geschrieben werden, die zeigen sollten, ob wir einigermaßen in das uns vorgetragene Gebiet eingedrungen waren.

Der Ausbildungstag untergliederte sich meistens in sechs Stunden Unterricht, dann Mittagessen, von 15.00 bis 16.30 Uhr Sport und das abschließende Abendessen von 18.40 bis 19.30 Uhr. Auf der Torpedoschule, wo wir etwas länger waren, wurden wir in Gruppen auf vier Torpedobooten zur Ausbildung eingeschifft, während wir auf dem uns begleitenden Linienschiff *Schlesien* Unterkunft bezogen.

Sehr wohl gefühlt haben wir uns auch in den Baracken in Schillig, obwohl weit und breit an Ausgang nicht gedacht werden konnte, da wir hier mitten in den Marschen lagen. Die Ausbildungsoffiziere dort hatten aber vor längerer Zeit bei den Fähnrichen Land- und Gärtnerarbeiten angeregt, um dieses ganze Barackenlager zu verschönern. Wir traten gern in die Fußspuren unserer Vorgänger, und die Freizeitarbeiten in den hellen Frühlingstagen waren unsere ganze Freude. Es gab genügend Geräte, auch einen fachkundigen Gärtner, und so sah man uns Fähnriche nach Feierabend und am Wochenende eifrig mit Gartenarbeiten beschäftigt. Diese Arbeiten kosteten den Staat keinen Pfennig.

Während der Umkommandierungen, die oft an einem Wochenende lagen, hatten wir manchmal Gelegenheit, Freunde und Bekannte zu besuchen, was für mich meistens darauf hinauslief, nach Hamburg zu fahren. So war ich in dieser Zeit oft bei Esches in Hamburg, und machte dort auch am 28. März die Hochzeit von Cousine Hilde mit.

Während der Zeit auf der Sperrschule in Kiel traf ich im Offiziersheim in Kiel-Wik den jüngeren Bruder von Fritz Dominik, der damals Erster Wachoffizier auf dem Torpedoboot *Jaguar* war.

Ich erhielt auch Besuch von meinem Schulfreund Werner Kobarg, der nach beendetem Jurastudium als Intendanturrat zur Kriegsmarine gekommen war. Wie ich hörte, wollte er im kommenden Jahr am 2. Januar seine Erfurter Jugendfreundin heiraten.

Überhaupt verbrachten wir auf der damaligen Sperrschule in Kiel viele nette Tage. Die schöne Jahreszeit im Mai und Juni bot sich an, ein bißchen in der Umgebung herumzustreifen. Von Kiel aus waren besonders die Ausflüge in die Holsteinische Schweiz beliebt. Wir setzten oft mit den Booten nach Kiel-Dietrichsdorf über, und gingen von dort aus die Schwentine aufwärts nach Preetz. Da war überall in den Landgasthäusern Musik und Tanz; natürlich waren wir immer dabei.

Auf dem Torpedokursus in Flensburg-Mürwik gab es reichlich Gelegenheit, mit Segelyachten Ausflüge zur dänischen Küste hinüber, nach Langballigau, und im ganzen Fördegebiet zu unternehmen.

Von den Eltern hatte ich gute Nachrichten. In dieser Zeit, etwa Ende Juni, zogen sie von der Friedrichstraße in die Humboldtstraße, in eine sehr nette Wohnung von vier Zimmern, die in einem Neubaugebiet in der Nähe des Steigerwaldes lag. Aus Briefen an die Eltern ersehe ich, daß ich eifrig mit Lesen beschäftigt war, denn ich erbat mir einige Bücher aus meinem Bestand, der sich vornehmlich auf geschichtliche Werke, aber auch philosophische Schriften erstreckte, wobei ich Schopenhauer den Vorzug gab.

So ging die erste Jahreshälfte schnell vorüber, es gab noch fünf Tage Urlaub, die ich bei den Eltern in Erfurt verbrachte, und etwa am 10. Juli 1935 meldete sich unsere Crew auf der Marineschule in Flensburg-Mürwik, wo wir der 1. Kompanie zugeteilt wurden.

Die Zeit auf der Marineschule war für uns »ältere« Jahrgänge natürlich keine reine Freude, denn man mußte noch einmal die Schulbank drücken, d.h. sich mit Theorie auseinandersetzen. Die Marineschule in Flensburg-Mürwik liegt in malerischer Hanglage an der Flensburger Förde in einem schön gestalteten Gelände. Das Gebäudeinnere selbst war für damalige Verhältnisse sehr modern. Jeweils zwei Fähnrichsstuben, belegt mit sechs bis acht Mann, teilten sich den dazwischen liegenden Waschraum; breite Flure und Treppen mit viel Licht gaben dem ganzen einen hellen und freundlichen Charakter; Speisesäle und Stuben waren geräumig, auch fehlten eine Kirche, Turnhalle und Yachthafen sowie Reitplatz und Reithalle nicht.

In Mürwik wurden alle Fähnriche unseres Jahrgangs, egal, wann sie eingestellt worden waren und unabhängig von ihrem bisherigen Werdegang, zur Crew 1932 (*Niobe*). Soweit mir erinnerlich, waren wir in vier Gruppen eingeteilt, deren eine mir als Gruppenältester anvertraut wurde. Dies war eine Auszeichnung, die ich wohl meinen bisherigen Zeugnissen und meinem Auftreten verdankte.

Der Unterricht erstreckte sich auf Nautik, Navigation, Kenntnis nautisch-technischer Geräte, terrestrische Navigation, Dienstkenntnis, Völkerrecht, Seerecht, Seekriegsgeschichte, Maschinenkunde, E-Technik und Englisch.

Daneben liefen noch Kurse in Ballistik, Chemie und anderen Gebieten waffentechnischer Art. Einiges wurde durch praktische Übungen auf einem kleinen Schulschiff unterstützt, sogenannten »Navigationsbelehrungsfahrten«. Diese Fahrten führten durch den Kleinen und Großen Belt, rund um die Insel Fehmarn und in die Lübecker und Kieler Bucht.

Bei diesen Fahrten passierten wir auch zum ersten Mal die Kleine-Belt-Brücke, welche seit 1927 im Bau war und sich jetzt der Vollendung näherte. Sie überbrückte eine Strecke von 700 Metern, so daß die ganze Brücke mit den Landstücken auf etwa 1000 Meter bei 33 Meter Höhe kam.

Wir Handelsschiffsoffiziere waren von dem theoretisch/nautischen Unterricht befreit, konnten aber – wenn wir wollten – daran teilnehmen. Im ganzen war der Tagesablauf streng geregelt. Die Vormittagsstunden bis zum Mittag waren Schulstunden. Am Nachmittag kamen wir Älteren schon eher auf unsere Kosten, weil dann die sportlichen Lehrgänge begannen, an denen wir mit Begeisterung teilnahmen.

Eine Ausbildung, die uns allen besonderen Spaß machte, war das Yachtsegeln. Wir Handelsschiffsoffiziere hatten in diesem Sport keine Ausbildung vorzuweisen, auf die aber in der Kriegsmarine viel Wert gelegt wurde. Wir begannen in H-Jollen, kleinen Booten, die im allgemeinen mit zwei Mann gesegelt wurden, und wurden dann in der Handhabung größerer Boote weiter geschult. Alle diese Fahrzeuge standen uns auch am Wochenende zur Verfügung. Es lag eine Liste aus, in die man sich eintragen mußte. Für die größeren Yachten waren Gruppen vorgesehen, für die dann ein Gruppenältester verantwortlich zeichnete. So brachten uns diese Spätsommer- und Herbstmonate viel Freude, denn an den Wochenenden lagen wir in den verschiedenen reizvollen kleinen Häfen der Flensburger Förde.

Nach dem Segeln, das mit dem 1. November seinen Abschluß fand, traten Hockey, Reiten und Turnen an dessen Stelle. Beim Reitunterricht habe ich nicht viel profitiert. Er war nur sehr kurz, so daß man die nötigsten Grundbegriffe lernte, aber in der Praxis wenig Übung erhielt.

Am Hockeyspiel nahm ich nicht teil, was mir heute unerklärlich ist, doch es muß wohl dafür besondere Gründe gegeben haben.

Zu den sportlichen Übungen gehörte auch das Schießen auf dem Schießstand. Wir wurden im Gewehrschießen und im Umgang mit der Pistole ausgebildet. Zum Abschluß gab es eine Prüfung, wobei liegend freihändig auf 150 Meter, stehend freihändig auf 100 Meter und mit der Pistole auf 25 Meter Entfernung geschossen wurde. Letzteres zeigte uns, wie schwierig es ist, einwandfrei mit der Pistole auf solche Entfernung zu treffen.

Jeden Sonntag war in unserer Kapelle Gottesdienst, an dem wir geschlossen teilzunehmen hatten. Es kam natürlich immer einmal vor, daß der Kirchgang geschwänzt wurde; so ist mir erinnerlich, daß man einmal das Fehlen von 12 Mann bemerkte. Die Disziplinarstrafe folgte auf dem Fuße. Im allgemeinen war aber der Kirchgang ein fester Bestandteil unseres Dienstablaufes, den wir auch alle respektierten.

Ehe ich nun in meinem Bericht fortfahre, muß ich doch erwähnen, daß ich das Ende dieser ganzen Schulung sehnlichst herbeiwünschte. Mit meinen 28 Jahren litt ich sehr unter dem Eingepreßtsein in den Schulbetrieb. Sehr bald klagte ich über Schwierigkeiten mit meinem Magen und bekam vom Lazarett eine Medizin. Ein Jahr später, nach Beförderung zum Leutnant und Dienst in der Flotte, waren alle Beschwerden wie weggeblasen, und mir wurde klar, daß die Ursache für die Magenverstimmungen in meinem seelischen Befinden zu suchen gewesen war. Insgesamt habe ich mich damals in meiner Haut nicht wohlgefühlt, war sehr blaß und unausgeglichen, so daß ich oft gefragt wurde, ob mir etwas fehle.

Ein besonderer Anziehungspunkt war für uns Fähnriche ein kleines Gasthaus in Meierwik, das zwischen Mürwik und Glücksburg lag. Der Wirt, Herr Witt, hatte viel für uns übrig; die Preise seiner Getränke waren unserem Geldbeutel angemessen. An den schönen warmen Sommertagen konnte man prächtig auf seiner Terrasse sitzen und einen gemütlichen Abendschoppen nehmen. Seine damals 17jährige Tochter Karla trug viel zu unserer guten Stimmung bei. Sie war immer vergnügt und hat – soviel ich weiß – noch einige Fähnrichsjahrgänge betreut bis sie erwachsen war und fortzog. Als unser Jahrgang sich im April 1935 von Mürwik verabschiedete, habe ich mich im Gästebuch von Herrn Witt mit einem Gedicht verewigt.

Abwechslung brachten uns auch verschiedene größere Feste, zu denen besonders die Sonnabendabende während der Sommersaison in der »Reunion« von Glücksburg gehörten. An diesen Bällen wie auch den Tanzabenden in der »Rosenterrasse« in Glücksburg waren wir Fähnriche stark beteiligt. Im Sommer standen dem Massenandrang von 120 Fähnrichen die jungen Damen unter den zahlreichen Sommergästen gegenüber. Zum Spätherbst und Winter bot uns Flensburg hier nicht mehr genug. Wir flogen dann nach Kiel und Hamburg aus, und so denke ich gerne an eine Omnibusfahrt zum Stiftungsfest der Nautischen Verbindung »Hansea« in Hamburg, zu der wir Handelsschiffsoffiziere auch einen Teil der anderen Crewkameraden mitnahmen. Dieses Fest fand im damaligen »Uhlenhorster Fährhaus« in allen Sälen statt, endete erst morgens gegen fünf Uhr und wurde nach einem kurzen Schlaf mit einem Frühschoppen im »Café Ostermann« auf der Reeperbahn beendet. Die Bahn brachte uns ermüdete Fähnriche am Sonntagnachmittag wieder nach Flensburg, wo wir uns gleich schlafen legten.

In dieser Zeit kam auch der Weihnachtsurlaub heran. Am 21. Dezember konnten wir unsere Koffer packen und nach Hause fahren. In Erfurt gab es zum Jahresende, besonders über Neujahr, viele Festlichkeiten, so daß ich die Nächte stets unterwegs war. Auch Heinrich war dabei sowie viele unserer Jugendfreunde, die zum Teil studierten oder in einer Berufsausbildung standen. Die gleichaltrigen Schulfreundinnen waren fast alle schon verheiratet, doch gab es genügend weiblichen Nachwuchs, wo wir uns eifrig umschauten und vergnügte Hausfeste feierten. In dieser Zeit lernte ich Anneli kennen, mit der ich lange Jahre im Briefwechsel stand, und die später einen Crewkameraden heiratete.

Während der Marineschulzeit wurde Curt v. Gossler mein besonderer Freund, der ebenfalls aus der Handelsschiffahrt kam. Neben Dominik und Kempf, die aber nun außerhalb der Marine ihren Berufen nachgingen, verband mich mit ihm eine sehr feste Freundschaft bis zu seinem Tode im Jahre 1981.

Bei dem straffen Lehrbetrieb und häufigen Umkommandierungen blieben die Freundschaften mit der jungen Weiblichkeit nur sehr locker. In Flensburg lernte ich eine junge Dame kennen, mit der ich oft ausging. Bei meinem ganzen körperlichen und seelischen Befinden hatte ich aber wenig Lust und Neigung, feste Freundschaften zu knüpfen.

An Streichen unter uns Fähnrichen mangelte es in dieser Zeit nicht. Neben unserem Kursus lief noch der einer zweiten Kompanie, und natürlich entstanden Rivalitäten zwischen den beiden Gruppen. So hatten uns diese Kameraden einmal abends überfallen, unsere Betten gekippt, die Wäsche in die Badewannen geworfen und mit Wasser bespritzt und eine ziemliche Rauferei angefangen. Diese Schmach ließ uns nun nicht ruhen, und wir sannen auf Rache. Bald hatten wir uns ein MG, Gewehre und Platzpatronen beschafft, standen eines Nachts um zwei Uhr, als alles zur Ruhe gegangen war, im Revier der 2. Kompanie, und los ging der Feuerzauber. Innerhalb von Minuten war das ganze Revier ein Höllenspektakel; zu nah abgeschossene Platzpatronen hatten die Bettdecken geschwärzt, in die mit Wasser gefüllten Badewannen wurden Fähnriche, nur mit Pyjama bekleidet, eingetunkt, überhaupt, es war ein großes Vergnügen und völliges Durcheinander.

Die bald auftauchenden Gruppenoffiziere unterbrachen jedoch unsere Schlacht, und im Nu waren wir auf unserem Revier und lagen in den Betten. Am nächsten Morgen war großer Kompanieappell – Schäden wurden festgestellt – es hagelte ein Donnerwetter herab, Strafexerzieren wurde angesetzt, und der ganze Schaden mußte bezahlt werden. Wie üblich, wurde alles sofort nagelneu ersetzt. Die Rechnungen legte der Zahlmeister zu gleichen Teilen auf alle Fähnriche um.

Das Jahr 1935 führte sich recht bedeutungsvoll ein. Am 13. Januar fand die Abstimmung über die Zugehörigkeit des Saargebietes statt, bei der unter großer Wahlbeteiligung mit 90,8 % für Deutschland optiert wurde. Dies gab natürlich Anlaß zu großen Reden und Feierlichkeiten. In Flensburg-Mürwik erlebten wir den nächtlichen Fackelzug. Gleichzeitig standen in allen Häusern brennende Kerzen in den Fenstern. Ein Aufatmen ging durch die deutsche Bevölkerung, denn die vorangegangenen Regierungen hatten nur zögernd gegen das Diktat des Versailler Vertrages opponiert. Unter der Führung der Nationalsozialisten änderte sich hier manches. Man muß ehrlich feststellen, daß die angestrebten Lockerungen des Versailler Vertrages, der ja vom ganzen deutschen Volk als Schandvertrag empfunden wurde, sowie auch solche Ereignisse wie die Saarabstimmung, von einer breiten Bevölkerungsschicht Deutschlands begrüßt und mitgetragen wurden.

Italien hatte seine afrikanischen Ambitionen in die Tat umgesetzt und am 18. Februar 1935 60.000 Mann nach Abessinien eingeschifft, um dieses Reich zu besetzen.

Ein weiteres viel beachtetes Ereignis war die Heirat des damaligen Innenministers Hermann Göring mit der Staatsschauspielerin Emmy Sonnemann am 11. April. Böse Zungen behaupteten, daß sie viele Schulden auf den Namen ihres Mannes gemacht habe.

Der Beginn des Jahres brachte auch für mich persönlich zwei wichtige Daten: Am 2. Februar heiratete mein Freund Werner Kobarg in Erfurt, und mein Vater wurde am 27. Februar 70 Jahre alt. Ich bekam aber keinen Urlaub und konnte nicht zu diesen Festen nach Erfurt fahren. Heinrich, der am 1. Februar 1935 Hauptmann geworden war, erhielt aber Urlaub und konnte mit den Eltern feiern.

Unter all diesen Ereignissen war der Termin für die Seeoffiziershauptprüfung am 17. April herangekommen, bei der ich recht gut abschnitt. Von unseren 87 Fähnrichen erhielt ich aufgrund der Schulzeugnisse den 26. Platz, wurde jedoch in der Gesamtrangordnung, wo ich eigentlich unter den ersten sechs hätte sein sollen, auf den 18. Platz gedrückt. Letzteres war die Folge von Differenzen, die ich mit unserem Kompanieführer hatte. Ich war verschiedentlich bei ihm angeeckt, besonders aber auf einer Segelfahrt, die wir auf einem der größeren Boote, der *Paul Bennecke*, nach Langballigau unternahmen. Den genauen Anlaß kenne ich nicht mehr, doch gab es einen harten Wortwechsel, in welchem er dann den Vorgesetzten herauskehrte und mich nicht gerade gut behandelte. Als ich später zur Flotte kam, stieg ich schnell in der Rangordnung meiner Crew wieder auf und wurde bereits in der Dienstaltersliste von 1935 unter den ersten zehn geführt.

Zu den bevorstehenden Ostertagen kreuzte ich bei den Eltern in Erfurt auf, kehrte aber nach ein paar Tagen nach Kiel zurück, wo ich mein erstes festes Bordkommando als Fähnrich auf dem Kreuzer *Königsberg* hatte.

Als Fähnrich auf Kreuzer »Königsberg«

Die restliche Ausbildung erhielten wir in der Flotte unter Zwischenschaltung eines weiteren Kursus auf der Schiffsartillerieschule. Mit meiner Kommandierung auf Kreuzer *Königsberg* betrat ich zum ersten Mal ein größeres Kriegsschiff, das mit 9000 t vermessen, nach dem Ersten Weltkrieg als erstes Schiff höherer Tonnage von der Marine in Dienst gestellt worden war. Der Kommandant war Kapitän zur See Schmundt, Erster Offizier Korvettenkapitän Ruhfus, der seinerzeit als Kommandant das Segelschulschiff *Niobe*, das im Fehmarn Belt unterging, geführt hatte.

Die *Königsberg* hatte über dem eigentlichen Brückendeck noch eine weitere Brücke, die für den Führer der Ausbildungsstreitkräfte reserviert war, falls dieser sich zu Flottenübungen einschiffte. Von meinen Jahrgangskameraden befanden sich als Fähnriche die HSO's von Gartzen, Kupisch und Metzler an Bord. Darüber hinaus lernte ich hier Prien kennen, der als Handelsschiffsoffizier kurz vor mir eingestellt worden war und nun schon als Leutnant zur See an Bord Dienst tat.

Wir waren zu viert in einem Raum für sieben Personen untergebracht, doch hieß es hier noch einmal in Hängematten schlafen. Ich wurde der Steuerbordwache zugeteilt und hatte als Gefechtsrolle mein Kommando in der Artillerierechenstelle. Im Hafen wurde ich als Bootsmann der Wache eingesetzt.

Der Dienst spielte sich in der bekannten Marineroutine ab, war aber doch für uns interessant, weil alles neu war. Es gab den üblichen Divisionsunterricht, in welchem Schiffskunde einen großen Teil einnahm. Solch ein Kriegsschiff ist ein sehr kompliziertes Gebilde mit vielen Schotten und Kammern, das man erst nach längerem Aufenthalt richtig kennenlernt. Während dieser Zeit machte Kreuzer *Königsberg* eine Reihe von Fahrübungen, nahm an Torpedoschießübungen und Sperrübungen in der Eckernförder Bucht teil; Fahrzeiten, die leider immer wieder durch Hafentage in Kiel unterbrochen wurden.

Bei einer dieser Übungen gingen wir bis nach Swinemünde, wo wir Postaustausch auf See mit dem Linienschiff *Schleswig-Holstein* übten. Mit einer kleinen Rakete wurde eine Leine von Schiff zu Schiff geschossen. Der daran befestigte Postbeutel wurde dann von Hand an dem gespannten Seil herübergeholt. Hierbei geschah es, daß ein Postbeutel ins Wasser fiel, und da wir gerade Wache hatten, mußten wir mit dem Kutter das verlorene Gut bergen. Solche kleinen Manöver wurden natürlich immer mit Spannung verfolgt und nach Sekunden gemessen, wobei eine Wache immer versuchte, die andere zu übertrumpfen. Nach meinen Notizen dauerte es damals 5 Minuten und 15 Sekunden bis der Postbeutel gefischt war, wofür wir wegen der exakten Durchführung ein Lob erhielten.

Wir freuten uns alle, am 26. Mai im Rahmen unseres Kommandos auf dem Kreuzer *Königsberg* zur Schiffsartillerieschule (SAS) abkommandiert zu werden. Hier fanden sich wieder alle Fähnriche, die zu unserem Jahrgang gehörten und über die gesamte Flotte verteilt worden waren, zusammen. Diesmal wurden wir in der leichten Artillerie ausgebildet, wobei wir Abkommschießen, Nachtschießen und Kaliberschießen auf dem Artillerieschulboot *Drache* an 10,5-cm-Kanonen übten. Weitere Ausbildung erfolgte auf dem Artillerieschulboot *Bremse*, außerdem lernten wir das Exerzieren mit schweren Geschütztürmen auf dem Kreuzer *Karlsruhe* kennen.

An diese beiden Sommermonate auf der Kieler SAS denke ich gerne zurück, besonders wegen der vielen schönen Feste, die ich während dieser Zeit mitmachen konnte. Da waren z.B. die Kieler Woche, ein Bordfest auf Kreuzer *Königsberg*, eine Segelwettfahrt anläßlich der Kieler Woche und die »Marinevolkswoche«, welche sich der Kieler Woche anschloß.

Die Wochenenden wurden, soweit es ging, zum Segeln ausgenutzt. Die Marine unterhielt ja an den Schulen und auch von den Flottenverbänden aus im Kaiserlichen (später Kieler) Yachtclub viele Segelboote, die uns an den Wochenenden zur Verfügung standen. Da taten sich immer mehrere Fähnriche zusammen, schnell fanden sich auch ein paar junge Damen ein und los ging es auf die Förde zum Kaffeetrinken in Laboe, Schilksee oder anderen Orten am Wasser.

Die Ausbildungszeit auf der SAS hat uns allen große Freude gemacht. Unser Abteilungsleiter Korvettenkapitän Fricke und seine Offiziere und Oberstückmeister hatten unser aller Herz gewonnen. Wir taten freudig unseren Dienst, waren immer mit Begeisterung dabei, so daß wir nach bestandener Prüfung besonders gelobt wurden. Wir erhielten alle unser A.O/C-Zeugnis, wobei ich als 18. von 51 Kameraden abschloß. Nach Bekanntgabe der Prüfungsergebnisse machten wir abends einen Ausflug zu dem nahe bei Preetz gelegenen Schloß Bredeneck, wo wir mit Lehrern und Vorgesetzten einen frohen und festlichen Abend verbrachten. Erinnerlich ist mir noch, daß Kapitän Fricke drei meiner Kameraden und mich einlud, nach Rückkehr nachts um ein Uhr mit ihm in seiner Wohnung noch ein Glas Bier zu trinken. Nach Aufschließen der Haustür bedeutete er uns, doch recht ruhig zu sein, damit seine Frau nicht aufwache. Wir schlichen langsam ins Wohnzimmer, doch uns Fähnrichen stand mehr der Sinn nach etwas Eßbarem als nach Bier. So folgten wir unserem Gastgeber in die Küche, stellten dort fest, daß für den morgigen Sonntag Kuchen und Torte sowie andere eßbare Dinge vorbereitet worden waren, und es dauerte nicht lange, so hatten wir vier Fähnriche die herumstehenden Vorräte mühelos aufgezehrt. Als wir dann morgens um 5 Uhr recht befriedigt von den Ereignissen nach Hause gingen, stellten wir fest, daß wir Frau Fricke wenigstens einen freundlichen Gruß schuldig waren. So trafen wir uns alle um 11 Uhr etwas übernächtigt, aber sonst frisch und munter bei einem Blumenladen, um mit einem schönen Strauß bei Frickes Abbitte zu tun. Wir wurden von der lachenden Hausfrau freundlich aufgenommen, die meinte, ihre Familie müsse an diesem Tag hungern, doch haben wir dann noch mit einem fröhlichen Umtrunk den Morgen beendet und verließen das so »gastliche« Haus.

An die SAS schloß sich ein einwöchiger Kursus auf der Unterseebootabwehrschule in Kiel an. Dann trennten sich wieder alle Fähnriche und gingen auf ihre Kommandos in der Flotte, also wir auf den Kreuzer *Königsberg*, zurück.

Während der nächsten beiden Monate wurde es auf unserem Schiff lebhaft. Zunächst nahmen wir am Flottentorpedoschießen teil, das sich auf Übungen im Tagesweitschießen, Nachtübungen und dem Schießen scharfer Torpedos gegen eine Hulk erstreckte.

Zu diesen Übungen schiffte sich der Befehlshaber der Aufklärungsstreitkräfte Konteradmiral Böhm mit seinem Stabe ein, denn es handelte sich hier um Übungen mit einem größeren Schiffsverband. – Für mich waren diese Übungen recht interessant, denn ich hatte nachts Scheinwerferwache und konnte von der Brücke aus sehr gut die Manöver beobachten.

Nach Beendigung dieser Übungen war Kreuzer *Königsberg* zu einem Freundschaftsbesuch nach Gdingen in Polen beordert. Wir trafen dort am 22. August ein, worauf zunächst der polnische Verbindungsoffizier an Bord kam, der mit dem Kommandanten und dem Führungsstab die offiziellen Besuche und auch die Einladungen für die Besatzung durchsprach. Wir schossen den gehörigen Salut. Auf 21 Schuß, die dem polnischen Staatspräsidenten gebührten, folgten 13 Schuß für den polnischen Flottenchef Admiral v. Unruh. Da ein Teil des Landes als preußische Provinz Posen längere Zeit zum Deutschen Reich gehört hatte, war Admiral v. Unruh in der deutschen Marine groß geworden und Crewkamerad von unserem Kommandanten Kapitän zur See Schmundt gewesen. Beide Herren kannten sich also gut und verkehrten sehr freundschaftlich miteinander, und ich kann von mir aus auch nur sagen, daß wir außerordentlich freundlich empfangen wurden. In Deutschland gab es zu dieser Zeit schon die Devisensperre, so daß jeder von uns Besatzungsmitgliedern nur 4 Zloty erhielt, womit man kaum etwas anfangen konnte.

Ich erinnere mich aber einer Abendeinladung mit einer Gruppe von 50 bis 60 Besatzungsangehörigen, bei der es hoch herging. Auf den Tischen stand zunächst nur der 40%ige gute polnische Wodka und dabei immer eine Flasche roten Branntweins, den ich für Kirschlikör hielt. Zunächst waren wir beim Trinken sehr vorsichtig, denn es durfte natürlich niemand aus der Rolle fallen. Doch dann wurden große Teller mit warmem, fettem Schweinefleisch und andere mit trockenem Weißbrot, beides in Würfel geschnitten, aufgetragen. Statt Gabeln gab es Holzstäbchen, mit denen man immer einen Würfel Fleisch und Brot zusammen aufspießte, und dann ging es ans Zuprosten. Wir haben wohl ungeheure Mengen von diesem Wodka und Schnaps in Verbindung mit dem Brot und Schweinefleisch verzehrt, doch habe ich mich am nächsten Morgen äußerst wohl gefühlt und überhaupt keinen Kater gehabt, und so ging es auch meinen Kameraden. Für mich war es eine gute Lehre, daß man trotz der hochprozentigen Getränke bei entsprechendem Essen gut durchhalten konnte, sofern man nicht etwa auf Bier oder Wein überwechselte.

Bei der Fahrt zu diesem Abendessen, das etwas außerhalb der Stadt in einem Gasthaus stattfand, erlebten wir einen kleinen Zwischenfall. Unsere Autokolonne mußte an einem Bahnübergang anhalten, den der Schrankenwärter wegen des Herannahens eines Zuges geschlossen hatte. Ein polnischer Offizier unserer Begleitung ging zu dem Bahnwärter und befahl ihm, die Schranke wieder zu öffnen, damit wir durchkönnten. Als dieser nicht gleich parierte, schlug er ihn mit einer Art Peitsche, die er bei sich trug. Hierauf öffnete der Wärter die Schranken, die Kolonne konnte passieren, aber als eben der letzte Wagen hindurch war, donnerte ein D-Zug vorüber, der keinen Moment früher hätte kommen dürfen. Für uns war solche Handhabung der Autorität natürlich etwas recht Neues und gab zu manchem Gespräch Anlaß.

Als der Zweite Weltkrieg ausbrach, verteidigte die polnische Marine heldenhaft die Westerplatte bei Danzig und zog sich dann auf die Halbinsel Hela zurück, von der aus sie noch heftigen Widerstand leistete. Mit der Restbesatzung ergab sich auch Admiral v. Unruh, der später von Hitler sehr schlecht behandelt wurde. Hitler ließ ihm vorwerfen, daß er von der Ausbildung her preußischer Offizier gewesen sei und somit als Verräter betrachtet würde. Dies entsprach aber keineswegs den Tatsachen. Nach dem Ersten Weltkrieg wurde die damalig preußische Provinz Posen dem neugebildeten Polen wieder zugeschlagen, und Mitglieder der Familie v. Unruh, die sich ja als Polen fühlten, optierten voll für Polen, so daß sie von diesem Zeitpunkt an polnische Staatsbürger waren. Wir in der Marine haben diesen Entscheid von Hitler nie verstanden und auch nie gebilligt, denn Admiral v. Unruh war ein sehr tapferer Offizier.

Am 3. September 1935 wurden wir zu Oberfähnrichen befördert. Wir durften zum ersten Mal den sehr gefälligen langen Rock tragen und bekamen auch lange Säbel, die uns nun als Portepeeunteroffiziere auswiesen. Große Teile der Flotte mit den Linienschiffen *Schleswig-Holstein*, Panzerschiff *Admiral Scheer* und verschiedenen Kreuzern lagen im Kieler Hafen, so daß wir frisch beförderten Oberfähnriche uns abends in einem Lokal trafen und tüchtig feierten.

Danach ging es dann zu den Herbstmanövern in die Nordsee, wofür sich die Schiffe in Wilhelmshaven sammelten, um zu einer großen strategischen Übung ins Kattegat auszulaufen. Das Wetter verschlechterte sich aber zusehends. Zwei Torpedoboote meldeten Maschinenschaden und mußten einlaufen, und die kleineren Flottenverbände wie Minensuchboote und Schnellboote hatten Schwierigkeiten, bei diesem Wetter ihre Positionen zu halten. So wurde das Manöver am 18./19. September abgebrochen, wir passierten bei Windstärke 9 Helgoland und waren froh, die Elbmündung zu erreichen, und bei Altenbruch Reede zu ankern. Am 20. September wurde dann Einlaufen in Kiel befohlen.

In diesen Herbsttagen des Jahres 1935 wurde der neuerbaute Kreuzer *Nürnberg* in Dienst gestellt, dessen erste Besatzung vom Kreuzer *Königsberg* übernommen werden sollte, der für eine längere Überholungszeit in die Werft ging. Ich habe immer eine Schwäche für Physik und Mathematik gehabt, was sich auch in meinen Zeugnissen ausdrückte. So war ich nach Ende meiner Ausbildungszeit als Artillerieoffizier für die leichten Waffen vorgesehen und freute mich auf das Kommando auf dem neuen Kreuzer. Da traf am 22. September ganz unverhofft meine Abkommandierung zur Unterseebootschule, die sich damals noch in Kiel befand, ein.

Jemand, der nicht in der Marine großgeworden ist, kann sich gar nicht vorstellen, welche Freude eine solche Kommandierung auslöst. Für uns jungen Leute waren natürlich Schnellboote und die Torpedoboote die erstrebenswertesten Kommandos, denn auf den sogenannten »Dicken Schiffen« konnte man der dort notwendigen Schiffsroutine nicht entgehen. Nun aber auch noch zu der bis dahin (wegen des Versailler Vertrages) noch geheimen U-Bootwaffe kommandiert zu werden, war eine besondere Auszeichnung. Es waren damals fünf ehemalige Handelsschiffsoffiziere, die diese Kommandierung erhielten: Meine Crewkameraden v. Gossler, Salman, Heidel, Kupisch und ich. Mit dem 30. September 1935 war die schulische Ausbildung zum Beruf des Seeoffiziers abgeschlossen, und unser ganzer Jahrgang wurde auf die verschiedenen Flotteneinheiten verteilt.

Die Kommandierung zur U-Bootwaffe

Nur ein junger Mensch, der voranstrebt und bereit ist, Verantwortung zu übernehmen und Ausschau hält nach einem kleinen, aber selbständigen Kommando, kann begreifen, wie mir damals zumute war. Die Fesseln des Versailler Vertrages waren noch nicht zerrissen, Deutschland durfte noch keine U-Boote bauen, überall gab es in der militärischen Ausrüstung Beschränkungen. Es liefen wohl damals schon zwischen der Reichsregierung und den Siegermächten des Ersten Weltkrieges Verhandlungen darüber, die uns auferlegten Beschränkungen zu lockern. Insgeheim waren etwa sieben Unterseeboote von 250 t und zwei von etwa 750 t in Auftrag gegeben worden. Die ersteren wurden in Finnland, die letzteren beiden auf Werften in der Türkei gebaut. Wegen der nötigen Geheimhaltung führte man unsere Schulung in der Unterseebootschule noch in Zivil durch. Diese Tarnung wurde aber bald aufgehoben, denn ich entsinne mich, daß wir mit Jahresende dort bereits in Uniform Dienst taten.

Wieder einmal hieß es also die Schulbank drücken, doch diesmal war es etwas ganz anderes. Ich war mir darüber klar, daß die Kommandierung zur U-Bootwaffe endgültig und mein Dienstweg für weitere lange Jahre festgelegt war.

Unser Kursus war klein. Er bestand aus sechs Kapitänleutnanten, die einmal Kommandanten werden sollten, einem Leutnant und uns fünf Oberfähnrichen, die als Wachoffiziere vorgesehen waren. Unsere Lehrer waren alte U-Bootfahrer aus dem Ersten Weltkrieg, darunter zwei mit dem berühmten Namen Fürbringer sowie ein Ingenieuroffizier, der Korvettenkapitän Ing. Thedsen. Wir waren auf dem Wohnschiff *Amazone* untergebracht und hatten zu je zwei Mann eine Kammer. Obwohl dienstgradmäßig zwischen den sechs Kommandantenschülern und uns ein großer Unterschied bestand, war unser Verhältnis sehr kameradschaftlich. Von vornherein herrschte hier ein Geist, der in die Wiege dieser neu entstehenden Waffe gelegt wurde.

Neben den theoretischen Studien über den Aufbau eines U-Bootes, seine Besonderheiten und das Zusammenwirken seiner vielen technischen Einrichtungen wurden wir aber auch auf den zwei oder drei Booten der Schule praktisch in allen Funktionen unterwiesen. Daneben liefen dann noch die Ausbildungen an Tauchrettern in einem großen sieben Meter hohen Tauchtopf, wo wir im 28 Grad warmen Wasser in der Handhabung der Geräte unterwiesen wurden.

Noch einmal mußten wir einige Tage zur Sperrschule und dann auch noch einmal nach Flensburg zur Torpedoschule, um dort spezielle Kurse zu absolvieren, in denen wir mit den spezifischen Gegebenheiten dieser Waffen auf Unterseebooten vertraut gemacht wurden.

Am 7. November 1935 wurde leider wieder einmal die Landes- und damit auch die Kriegsflagge gewechselt. Dies war nun in einer Generation die dritte Flagge, die wir

Deutschen führten. Auf dem großen Paradeplatz in Kiel-Wik fand eine Parade vor dem damaligen Stationschef Ostsee, Admiral Albrecht, statt, wobei ich zum ersten Mal als Zugführer eingesetzt war und an diesem militärischen Akt mit gezogenem Säbel teilnahm.

Am 30. November 1935 war Offizierswahl. In Preußen war es eine alte Gewohnheit, daß die Regimenter und sonstigen Einheiten ihre jungen Fähnriche bei heranstehender Beförderung zum Offizier durch eine Wahl bestätigten. Im allgemeinen verlief diese Wahl ohne irgendwelche Komplikationen, doch konnte ein Offizierkorps einen Kameraden, der ihm nicht paßte, ablehnen.

Trotz allen Dienstes kam das Privatleben aber nicht zu kurz. Ich hatte früher schon erwähnt, daß wir viele Damenfreundschaften hatten, diese auch pflegten, ohne uns irgendwie zu binden. So lief also das persönliche Leben auch nicht zu einseitig. Während des Schulbetriebs blieb viel Freizeit zum Bummeln.

Nach erfolgreichem Abschuß der U-Schulausbildung erfolgte am 21. Dezember 1935 meine Kommandierung als Wachoffizier auf *U 18* der neugebildeten 1. Unterseebootflottille »Weddigen«. Nun konnte ich sofort Koffer packen und heim ging es nach Erfurt, wo auch Bruder Heinrich am 22. Dezember etwa eine halbe Stunde später als ich eintraf.

Gleich zu Beginn des neuen Jahres erhielt ich die Nachricht der Beförderung zum Leutnant zur See. Natürlich war ich schon mit Uniformen und dem nötigen Zubehör darauf vorbereitet gewesen, so daß ich bereits am 2. Januar mit der schmucken Uniform des Seeoffiziers in meiner alten Heimatstadt auftreten konnte. Mit dieser Beförderung endete meine Ausbildungszeit bei der Marine. Nun begann der richtige Dienst.

Hochheim –
Transport von Tabakpaketen
zur Bahnstation

Heinrich und Wilhelm
als Königlich-Preußische Kadetten mit den Eltern, 1916

Das großväterliche Anwesen in Hochheim
(Briefkopf der Fa. F.C. Gustav Esche)

Schulschiff *Großherzogin Elisabeth*

Als Kadett
auf der *Großherzogin Elisabeth*, 1923

Besatzung und Offiziere
der *Großherzogin Elisabeth*,
Rio de Janeiro 1923
(ganz rechts W. S.)

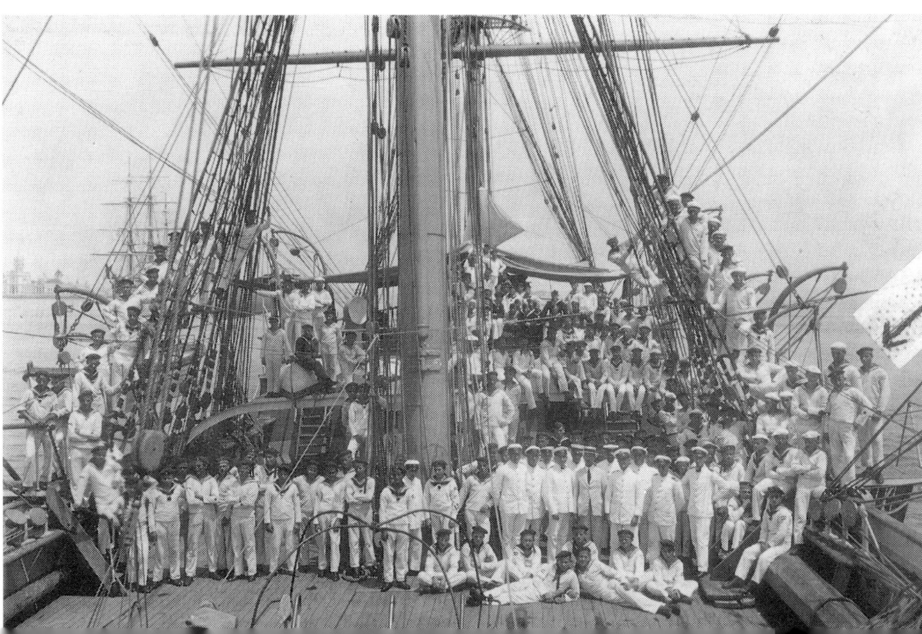

Unsere Musik,
Lisbeth
(W. S. obere Reihe rechts)

Die Mannschaft der *Lisbeth*
(W. S. links oben im Klüvernetz)

Lisbeth, ex *Renée*
(spätere Aufnahme als *Bremen*)

Cleveland – mein erster Dampfer – vier Reisen Hamburg–New York

Havenstein – nur eine »Gastrolle« für 23 Tage ...

Fürst Bülow – 15 Monate Ferner Osten und Südamerika

Naumburg – als Vierter Offizier nach Java/Niederländisch-Indien

Holm – Südamerika mit Fracht und Passagieren

Oceana – Luxuskreuzfahrten mit dem »Weißen Schwan« der Hapag

Das Kapitänspatent

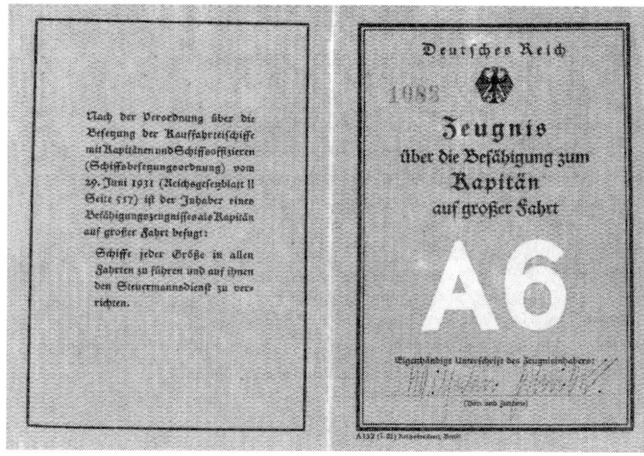

Nach der Verordnung über die Besetzung der Kauffahrteischiffe mit Kapitänen und Schiffsoffizieren (Schiffsbesetzungsordnung) vom 29. Juni 1931 (Reichsgesetzblatt II Seite 517) ist der Inhaber eines Befähigungszeugnisses als Kapitän auf großer Fahrt befugt:

Schiffe jeder Größe in allen Fahrten zu führen und auf ihnen den Steuermannsdienst zu verrichten.

Deutsches Reich

1085

Zeugnis
über die Befähigung zum
Kapitän
auf großer Fahrt

A6

Eigenhändige Unterschrift des Zeugnisinhabers:

(Vor- und Zuname)

Seetage im Mittelmeer – *Oceana* 1930

Reichstagswahl auf der *Oceana*,
13. Juli 1932

Oceana – Kohlenübernahme Port Said

Oceana – bei Tenedos aufgelaufen

New York

Vierter Offizier auf der *New York*

Uckermark

Die Friedensjahre auf den U-Booten der Flotte

1. U-Flottille »Weddigen« – »U 18«/»U 12«

Mit meiner Beförderung zum Leutnant zur See erlebte ich auch die Freude, nunmehr in der Rangliste der Crew an vierter Stelle zu stehen, so daß all die Reibereien, die ich mit meinem Kompaniechef während der Ausbildung gehabt hatte, vergessen waren.

Von Erfurt ging es über Hamburg nach Flensburg-Mürwik, wo nochmals für uns junge U-Bootsoffiziere ein 10tägiger Kursus speziell über das U-Boottorpedoschießen abgehalten wurde.

Am 19. Januar 1936 war es dann soweit, daß ich mich bei meinem Kommandanten auf *U 18* zum Dienst als Erster Wachoffizier melden konnte. Zur 1. Unterseebootflottille »Weddigen« mit Standort in Kiel gehörten damals die U-Boote *U 13* bis *U 18*. Diese sechs Boote bildeten eine Halbflottille, zu der später noch die U-Boote *U 19* bis *U 24* hinzukamen. Der erste Flottillenchef dieser U-Boote war Kapitän zur See Karl Dönitz, unser Flottilleningenieur Korvettenkapitän Ing. Thedsen. Mein Kommandant war Kapitänleutnant Pauckstadt, der Leitende Ingenieur Oberleutnant Ing. Bastian.

Nur wer den militärischen Dienstbetrieb kennt, kann sich vorstellen, mit welcher Freude und welchem Hochgefühl man eine solche Stelle antrat. Der Kommandant, nur einige Jahre älter als man selbst, die Besatzung, alles freiwillig dienende junge Menschen, die Selbständigkeit im Kommando, die übertragene Verantwortung und das Zusammengehörigkeitsgefühl gaben einem nach dieser langen Schulung eine innere Befriedigung, die sich einfach nicht in Worte fassen läßt. Mit meinem Kommandanten hatte ich von Anfang an ein sehr gutes Verhältnis. Er war als Schüler in Köslin auf der Staatlichen Bildungsanstalt gewesen, auf der ich vorher als Korpskadett erzogen worden war. Außerdem schätzte er meine Erfahrung in seemännischen Fragen, die ich aus den zehn Jahren Handelsschifffahrt mitbrachte. So kann ich sagen, daß mir der Dienst auf *U 18* viel Freude gemacht hat.

Zunächst ging ich auf Zimmersuche in Kiel, denn meine Kammer auf dem U-Bootbegleitschiff *Saar* war nicht groß, und es hatte sich doch allerhand Gepäck angesammelt. Auf dem U-Boot selbst konnte man nur das Nötigste unterbringen. Ich fand in der Adolfstraße 81 bei Wiedemann ein Zimmer, wie ich es mir vorgestellt hatte. Doch kostete es damals mit Heizung, Bad und Licht immerhin 45 Mark. Ich genoß aber den Vorteil, daß ich nach Dienstschluß, vor allen Dingen auch während der Wochenenden, sofern ich nicht Anwesenheitswache hatte, ein wenig ausspannen konnte und dabei gleichzeitig meine Habe um mich hatte.

Der Dienst begann mit kurzen Übungsfahrten und Erprobungen, so daß wir den ganzen Januar und Februar mehr oder weniger in Kiel lagen. Die erste längere Fahrt begann am 2. März, um in der Lübecker Bucht Torpedoschießübungen durchzuführen. Jedoch plötzlich kam ein Funkspruch, die Übungen abzubrechen und in Kiel einzulaufen. Dort konnten wir gar nicht lange überlegen, mußten eine kriegsmäßige Ausrüstung – also scharfe Torpedos, Proviant und alles dazugehörige – übernehmen, machten fieberhaft seeklar und liefen bereits am 7. März um 15 Uhr nach der Nordsee aus. Mittags hörten wir in einer Rede von Hitler im Reichstag, daß deutsche Truppen die entmilitarisierte Zone in Westdeutschland besetzt hätten. Die U-Flottille »Weddigen« bildete am Westrand der Deutschen Bucht einen Vorpostenstreifen zum Schutz vor eventuellen Feindangriffen.

Es blieb aber alles ruhig, so daß wir noch einige Übungen machten und dann, am 13. März, Bremen zu einem Freundschaftsbesuch anliefen. Wir wurden von der Bevölkerung sehr herzlich begrüßt, es gab Tanzfeste, verschiedene Einladungen und Empfänge, die uns allen lange in Erinnerung blieben.

In diese Zeit fiel auch der 10. März, mein 30. Geburtstag, den ich auf *U 18*, mitten in der Nordsee, verlebte. Ich wurde von der Besatzung am Morgen mit dem Lied »Schier 30 Jahre bist du alt« geweckt und mit einer frischgebackenen Torte beglückt, die mir unser Koch zusammengebastelt hatte.

Der Sommer 1936 war mit vielen Übungen ausgefüllt, die sich vornehmlich in der Ostsee abspielten. So erlangten wir bald eine gute Gefechtsbereitschaft, denn inzwischen waren auch die Boote der 2. Halbflottille zu uns gestoßen, so daß wir über Mangel an Fahr-Schießübungen und Fahrten mit taktischer Ausbildung nicht zu klagen hatten. Unser Flottillenchef Dönitz nahm uns hart heran, doch machte es uns Freude, zu sehen, wie die angesetzten Übungen langsam aber sicher zu dem Ziel führten, das Boot in allen Gefechtslagen voll in der Hand zu haben.

Die schöne Sommerzeit erleichterte manches, und wenn es doch einmal sehr stürmte, so konnten wir uns mit den U-Booten zur Mittagszeit immer abmelden, legten uns auf Grund, aßen in Ruhe und erschienen dann mit Übungsbeginn wieder an der Oberfläche, wo uns das stürmische Wetter wiederhatte.

So war der Herbst herangekommen. Im November des Jahres war gefechtsmäßiges Schießen auf einen gesicherten Geleitzug, der durch unser Begleitschiff *Saar* und einige Handelsschiffe dargestellt wurde, angesetzt. Bei diesen Tagangriffen mußte das Boot die sichernden Zerstörer unterlaufen, ehe es zum Torpedoschuß ansetzen konnte.

Es war Freitag der 20. November 1936. Wir steuerten unter Wasser auf Sehrohrtiefe. Die Besatzung stand auf Gefechtsstation. Mein Platz war bei der Funkstation in der Nähe der Zentrale. Nach Umgehung des ersten sichernden Zerstörers – der nachfolgende war noch weit ab – konzentrierte sich der Kommandant auf das Zielschiff. Nach dem Torpedoschuß nahm er sofort einen Rundblick und sah den zweiten Zerstörer in bedrohlicher Nähe direkt auf uns zukommen. »Maschine voll voraus, schnell auf 20 Meter gehen, Sehrohr ein!« schallten die Kommandos durch's Boot. Doch es war zu spät. Eine kurze Erschütterung. Der Bug des Zerstörers traf hinter dem Turm den Druckkörper des Bootes. »Wassereinbruch im Maschinenraum!« kam die Meldung. Darauf das Kommando: »Anlegen der Tauchretter!« Beim Umlegen des Tauchretters sah ich einen Wasserberg vom Maschinenraum her auf mich zurollen. Das Licht ging aus. Ich drückte mich fest in eine Ecke, dann brauste der Wasserschwall über mich hinweg. Völlige Dunkelheit umgab mich. Eine lautlose Stille folgte. Das Boot war gesunken. Wir lagen in der Lübecker Bucht in 24 Meter Wassertiefe auf Grund.

Zunächst versuchte ich mich daran zu erinnern, wo ich mich eigentlich im Boot befand, hatte damit aber Schwierigkeiten. Obwohl die U-Booträume nicht hoch sind, war ich doch durch meinen Tauchretter, der gleichzeitig wie eine Schwimmweste wirkte, nach oben getrieben und hing nun mit dem Rücken unter der Decke. Ventile und Rohrleitungen, die ich normalerweise nur mit hocherhobener Hand erreichte, befanden sich jetzt direkt neben mir in Schulter- und Armhöhe, was mir zunächst unverständlich war. So langsam fingen aber die Gedanken wieder an zu arbeiten, ich machte mir klar, daß ich aufgetrieben war und unter der Decke hing. Ich versuchte, mich nach unten zu stemmen und fand dabei den Schaft des Funkpeilers. Jetzt wußte ich, wo ich mich befand, ich konnte mich abdrücken und erreichte dann auch mit den Füßen den Fußboden. Nun marschierte ich auf den Turm los, denn über diesen Weg mußte das Aussteigen aus dem Boot erfolgen. Dort fand ich aber jemand vor, der wohl die Leiter benutzen wollte, und um nicht in irgendwelche Schwierigkeiten zu kommen, ging ich wieder einen Schritt zurück und wartete einige Zeit ab, dann nahm ich erneut einen Anlauf, erreichte auch die Treppe, die von der Zentrale nach oben führte und stieg langsam hinauf. Im Turm brannte eine wasserdichte Notbeleuchtung, in deren dunkelgrün schimmerndem Licht die Umrisse erkennbar waren. Der Kommandant und einige Besatzungsmitglieder waren schon ausgestiegen, denn das Turmluk war offen. Beim weiteren Aufsteigen erfaßte mich der Auftrieb, ich legte die Hände um die Schultern und muß wie eine Hexe aus dem Schornstein nach oben gefahren sein. Erstaunlich war für mich die Wahrnehmung, daß die durch den Überdruck im Brustkorb zusammengepreßte Luft sich nun ausdehnte, so daß ich während des Aufschwimmens laufend ausatmen mußte.

Wieder an die Oberfläche gelangt, sah ich in der Nähe Rettungsboote bereitliegen, die vom Zielschiff *Saar* sofort nach dem Unfall ausgesetzt worden waren, um uns aufzunehmen. In Kürze war ich auf dem Begleitschiff an Bord, wurde in der Druckkammer, die sich auf diesen U-Bootbegleitschiffen befindet, unter Überdruck gesetzt, der dann langsam auf den normalen atmosphärischen Luftdruck abgesenkt wurde. Schließlich beförderte man mich in eine Koje.

Im ganzen verlief alles exerziermäßig, wie wir es in den Tauchtöpfen gelernt hatten, so daß ich nach kurzer Zeit völlig erholt war. Irgendwelche Schäden habe ich mir dabei nicht geholt und glaube nicht, daß etwas davon zurückgeblieben ist. Leider hatten wir von der 20 Mann starken Besatzung den Tod von acht Kameraden zu beklagen, darunter den Leitenden Ingenieur, die wohl ihre Tauchretter nicht so schnell umlegen konnten oder zu fassen bekamen.

Der Leser wird sich fragen, warum in einem solchen U-Boot keine wasserdichten Schotten gewesen sind, so daß man die beschädigten Räume absperren konnte. Hierzu muß ich bemerken, daß die 250-t-Boote sehr klein waren. Aus bautechnischen Gründen gab es nur wasserdichte Türen, aber keine Druckschotten. Solche Einrichtungen waren erst bei den 500-t- und späteren 900-t-Booten möglich. So lief nach der Ramming das ganze Boot voll Wasser.

Die Nachricht von dem Unglück erfuhren die Eltern recht eigenartig. Mutter schrieb mir im Brief vom 22. November 1936 wie folgt:

»Gestern, am Sonnabendnachmittag, trug ich Blumen nach Hochheim auf den Friedhof. Vati erwartete mich im ›Herrenkrug‹ (dies ist ein Cafélokal am Eingang von Hochheim)*, wo ich mich bei einer Tasse heißen Kaffees durchwärmen sollte. Da fiel dem Vater die Morgenzeitung in die Hand, worin er als kurze Notiz auf der ersten Seite vom Untergang des »U 18« las. Die Nachricht lautete darin, daß 12 Mann gerettet sind, und dann folgten die Namen Deiner acht Kameraden, die vermißt wurden. Die Nachricht erschütterte uns sehr. Wir gingen still nach Hause, erhofften wir doch irgendeine Nachricht von Dir. Um 18.30 Uhr kam ein Postbote und sagte: ›Sie werden aus Stettin verlangt und sollen sich an den nächsten Fernsprecher begeben.‹ Vati ging hinüber ins Pfarrhaus, wo Heini am Telefon war und uns mitteilte, daß er die Nachricht schon am Morgen erhalten hätte. Er hätte sich mit Kiel in Verbindung gesetzt und dort erfahren, daß die Geretteten – darunter auch Du – sich auf dem Begleitschiff befinden. Ich atmete auf und war Heini sehr dankbar, daß er uns diese Nachricht übermitteln konnte.*
Abends um 8 Uhr brachte der Rundfunk die Nachricht der Traueranordnung durch Admiral Raeder.«

Wir hatten nun alle Hände voll zu tun, die nötigen Arbeiten zu erledigen. Der Kommandant und ich sowie einige Unteroffiziere blieben in Neustadt, da von dort aus die Bergung des Bootes gestartet wurde. Die restlichen Leute gingen in Urlaub und danach zum Stützpunkt Kiel zurück, wo sie anderweitige Verwendung fanden. Zwei große Bergungsschiffe orteten die genaue Lage des Bootes, und es mögen wohl zehn bis zwölf Tage darüber hingegangen sein, bis sie das Boot auf den nahegelegenen Strand absetzen konnten.

Ein Kriegsgerichtsverfahren untersuchte die ganzen Umstände des Unterganges, konnte aber kein Versagen irgend einer Stelle feststellen, so daß alle Beteiligten freigesprochen wurden. Hier lag eben ein sehr unglückliches Zusammentreffen von Umständen vor, wie es sich immer bei unter kriegsmäßigen Voraussetzungen durchgeführten Übungen ereignen kann. Ich selbst hatte als Erster Wachoffizier vollauf mit der Durchführung aller Arbeiten zu tun, und kehrte anschließend zum Stützpunkt Kiel zurück.

Nach dem Untergang von *U 18* muß der Stapellauf eines der neuen Schlachtschiffe – ich glaube es war die *Gneisenau* – in Kiel gewesen sein. Plötzlich wurde die Restbesatzung von *U 18* zur Werft befohlen. Hitler, der erwartet wurde, wünschte uns zu sehen. Er trat kurz vor uns hin, drückte jedem die Hand, schaute uns, ohne ein Wort zu sprechen, in die Augen, grüßte noch einmal nach dem Abschreiten der Front und ging davon. In Erinnerung blieben mir nur seine, ich möchte sagen, stahlblauen Augen. Dies war meine einzige Begegnung mit dem »Führer«.

Aber das Jahr 1936 bestand nicht nur aus Dienst, sondern brachte auch im privaten Bereich vielerlei Bemerkenswertes. Im Mai kaufte sich Heinrich ein Auto, und zwar einen DKW. Dieser Wagentyp und der »Adler Trumpf Junior« waren die von Studenten, jungen Offizieren und überhaupt allen jungen Menschen, die sich irgendwie ein bißchen Geld erspart hatten oder von den Eltern vielleicht einen Zuschuß bekamen, meist gekauften Wagen.

Am 30. Mai 1936 wurde das Marine-Ehrenmal in Laboe anläßlich der Skagerrak-Feier eingeweiht, wo ich in einer Ehrenkompanie der Unterseebootwaffe mitwirkte.

Im August des Jahres fand in Berlin die Olympiade statt, die durch die Segelwettkämpfe Auswirkungen auf Kiel hatte. Ich selbst konnte in Berlin nicht zuschauen, doch bekam die Mutter durch Heinrich Karten vermittelt, der wohl zu dieser Zeit auch kurz in Berlin war. Die Mutter wohnte bei dem befreundeten Ehepaar Petri. Vater Petri war Direktor der Berliner Elektrizitätswerke und besaß in Schlachtensee eine schöne Villa mit großem Garten. Mutter war dort mit anderen Hausgästen, die Petris sich eingeladen hatten, und schwärmte später sehr von diesem Aufenthalt, der sie wieder einmal in die Nähe der großen Welt brachte.

Eine heitere Begebenheit vor ernstem Hintergrund schrieb mir Mutter in einem Brief vom September. Damals sorgte die Reichsregierung sehr für eine Belehrung der Bevölkerung über Verhalten im Katastrophenfall. Im Gegensatz zu heute, wo ich diese Zeilen niederschreibe, und weder an Luftschutzbunker noch an Gasalarm oder ähnliche Dinge gedacht wird, so daß überhaupt nicht bekannt ist, wie man sich bei solchen Umständen verhält, wurde damals das Wissen über diese Dinge durch Aufklärungsschriften in die Bevölkerung getragen und auch Fliegeralarm geübt. Mutter schrieb am 24. September 1936:

»Wir leben hier mit dauernder Unterbrechung durch Fliegeralarm, Aufsuchen des Luftschutzkellers usw. Seit Montag stehen wir im Fliegeralarm und abends Verdunkelung. Ich vermute, die holen uns heute Nacht aus den Betten, morgen am Freitag ist die Sache zu Ende und es kommt wieder Ruhe in die sehr aufgeregten Gemüter. Heute um elf Uhr wurde angesagt, man solle die Fenster mit schmalen Papierstreifen gegen Zersplitterung bei Bombenabwürfen bekleben. Das war ein lachhaftes und komisches Bild. Unser Visavis, Pastor Euler, klebte weiße Streifen im Untergeschoß

und Paul Wuttke (anscheinend ein Nachbar) *hatte seine Fenster schon verklebt. Wie Vati das eine Fenster zur Hälfte beklebt hatte, meinte er: ›Hast du keine Schlämmkreide?‹ Natürlich hatte ich welche, und nun wurde die langweilige Arbeit mit ein paar Pinselstrichen erledigt. Als sich die anderen noch abmühten, waren wir schon fertig. Vati sagte noch: ›Verrate das keinem Menschen, wie wir uns geholfen haben.‹*
Die Sirene heult wieder und der Ruf ertönt: ›Alles wieder in den Keller‹, also Schluß und viele liebe Grüße von deiner Mutti.«

In meinem Freundes- und Kameradenkreis gab es nun auch manche Hochzeit. Am 10. Mai heiratete mein Freund Fritz Dominik in Stralsund, und auch etliche meiner Kameraden waren unter den Ehekandidaten.

In der Wintersaison gab es in Kiel die üblichen Tanzvergnügungen, und darunter für uns ein Kostümfest. Ein bekannter Kieler Arzt, Dr. Lubinus, Rechtsanwalt Demme und noch ein vermögender Bürger, die alle Töchter hatten, mieteten für dieses Fest den Wintergarten in Kiel und luden etwa 150 Personen ein.

Mir ist dieses Fest als eines der nettesten, die ich erlebt habe, in Erinnerung geblieben, vielleicht auch darum, weil ich ein amüsantes Erlebnis hatte. Ich hatte mein Auge auf eine blonde junge Dame gerichtet, die auch ihrerseits mir gegenüber nicht ablehnend war, und wir schlossen uns nach einigen Tänzen etwas enger zusammen. In den frühen Morgenstunden, als wir ein wenig tanzmüde waren, lud ich sie an die Bar ein, um dort in gemütlicher Atmosphäre etwas zu plaudern. Nach einiger Zeit erschien ein junger Mann an meiner Seite und mischte sich dauernd ins Gespräch ein, so daß ich dann etwas energisch wurde und ihm bedeutete, daß er hier erheblich störe und zusehen sollte, daß er weiterkäme. Darauf sagte er zu mir: »Die Dame, die sie da haben, gefällt ihnen wohl sehr gut.« Worauf ich ihm erwiderte, das ginge ihn nicht viel an, doch könne er allein sehen, daß wir beide uns sehr gut vertrügen. Darauf sagte er zu mir: »Die Frau, die sie lieben, das ist aber meine Frau.« Nun war die Verwirrung auf meiner Seite, und die Situation wurde mit Humor überbrückt. Es stellte sich heraus, daß er Dozent an der Universität und beide jung verheiratet waren. Sie hatten bei dem Kostümfest verabredet, ihre Eheringe nicht zu tragen, um sich so recht ungeniert amüsieren zu können. Ich machte am nächsten Sonntag bei dem jungen Ehepaar einen Besuch. Später war ich dann noch längere Zeit mit ihnen freundschaftlich verbunden und bin in ihrem Hause oft als Gast gewesen.

Trotz des anstrengenden Dienstes frönte ich meiner Lesewut. Jetzt hatte ich mehr Zeit als in der Handelsschiffahrt. Ich war ständiger Besucher der Buchhandlung Mühlau. Meine Betreuerin dort kannte bald meine Interessengebiete, legte entsprechende Bücher für mich zur Seite und holte alles herbei, wenn ich dann auftauchte. Zurückgezogen in eine Ecke der geräumigen Buchhandlung verbrachte ich oft Stunden mit Lesen, auch wanderte manches Buch dann mit mir nach Hause. Damals war ich gut über alle mich interessierenden Werke und Neuerscheinungen der Literatur unterrichtet. Bei Ausflügen in die Umgebung tauschte ich dann mit meiner »Bücherfreundin« Gedanken aus. Auch besuchten wir hier und da Tanzfestlichkeiten zusammen.

Zur Jahreswende 1936/37 war ich zu Besuch bei den Eltern in Erfurt. Gleich darauf ging es aber wieder nach Kiel, wo unsere Bootsbesatzung inzwischen vervollständigt worden war. Am 1. Februar 1937 übernahmen wir dann das Unterseeboot *U 12*.

Durch meinen Kommandanten Hans Pauckstadt hatte ich in Kiel Familie Weisshun kennengelernt. Die Familie hatte durch Herrn Weisshun, als früheren kaiserlichen Seeoffizier, viel Kontakte mit der Marine. Frau Weisshun, die ich später immer Mutti Weisshun nannte, war sehr anregend und geistreich.

Herr Weisshun war nach dem Ersten Weltkrieg aus der Marine ausgeschieden und jetzt in einer Kieler Farbenfirma Geschäftsführer. In der schönen Villa, Bismarckallee 33, hatte Frau Weisshun zwei Mädchen zur Hilfe. Nachmittags zum Tee oder abends empfing sie gern Besuch, und man traf im Hause Weisshun immer interessante Leute. Daneben besorgte sie uns jungen Offizieren oft Konzert- und Theaterkarten. Wir hatten bei dem sehr straffen Dienstbetrieb und der häufigen Abwesenheit hierzu kaum Zeit, auch waren im allgemeinen die Vorstellungen schon vorher ausverkauft. Sehr befreundet war sie mit dem Pianisten Seemann, der später berühmt wurde sowie dem damaligen Ersten Geiger im Orchester, Lothar Ritterhoff, die ich verschiedentlich dort abends traf.

So konnte ich mich während der Jahre 1936/37 über Mangel an vielseitigen Anregungen und nettem gesellschaftlichen Verkehr nicht beklagen, der vor allen Dingen vom Hause Weisshun ausging. Ostern 1937 erhielt ich von Weisshuns die Einladung, mit ihnen und den vier Kindern die Feiertage in St. Peter Ording zu verbringen. Desgleichen war ich im Oktober des Jahres dort mit der Familie zusammen, wo wir alle frohe Stunden verlebten.

Im Sommer bekam ich Besuch von den Eltern, die einige Tage in Kiel verbrachten, um einmal etwas von meinem U-Bootleben zu sehen. Natürlich lernten sie auch Weisshun's kennen, über die ich in meinen Briefen viel geschrieben hatte.

Im Bekanntenkreis gab es inzwischen wieder Verlobungen. So notierte ich im Januar 1937 die Verlobung von Günter Prien und im Mai die meiner Freundin Anneli mit einem meiner Crewkameraden.

Anfang August fanden die Bayreuther Festspiele statt, zu denen Heinrich und ich der Mutter Karten geschenkt hatten. Mutter war Zeit ihres Lebens der Musik stark verbunden, so daß sie auch, soweit es ging, am Konzertleben in Deutschland teilnahm.

Mitte bis Ende August des Jahres verbrachte ich einige Urlaubstage in Baden-Baden. Gerade von einer Übungsfahrt aus der Ostsee zurückgekommen, konnte ich meinen Urlaub antreten. Ich wußte noch nicht, wo ich hinreisen sollte, schaute aber zum

Himmel, der etwas düster und bewölkt war, so daß ich mich entschloß, in den Süden zu fahren. Kurzerhand ging ich in ein Reisebüro, unterrichtete mich über Zugverbindungen zum Bodensee oder nach Baden-Baden und entschied mich dann für letzteres. Dort angekommen, fand ich nach kurzer Suche eine nette Pension, in deren schönem Garten ich mich so recht entspannen konnte. Bald entdeckte ich, daß in der Nähe ein Golfplatz lag. Ich begann mich für das Spiel zu interessieren und ging oft dorthin, um den Spielern zuzusehen. Im Kurhaus lernte ich bei einem Tanzabend eine Professorenfamilie kennen, die mit ihren beiden Töchtern zum Tanzabend gekommen war. Wir freundeten uns ein wenig an, so daß wir einige Ausflüge zusammen machten. Ganz besonders gefiel mit die jüngere der beiden Töchter, von der mir die Mutter aber zu verstehen gab, daß sie bereits Bindungen nach England hätte. Die ältere interessierte mich nicht so sehr, doch fand ich viel Freude im Umgang mit diesen gebildeten und anregenden Menschen.

Am 1. Oktober 1937 wurde ich zum Oberleutnant zur See befördert mit gleichzeitiger Kommandierung als Erster Wachoffizier auf *U 33*. Bruder Heinrich wurde zur Kriegsakademie nach Berlin versetzt und nach abgeschlossener Ausbildung in den Generalstab berufen.

2. U-Flottille »Saltzwedel« – »U 33«

Ein Kommandowechsel ist für einen jungen Menschen immer etwas Schönes, bringt er doch Abwechslung mit sich: Neue Vorgesetzte, neue Kameraden, neue Aufgaben.

U 33 war eines der sogenannten 500-t-Boote, eine Tonnage, die mit der Zeit auf 626 t erhöht wurde. Das Boot gehörte zu der Gruppe der Typ-VII-Boote, hatte eine Besatzung von 38 Mann und eine Fahrtstrecke von 6200 Seemeilen. Die Höchstgeschwindigkeit über Wasser betrug 16 Knoten, unter Wasser acht Knoten. Das Boot hatte vorn vier Torpedorohre und achtern eines. Einschließlich der Ersatztorpedos konnten elf Torpedos mitgenommen werden. An Deck befanden sich eine 8,8-cm-Kanone und ein Flugabwehrgeschütz von zwei Zentimetern.

Dieses Boot war natürlich viel geräumiger als mein kleiner früherer sogenannter »Einbaum« und hatte auch druckfeste Schotten. Es war ein sehr gut durchkonstruierter Typ, der dann später auch in großer Zahl gebaut wurde und im Zweiten Weltkrieg das eigentliche Angriffsboot war. Die Tauchzeit eines solchen Bootes betrug etwa 43 Sekunden.

Der Kommandant des Bootes war Kapitänleutnant Junker. Als Erster Wachoffizier teilte ich mir die Wache in See mit dem Zweiten Wachoffizier Leutnant zur See v. Bergen-Windels und dem Obersteuermann. Der Leitende Ingenieur war Kapitänleutnant Ing. Scheel, der bereits im Ersten Weltkrieg als Obermaschinist U-Boot gefahren war. Später erhielt Scheel ein anderes Kommando, und Oberleutnant Ing. Schilling trat an seine Stelle.

Die 2. Unterseebootflottille hatte als Standort Wilhelmshaven. Hier waren mächtige Arbeiten im Gange, das ganze Hafengelände zu erweitern. Neue Schleusen wurden gebaut, das Marinearsenal erweitert, und im Zuge all dieser Maßnahmen war auch ein Extrahafenbecken für die 2. Unterseebootflottille angelegt worden.

Zwischen dem Kai und unseren Wohngebäuden waren kleine Rasenflächen, an deren Rand sich ein Sportplatz befand. Insgesamt waren sechs Wohngebäude vorhanden, die je Haus mit zwei Bootsbesatzungen belegt werden konnten. Die Offizierswohnungen lagen im Kopf des Hauses, der dem Wasser und den Booten zugewandt war, danach kam ein freier Raum, der die Eingangshalle bildete und anschließend folgten die Unteroffiziers- und Mannschaftsräume. So war die ganze Besatzung immer eng beieinander, und jeder hatte seinen festen Platz im Heimatstützpunkt. Im ganzen war alles viel großzügiger und netter, als wir es in Kiel gehabt hatten, so daß wir uns hier recht wohlfühlen konnten.

Als Erster Wachoffizier hatte ich auch die geheimen Kommandosachen zur Verwaltung unter mir, in feste rote Deckel eingebundene Vorschriften. Die rote Farbe signalisierte, daß es sich um geheime Schriften handelte. Da gab es ewig Änderungen der Erlasse oder neue Vorschriften, so daß so ein armer Erster Wachoffizier in der Freizeit damit beschäftigt war, die roten Akten mit allen Verbesserungen und Berichtigungen auf dem aktuellen Stand zu halten.

Nachdem ich mich fast einen Monat mit diesem Papierkram herumgeschlagen hatte, gedachte ich die Sache zu ändern. Ich sammelte alles, was Papierarbeit war, während der Woche in einer Mappe, schloß mich am Sonnabendmorgen bei Beginn des Dienstes in meiner Kammer ein und arbeitete in aller Ruhe während der Vormittagsstunden das vorhandene Material auf. Da gab es dann ab und zu Unruhe draußen auf dem Flur, indem ich hörte: Wo ist denn Schulz? Ist der Erste Wachoffizier gesehen worden? Wer weiß, wo der Erste Wachoffizier steckt? Mitunter war auch die Stimme des Kommandanten zu hören, der wie die Besatzungsmitglieder von mir Auskunft haben wollte.

Obwohl öfter an meine Tür geklopft wurde, ließ ich mich gar nicht stören, arbeitete mein Pensum auf, und wenn ich dann so um 11 Uhr oder 11.30 Uhr fertig war, schloß ich vorsichtig meine Tür auf, lauschte, ob im Vorraum Ruhe war, und begab mich ohne Eile und Schuldbewußtsein zu meinem Boot.

Da begegnete ich dann dem Kommandanten, dem Bootsmann oder dem Obersteuermann, und einmal nahm mich der Kommandant an und fragte, wo ich denn die ganze Zeit gesteckt hätte, wo ich mich aufhielte, und was ich gemacht hätte. Darauf erwiderte ich, ich wäre in der Werft gewesen, um mich nach einigen technischen Dingen, die das Boot betrafen, zu erkundigen. Darauf konnte er natürlich nicht viel sagen.

Ich wurde jedoch oft von den anderen Ersten Wachoffizieren gefragt, wie ich es möglich mache, schon immer Sonnabendmittag an Land zu gehen, während sie noch tüchtig mit Arbeit eingedeckt waren. Man konnte mir aber nichts Schlechtes nachsagen, der Betrieb auf meinem Boot lief tadellos und alles kam immer zur rechten Zeit in Ordnung.

Bis auf wenige Male, wo ich vielleicht doch hätte persönlich anwesend sein müssen, ging immer alles glatt und es war mir für mein Leben eine Lehre, daß die meisten Leute im allgemeinen zu bequem sind, sich eigene Gedanken zu machen und von sich aus die Dinge voranzutreiben, wenn sie nur einen Vorgesetzten erreichen können, auf den man die Denkarbeit abwälzen kann.

Gleich bei Beginn meines Kommandos in Wilhelmshaven wurde ich mit einer Sonderaufgabe betreut. Anfang Oktober fand ein Treffen ehemaliger Torpedoleute der alten kaiserlichen Marine statt, zu dem viele Offiziere a.D. angereist kamen. Die Betreuung dieser Gäste wurde in meine Hand gelegt. Dafür hatte ich in dem bekannten Hotel »Loheyde« mein Quartier aufgeschlagen und mit Hilfe von zwei Leutnanten und neun Mann konnte ich den dort wohnenden Ehrengästen und ihren Damen mit Rat und Tat zur Seite stehen. Hierzu waren mir auch fünf PKW an die Hand gegeben, die je nach Bedarf einzusetzen waren, und ich konnte weitere über die Kraftfahrbereitschaft in Wilhelmshaven anfordern. Ich kam mit bekannten Offizieren aus dem Ersten Weltkrieg in Berührung und hatte vor allen Dingen meinen Spaß daran, alles reibungslos abzuwickeln. Da war hier ein behinderter Offizier; dort hatte sich eine Dame mit ihrem Mann verabredet und konnte ihn nicht finden. Ein anderes Mal kamen Anfragen von Mannschaften und Unteroffizieren, wo der und der Kommandant, bei dem sie gedient hatten, untergebracht sei usw. Von allen Seiten erhielt ich viel Lob, wie tadellos alles geklappt hätte, was mich mit Stolz erfüllte und mein Selbstbewußtsein sehr hob. Aus dieser Zeit stammt auch ein kleines Buch, das Admiral von Trotha, der während der Skagerrak-Schlacht Stabschef bei Admiral Scheer war, geschrieben hatte und mir zum Abschied mit einer Widmung übergab. Es muß sich unter meinen Marinebüchern befinden.

In den Novembertagen des Jahres 1937 verabredete ich mich mit Bruder Heinrich zum Skagerrak-Ball in Berlin, wo wir tüchtig das Tanzbein schwangen. Berlin war damals eine wirkliche Reichshauptstadt, wo sich im Winter alles, was Rang und Namen hatte, einschließlich der Agrarier, die in dieser Zeit immer am Leben der großen Welt teilnehmen wollten, einfand.

Ich war gerade in das Leben von *U 33* hineingewachsen und hatte mich über meine Arbeit genügend informiert, als plötzlich der Befehl kam, nach Spanien auszulaufen.

Damals wütete in Spanien der Bürgerkrieg. Da Deutsche und deutsches Eigentum in Gefahr waren, hatte die Reichsregierung das Panzerschiff *Deutschland* dorthin beordert, um unseren Landsleuten nötigenfalls zu Hilfe zu kommen. So lag die *Deutschland* im Mittelmeerraum, während an der nordspanischen Küste bei Bilbao Kreuzer eingesetzt wurden. Als, angeblich aus Verwechslung, das Panzerschiff Deutschland von rotspanischer Seite mit Bomben beworfen wurde (wobei es leider einige Tote gab), ordnete die Reichsregierung an, daß zwei Unterseeboote nach Spanien auslaufen sollten, um dort gegebenenfalls eingreifen zu können.

Innerhalb von zwei Tagen waren wir gefechtsklar und auslaufbereit. Unser Flottillenchef Korvettenkapitän Ibbeken mit anderen Offizieren und den Frauen und Kindern unserer Flottillenangehörigen gaben uns in der Wilhelmshavener Schleuse den Abschied, und los ging es nach dem sonnigen Süden.

Das war wieder ein schönes Gefühl, allein auf sich selbst gestellt, ohne Flottillenchef und Marinestäbe einer Aufgabe entgegen zu gehen, in der eigene Entscheidung und eigene Verantwortung gefordert wurden. Das Lebensalter unserer Besatzung lag zwischen 20 und 30 Jahren, so daß wir ein recht unternehmungslustiger und froher Verein waren. Langsam ließ das trübe Novemberwetter von Nordsee und Englischem Kanal nach, doch erwartete uns in der Biscaya ein schwerer Sturm, der uns noch einmal durchbeutelte. Dann aber, ab Passieren von Cap Finisterre an der Nordwestecke Spaniens, klarte der Himmel auf, und wir liefen bei schönem Herbstwetter in Cadiz ein.

Die Westküste Spaniens war in der Hand der nationalspanischen Truppen unter General Franco, während der Osten mit Barcelona und anderen Häfen von den Roten Garden kontrolliert wurde. Wir wurden in Cadiz daher sehr freundlich behandelt, bekamen einen festen Liegeplatz im Hafenbecken zugewiesen, wohin sich dann noch als zweites Unterseeboot *U 36* gesellte.

Der Bordbetrieb verlief recht langweilig, denn wir waren auf Exerzieren an den Geschützen und sonstige theoretische Ausbildung angewiesen. Das frontklar ausgerüstete Boot mit Reservetorpedos und einer Menge Proviant ließ uns an Bord wenig Bewegungsfreiheit. Da zu hoffen war, daß wir kaum zum Einsatz kamen, war klar, daß wir die Zeit hier in Spanien unter diesen Umständen verbringen mußten. Wir hatten aber Spielraum, in andere Häfen zu gehen, so daß wir Abstecher nach Huelva, Bonanza und Sevilla machten. Außerdem mußten wir jede Woche nach Tanger an der mauretanischen Küste am Eingang des Mittelmeeres gehen, da dieser Platz von allen Postdampfern angelaufen wurde, die uns die dienstliche und private Post brachten. Wir hielten unser Boot immer gut seeklar und tauchfähig. Dazu liefen wir jeden Morgen nach dem Frühstück aus dem Hafenbecken bis auf tiefes Wasser, machten dort unseren Tauchversuch und anschließend einige Tauchübungen, um dann wieder an die Pier zurückzukehren. So wurden jeden Tag einmal alle notwendigen Ventile bewegt und die Besatzung in Tauchübungen geschult. Ich muß aber sagen, daß wir in Spanien sieben wundervolle Wochen verbrachten.

Nach einigen Tagen Cadiz, an denen der Kommandant bei Behörden und sonstigen Dienststellen seinen Besuch gemacht hatte, liefen wir nach dem etwas nördlicher am Guadalquivir gelegenen Sevilla aus. Ein vor uns in Spanien gewesenes U-Boot hatte uns berichtet, daß dort am Plaza Leones ein Tanzlokal sei, wo man nett aufgenommen würde. Wir mußten den Kommandanten etwas antreiben, die Unternehmung »Sevilla« zu starten, doch gab er schließlich nach, und so machten wir eines Tages dort am Kai fest. Es war bestimmt worden, daß immer die halbe Besatzung an Bord bleiben mußte. So wechselte ich mich mit dem Kommandanten ab, und der Leitende Ingenieur mit dem Zweiten Wachoffizier.

Die Besatzung eroberte sich im Sturm das erwähnte Tanzlokal, ganz besonders auch deshalb, weil wir zwei wirklich gute Akkordeonspieler unter unseren Leuten hatten, die sich mit deutschen Volksliedern, englischen Shanties und schnell erlernten spanischen Liedern mit der Kapelle abwechselten oder zusammenspielten und damit die Stimmung in dem Lokal so anfeuerten, daß die Wogen hoch gingen. Daneben schmetterten sie Tanzweisen, so daß alle zu ihrem Recht kamen. Unter den Tanzmädchen war Maria die Favoritin, die bereits unsere Vorgänger entzückt hatte.

Nach einigen Tagen suchte auch ich mit dem Leitenden Ingenieur das Lokal auf. Als wir in Uniform am Eingang erschienen, setzte die Kapelle sofort aus und intonierte das Lied »Wilde Gesellen vom Sturmwind umweht, Fürsten in Lumpen und Loden«. Darauf erhob sich das ganze Lokal, sang die drei Strophen mit uns zusammen, die wir noch am Eingang standen, bis zum Ende, worauf sich wieder alles setzte und wir freundschaftlich aufgenommen wurden. Wir waren verblüfft, mit diesem Lied empfangen zu werden. Ich hatte es früher unseren Leuten beigebracht, und nun hatten sie es an den vorhergehenden Abenden in diesem Lokal mit großem Erfolg gespielt. Die spanischen Gäste haben diesem Lied wohl eine besondere Bedeutung beigemessen, anders war der »Aufstand« nicht zu erklären. Sehr erstaunt waren wir über die Zurückhaltung der spanischen Mädchen. Sie waren noch sehr jung. Kurz vor zwölf Uhr nachts, vor Lokalschluß, kamen verschiedene ältere Weiblein in das Tanzlokal, um die Schließung abzuwarten. Es waren die Mütter der jungen Mädchen, die ihre Schützlinge abholten und nach Hause brachten.

Dieser Besuch in Sevilla brachte uns noch eine Überraschung. In der Stadt residierte der General Quepo de Llano, dem das ganze Territorium dort unterstand. Am ersten Tag unseres Aufenthaltes kam sein Adjutant zu uns an Bord und fragte, ob der General das U-Boot besichtigen könne. Wir brachten unser Boot so gut es ging auf Hochglanz und erwarteten den hohen Herrn. Er war ziemlich korpulent, stieg aber dann doch über das Turmluk ins Boot, beschaute in der Enge die verschiedenen Armaturen und Rohrleitungen, die Reservetorpedos und den vielen Proviant. Er fragte entsetzt, ob wir hier die ganzen acht Wochen leben sollten. Nachdem wir ihm das Boot erklärt hatten, baten wir ihn zu einem Imbiß. Bei der Ausrüstung des Bootes hatte ich für festliche Anlässe von unserem Schiffshändler zollfrei und somit billig einige Flaschen guten echten französischen Champagner an Bord genommen, den wir jetzt für die Bewirtung kalt gestellt hatten. In der Offiziersmesse war der Tisch schön gedeckt, eine Käseplatte aufgetragen und der Champagner bereit. Der General, noch sichtlich betroffen von der Enge, in der wir lebten, ließ sich dort gern nieder, und ich meine noch heute zu hören, wie er nach dem vorsichtig genommenen ersten Schluck mit der Zunge schnalzte und dann das ganze Glas zügig leerte. Dann griff er auch herzhaft beim Käse zu und trank noch einige Gläser. Mit großem Dank verabschiedete er sich von uns und tuschelte ein wenig mit seinem Adjutanten. Darauf verschwanden beide.

Ich sagte gleich zum Kommandanten, daß sicherlich etwas als Dank für die Einladung erfolgen würde, und das geschah auch prompt. Kurz vor dem Auslaufen aus Sevilla, das auf den Abend festgesetzt war, erschien der Adjutant erneut und sagte uns, daß dem großen am Strand gelegenen Hotel »Christina« in Cadiz Anweisung gegeben wäre, einen ganzen Flügel für die U-Bootbesatzung zu räumen, damit wir dort anständig wohnen könnten. Wir bedankten uns überwältigt, aber auf der Rückfahrt beratschlagten wir, ob wir auf ein solches Angebot eingehen könnten. Wir waren ja immerhin unter kriegsmäßigen Bedingungen dort hinausgeschickt worden und sollten jeden Augenblick einsatzbereit sein. Hier bedurfte es meiner ganzen Überredungskunst, bis der Kommandant diese herrliche Einladung annahm. Wir verfuhren nun so, daß eben die halbe Besatzung an Bord blieb und die andere Hälfte im »Christina« wohnte. Jetzt waren wir aber keine »Fürsten in Lumpen und Loden« mehr, sondern wirkliche Gentlemen.

Eine andere Stadt, die wir gerne anliefen, war Huelva. Der dortige deutsche Konsul Klaus und seine Familie nahmen uns herzlich auf. In seinem Hause erlebte ich die Taufzeremonie der evangelischen Gemeinde. Familie Klaus hatte drei kleine Kinder, die noch nicht getauft waren. Zu dieser Zeit reiste ein evangelischer Pfarrer durch das Land, um die dortigen Gemeinden zu betreuen, und kam auch nach Huelva. So wurde im Hause Klaus für protestantische Kinder zwischen ein und sieben Jahren die Taufe vorbereitet, zu der bisher keine Gelegenheit gewesen war. Die Orgel wurde durch ein Grammophon ersetzt, für das der Pastor Platten mitgebracht hatte. Im übrigen gab es auch einige Kirchenliederbücher, so daß die kleine Gemeinde einschließlich uns geladener Gäste kräftig mitsang. Alle, die mit dieser Familie Kontakt bekommen haben, werden den schönen Tag und auch die anderen, die wir dort verbracht haben, nie vergessen.

In Cadiz kam eines Tages der deutsche Marineattaché, Kapitän zur See Kurt Meyer-Döhner, an Bord, um sich nach etwaigen Wünschen unsererseits zu erkundigen. Er war mit der Familie Weisshun sehr befreundet, und Mutti Weisshun hatte ihm erzählt, daß ich auf *U 33* an Bord sei. So verhandelte er mit unserem Kommandanten, ob er mich nicht für zwei bis drei Tage beurlauben könne, was ein großes Theater wurde. Der Attaché setzte sich aber kraft seines höheren Dienstgrades durch, und so konnte ich mit ihm eine Tour durch Spanien machen. Er hatte bei den Engländern in Gibraltar zu tun, und wir fuhren zunächst nach Algeciras. Dort quartierte er mich in einem großen Hotel ein, um dann seinen Pflichten nachzugehen. Damals waren die großen Hotels im Westen und Süden Spaniens von geflüchteten, gut situierten Spaniern belegt. Wenn auch die Stimmung etwas gedämpft war, so waren doch Bar,

Speiseräume, Restaurants und andere Aufenthaltsräume gut besucht und das Leben ging seinen üblichen Gang. Hier verkehrten auch viele Offiziere der damals in Spanien kämpfenden neuen deutschen Luftwaffe, die unter dem Namen »Legion Condor« Dienst tat. Mit der Jugend dieser spanischen Familien hatte sich ein außerordentlich vertrautes Verhältnis entwickelt. Die jungen, reizenden spanischen Damen sorgten für Ablenkung und Zerstreuung von uns Kriegern. Als ich anderentags von Meyer-Döhner abgeholt wurde, schied ich nur ungern aus dieser Atmosphäre von Frohsinn und Unbekümmertheit.

Ich bekam dann noch einiges vom Innern Spaniens zu sehen, wir durchstreiften auch kurz Cordoba, doch mußte ich dann wieder zu meinem U-Boot nach Cadiz zurück.

Besonders gerne machten wir unseren wöchentlichen Ausflug nach Tanger, um dort die Post abzuholen. Unser Flottillenchef versuchte, uns von Wilhelmshaven aus zu dirigieren und mit Aufträgen zu versehen. Er saß aber weit ab in Deutschland; seine Befehle lasen wir zwar sehr gründlich durch, legten sie den Umständen entsprechend aus und freuten uns unserer Freiheit.

Tanger war eine interessante Stadt, eine Drehscheibe für finanzielle und kommerzielle Aktionen und ein großer Handelsplatz. Ich sah dort mit Erstaunen viele Bürohäuser, die völlig leer standen. An den Türen, die offen waren, so daß man in die leeren Räume hineingehen konnte, befanden sich lauter Firmenschilder ausländischer Firmen. Mir wurde erklärt, daß Tanger gewisse Steuerfreiheiten und auch sonstige Vergünstigungen besitze, so daß viele Firmen hier ihren Hauptfirmensitz eingetragen hätten. Die Abwicklung der Geschäfte erfolge aber in Paris, Wien, Rom, New York, London oder sonstwo in der Welt.

Ein großer Anziehungspunkt für uns waren die arabischen Basare. Hier kauften wir für Freunde und Bekannte in der Heimat ein. Meine Kenntnisse aus früheren Jahren halfen mir und den mich begleitenden Bootsangehörigen, zu vertretbaren Preisen zu kaufen. Die Araber, die hier noch in kolonialer Abhängigkeit lebten, waren uns Deutschen besonders zugetan, weil wir keine Kolonien mehr hatten. Im übrigen waren sie große Verehrer von Hitler, der bei ihnen in hohem Ansehen stand. Das drückte sich beim Feilschen so aus, daß zum Schluß die markanten Worte lauteten: »Das ist ein guter Preis, das ist ein gerechter Preis, das ist ein ›Hitlerpreis‹.«

In Tanger erhielt ich eine Einladung des dortigen holländischen Konsuls Baron. Ich hatte Gelegenheit, mit ihm etwas über die innerspanischen Verhältnisse zu sprechen. Mir wurde im wesentlichen bestätigt, was ich aus der Handelsschiffahrt schon kannte. Besonderes Thema war das in Spanien bestehende Bestechungssystem in der Behördenwelt und Verwaltung, das aber einen gewissen Grad nicht überschreiten durfte. So waren die spanischen Beamten an diesen Geldern je nach ihrer verantwortlichen Stellung der Höhe nach unterschiedlich beteiligt, und alles funktionierte glatt. Der Staat brauchte nur niedrige Löhne und Gehälter bezahlen. Herr Baron kam hierbei beispielsweise auf ein Straßenbauvorhaben in Spanisch-Marokko zu sprechen. Dort war vor dem Bürgerkrieg Franco Gouverneur gewesen und hatte sich sehr für die Ausweitung von Industrie und Verkehr eingesetzt. Wenn nun das Gouvernement einen Straßenabschnitt ausschrieb, so wurden drei Angebote eingeholt, die zum Beispiel von 240.000 bis 280.000 Peseten lauteten. Ausgewählt wurde dann der billigste, doch der Differenzbetrag von 40.000 mußte in den Rechnungen erscheinen und war der Obulus, den der Bauunternehmer dem Gouvernement gutschrieb. Diesen Betrag steckte dann aber nicht ein Einzelner ein, sondern er wurde entsprechend den Tätigkeiten der Beamten bis in die untersten Stellen verteilt.

In Cadiz selbst mangelte es uns auch nicht an Einladungen durch die Bevölkerung. So machten wir einmal einen netten Ausflug zu einer Weinkellerei in St. Luca, bei der wir auch tüchtig probierten. Da stieg dann die Stimmung bei uns jungen Leuten sprunghaft an, und wir kehrten in sehr froher Laune mit unserem Bus wieder an Bord zurück.

Auf dieser Spanienfahrt wurden wir auch nach Lissabon beordert, wo zwei schwere englische Schlachtschiffe, ein Kreuzer und auch eine U-Bootflottille eingelaufen waren. Von uns lag dort das Panzerschiff *Deutschland* unter Führung von Kapitän zur See Wennecker, soviel ich weiß, auch ein Kreuzer und ein Torpedoboot sowie unser U-Boot.

Bei einem Zusammentreffen ausländischer Kriegsschiffe machen die dienstjüngeren Kommandanten stets den älteren einen Besuch und es ergibt sich dann ein reger Austausch innerhalb der Schiffsklassen und Besatzungen. Wir hatten es natürlich mit den U-Bootleuten zu tun, so daß wir Offiziere eines Tages dort an Bord zu einem kleinen Lunch eingeladen waren. Die Engländer hatten im allgemeinen ihre Schiffe etwas wohnlicher eingerichtet als wir, man muß aber bedenken, daß sie weltweite Aufgaben hatten und oft jahrelang draußen in der Fremde auf ihren Schiffen leben mußten. So waren die Schlafgelegenheiten wie auch die Messen für die Offiziere und für die Mannschaften komfortabler als bei uns ausgestattet. Bei dieser Einladung hörten wir vom Kommandanten des englischen U-Bootes, daß seine Flottille bereits seit zwei Jahren im Ausland unterwegs sei. Jetzt, bei der Rückkehr aus Ostasien, wo sie so lange gelegen hatten, machten sie hier noch kurz Station, um bald endlich wieder in der Heimat zu sein.

Er erzählte uns noch eine ganz unterhaltsame Geschichte. Die Engländer lassen innerhalb des Commonwealth, wenn es irgend geht, die Familie nachkommen, die dann im Hauptstützpunkt der Schiffe lebt, bis wieder die Ablösung in die Heimat erfolgt. So plante der Flottillenchef der englischen Unterseeboote von Hongkong aus eine vierwöchige Übungsfahrt in die Südsee, wobei er seinen Offizieren die Frage stellte, ob man die Frauen mitnehmen solle, die dann auf dem U-Bootbegleitschiff, das bei solchen Auslandsreisen immer mitfuhr, untergebracht werden könnten. Nach kurzem Hin und Her entschied man sich, den Frauen auch etwas zu bieten, schiffte sie alle auf dem Begleitschiff ein und los ging es zu Übungen in die Südsee mit Anlaufen verschiedener Häfen. Der Kommandant fand aber, dies wäre eine ganz verunglückte Unternehmung gewesen, denn beim Anlaufen eines jeden der zahlreichen Häfen fanden sie das Begleitschiff mit ihren Frauen vor. So kam es zu keinem freien Umherstrolchen an Land und unter einer fremden Bevölkerung oder gar Kontakt mit den sehr hübschen Mädchen im Archipel. Er meinte, alle Offiziere wären sich einig gewesen, bei einer nächsten Gelegenheit doch wieder allein in See zu gehen.

In Lissabon gab der Deutsche Verein im Januar ein großes Fest. Die Spitzen der deutschen Diplomatie und deutschen Marine waren erschienen. Als Namen notierte ich: Baron v. Hoyningen-Huene, deutscher Gesandter, Frau v. Hoyningen-Huene, Admiral Marschall (Befehlshaber der Spanienstreitkräfte), Kapitän zur See Wennecker, Kommandant *Deutschland*, Konsul Hollberg, Prinz zu Schaumburg-Lippe.

Wir von der Marine traten in solchen Massen auf, daß nicht genügend junge Tänzerinnen da waren und es nur auf einen festlichen Abend hinauslief.

Eine weitere Kriegsschiffsbegegnung hatten wir noch in Tanger mit dem französischen Zerstörer *Foudroyant*. Beim Anlaufen zum Postholen lag er bereits im Hafen, so daß eigentlich unser Kommandant dort hätte Besuch machen müssen, weil ein Zerstörerkommandant im allgemeinen dienstälter ist, als ein U-Bootkommandant. Junker meinte aber zu mir, er könnte kein Wort französisch und ich solle die Sache übernehmen. Viel dagegen anzureden hatte keinen Zweck, ich holte mein bestes Zeug aus dem Schrank, warf mich in Wichs und ließ mich von einem Boot, das durch unsere Agentur immer zur Verfügung stand, zum Zerstörer hinüberfahren. Bei solchem Besuch auf einem Kriegsschiff dreht man sich auf der oberen Plattform des Fallreeps zunächst zur Nationalflagge des besuchten Schiffes um, legt die Hand grüßend an die Mütze, um damit die fremde Nation zu ehren. Dann meldet man sich beim wachhabenden Offizier und gibt seine Wünsche bekannt. In diesem Fall wurde ich zum Kommandanten geführt, wo ich ihm auf englisch meldete, was wir in Tanger wollten, wo wir herkämen und wo wir hinführen, worauf er mir auch sagte, aus welchem Grunde er hier läge. Nach dieser ersten Zeremonie fragte er mich, ob ich nicht französisch könne, worauf ich ihm antwortete, daß ich nur ein wenig Schulunterricht gehabt hätte und meine Kenntnisse nicht sehr groß seien. Dieses versuchte ich in französisch vorzubringen, worauf er mich unterbrach und in fließendem Deutsch meinte, meine französischen Kenntnisse wären doch recht schwach, da wolle er sich lieber mit mir in Deutsch unterhalten. Dies war für die französische Marine charakteristisch. Man sprach lieber deutsch als englisch. Zwischen der französischen und der englischen Marine besteht seit alters her, bestimmt seit den Zeiten Napoleons und Nelsons, ein gespanntes Verhältnis, und sie umgehen jede Gelegenheit, miteinander in Berührung zu kommen. Verstärkt wurden die Gegensätze im Zweiten Weltkrieg noch dadurch, daß die englische Flotte die in Oran liegenden französischen Kriegsschiffe zusammengeschossen hat, um sie nicht den Deutschen in die Hände fallen zu lassen.

Während unserer letzten Wochen in Spanien wurde das Zusammenleben an Bord durch schwere Differenzen zwischen dem Kommandanten und dem Zweiten Wachoffizier, v. Bergen-Windels, überschattet. Unser Zweiter Wachoffizier hatte die Bordkasse zu verwalten, aus der die Besatzung Geld für ihre Landgänge und sonstigen Einkäufe, z.B. auch für die Küche, erhielt. Er hatte mehrmals betont, daß ihm eine kleinliche Abrechnung nicht liege und er stets bereit wäre, wenn irgendein Betrag in der Kasse fehle, dafür einzutreten und ihn aus seiner Tasche zu zahlen. Es war praktisch so, daß jeden Augenblick jemand kam, der einen Vorschuß für den Landgang, Auslagenrückgabe für Post und Telegramme, Geld für den Einkauf von Proviant und anderes mehr haben wollte. Da sollte dann immer gleich der Kassenbestand vermerkt werden und eine entsprechende Eintragung erfolgen. Bei einer Prüfung dieser Abrechnungen durch den Kommandanten fehlte ein eigentlich unerheblicher Geldbetrag, worauf er v. Bergen-Windels zur Verantwortung zog und ihm mangelhafte Kassenführung, ja sogar Veruntreuung vorwarf. Hierauf fühlte sich der junge Offizier in seiner Ehre gekränkt und ein harter Wortwechsel folgte. Der Kommandant beharrte aber auf seinem Standpunkt und war unklug genug, die ganze Angelegenheit bis zu einer kriegsgerichtlichen Verhandlung hochzuspielen. Diese wurde dann auch von Admiral Marschall in Lissabon anberaumt und aktenkundig gemacht, um dann in Wilhelmshaven weiter verfolgt zu werden. Am Ende erhielt v. Bergen-Windels nur einen strengen Verweis, doch der Kommandant hatte in der Marine sein Ansehen verloren, und soweit ich mich entsinne, wurden ihm von da an Posten gegeben, bei denen er mit Menschenführung nichts zu tun hatte. Ich selbst mußte leider bei der Verhandlung als Zeuge auftreten, und es war furchtbar schwierig, menschlich die richtigen Worte zu finden, die den einen wohl deckten, aber auch den anderen nicht zu sehr ins Unrecht setzten.

Ich persönlich hatte eine große Schwäche für v. Bergen-Windels, der mit seinen 20 Jahren ein außerordentlich lebendiger, intelligenter und fröhlicher Kamerad war. Als er einmal eines Morgens erst eine Stunde vor Dienstbeginn an Bord kam, meinte der Kommandant, man müßte den jungen Mann vor einem »Luderleben« bewahren, denn er war viel an den Abenden und in den Nächten unterwegs. Ich wies den Kommandanten darauf hin, ein solch ungestümer junger Bursche solle ein bißchen am lockeren Zügel geführt werden, und bis jetzt habe er sich ja auch keines Dienstvergehens schuldig gemacht. Er ließ aber trotzdem unseren Zweiten Wachoffizier zum Rapport kommen und gab ihm auf, drei Seiten der Artillerieschießvorschrift für unsere 8,8-cm-Kanone auswendig zu lernen, da er meine, sein Wissen in diesem Punkt genüge nicht. Junker war aber erstaunt, als v. Bergen bereits nach kurzer Zeit vor ihm stand und ihm meldete, daß er Vortrag halten wolle. Man muß sich einmal vorstellen, daß bei aller Klarheit in der Sprache doch die Materie sehr trocken war, und nun von dem jungen Mann in einem Fluß ohne irgendwelches Zögern heruntergerappelt wurde. Ich habe immer Menschen, die einen so lebendigen Geist haben, bewundert und kann mir nur vorstellen, daß sie mit den Augen wie auf einer fotografischen Platte die Schriftzeichen festbannen, und in der Lage sind, so schnell und viel Stoff zu speichern und wiederzugeben.

Nach vielen schönen Erlebnissen kamen wir am 10. Februar 1938 wieder nach Wilhelmshaven zurück, wo wir uns erst in der strengeren Routine im Flottillenstandort wieder zurechtfinden mußten.

Von der Spanienreise heimgekehrt, beantragte ich meinen Jahresurlaub, den ich diesmal mit Wintersport verbringen wollte, denn Heinrich hatte mir viel davon vorgeschwärmt. Ich entschloß mich, nach Solda zu fahren, das oberhalb von Meran im italienischen Gebiet der Ortlergruppe liegt.

In diese Urlaubszeit fiel der Einmarsch der deutschen Truppen in Österreich am Sonnabend, dem 12. März 1938. Noch am Freitagabend hatten wir mit einigen jungen Leuten am Kaminfeuer zusammengesessen, wobei es sehr anregend und lustig herging. Einer aus der Runde stellte die Frage, was Österreich sei? Die Antwort war: »Österreich ist das Brathendl an der Achse Berlin – Rom, was solange geschmirgelt wird, bis es braun ist.«

Am nächsten Tag hörten wir dann von dem Einmarsch der deutschen Truppen. Spontan wurde von vielen der Urlaub abgebrochen und man reiste hinunter nach Österreich, um mit dabei zu sein.

Über den Einmarsch der deutschen Truppen in Österreich ist viel gesprochen und geschrieben worden. Wie immer auch die politischen Fakten gelegen haben, als Miterlebender muß ich sagen, daß die deutschen Truppen und auch alle deutschen Landsleute, die im Gefolge dieser Aktion nach Österreich kamen, froh, herzlich und enthusiastisch begrüßt worden sind. Ich habe in Innsbruck selbst ältere Menschen mit Tränen in den Augen gesehen, die ihrer Freude darüber Ausdruck gaben, daß die sehnlichst herbeigewünschte Vereinigung von Deutschland und Österreich stattfand. Rückblickend auf die damalige Zeit kann man wohl sagen, daß die überwiegende Mehrheit der Österreicher sich freute, mit dem Deutschen Reich vereinigt zu sein.

Es war für Österreich eine bittere Enttäuschung, daß dieser von allen gewollten Wiedervereinigung die entsetzliche Zeit des Zweiten Weltkrieges sowie die daran anschließende Besatzung folgte.

In Wilhelmshaven lief der normale Ausbildungsdienst weiter, unterbrochen von Schulungskursen und einer längeren Werftliegezeit.

Ganz überraschend wurde unser Boot noch einmal nach Spanien beordert. Wie immer kamen die Befehle aus heiterem Himmel, das Boot mußte schnell seeklar gemacht und Proviant sowie Munition übernommen werden.

Am 28. September 1938 liefen wir aus und fanden uns in der uns bereits bekannten Umgebung schnell zurecht. Diese Reise dauerte nur knappe vier Wochen. Wir liefen auch erneut Huelva an und waren wieder Gäste im Hause des deutschen Konsuls Klaus.

Bereits Ende Juni waren die Herbstkommandierungen herausgekommen. Ich war als Kommandant für die 4. Unterseebootflottille bestimmt und sollte im April 1939 ein Boot vom Typ VII in Dienst stellen. Bis dahin waren verschiedene Zwischenkommandos vorgesehen.

Nach Rückkehr von der Spanienfahrt bekam *U 33* einen neuen Kommandanten. Ich selbst wurde zur Verfügung der 2. Unterseebootflottille gestellt und harrte nun der Dinge, die da kommen sollten. Aus dieser Wartezeit ragt eine Kommandierung heraus, die mir viel Spaß gemacht hat. – Ich sollte im November/Dezember eine Vortragsreise im Wehrbezirk München zur Nachwuchswerbung für die Kriegsmarine halten, und zwar vor den oberen Klassen von Internaten und Gymnasien. Meine Aufgabe war, einen Vortrag von etwa 45 Minuten zu halten, der den Jungens die schönen Seiten des Seemannslebens und der Marine aufzeigen sollte. Das war natürlich eine Aufgabe, der ich mich gern unterzog, denn ich konnte von meinen Jahren in der Handelsschiffahrt und den Ausbildungsreisen in der Marine eine Menge erzählen. Ich hatte 14 Tage Zeit, mir einen Vortrag auszuarbeiten, dann erhielt ich mein Reiseprogramm, aus dem ich sah, daß mir ein alter Mariner mit einem Film von 30minütiger Dauer über die Auslandsreise des Kreuzers *Karlsruhe* zur Verfügung stand, der anschließend an meinen Vortrag gezeigt werden sollte. Weiterhin wurde ich zeitweilig von Reserveoffizieren des jeweiligen Wehrbezirks begleitet, die mich bei meinem Vorhaben unterstützen sollten.

Meine Zeit in Wilhelmshaven neigte sich nach der Vortragsreise dem Ende zu. Zum Abschluß kann ich nur sagen, daß ich gern in diesem Marineort gewesen bin. Viele fanden die Abgeschnittenheit von den Großstädten als recht lästig, doch war die Kameradschaft und der Zusammenhalt innerhalb des Marinebereiches besonders gut. Wir jungen Leute verbrachten während des Sommers die freien Tage am Wochenende sehr gern an der See, oder auch in Zwischenahn, wo wir fleißig das Tanzbein geschwungen haben. Die Töchter der guten Bürgersleute mußten aber immer um 23.30 bis 24 Uhr nachts zu Hause sein. Meistens stammten diese Damen aus Oldenburg. Wir brachten sie dann mit unseren kleinen Wagen nach Hause, kehrten aber auf dem Rückweg noch im Waldkasino in Varel ein, wo sich alle jungen Marineoffiziere, die dort über Land verstreut unterwegs gewesen waren, sammelten. Da ging es dann manchmal noch lange hoch her, und erst morgens gegen drei oder vier Uhr trafen wir wieder im Stützpunkt ein. Besonders nett war es auch immer in den Familien junger Offiziere, die wir mitunter spontan aufsuchten. Jeder brachte dann neben einem Blumenstrauß für die Hausfrau eine Flasche Wein mit, ein bißchen Abendessen war schnell gemacht, und so blieben wir vergnügt bis in die späte Nacht zusammen.

Während der Weihnachtstage des Jahres 1938 war ich bei den Eltern in Erfurt und fuhr im neuen Jahr über Hamburg nach Kiel, um mich entsprechend dem inzwischen abgeänderten Herbstbefehl bei der 3. Unterseebootflottille als Kommandant von *U 10* zu melden.

3. U-Flottille »Lohs« – »U 10«

Nur wer jung ist und vorwärts kommen möchte, kann verstehen, wie ich mich über diese Kommandierung freute. Seit dem 1. Oktober 1937 Oberleutnant zur See, sollte ich nun nach dreijähriger Ausbildungszeit in der Unterseebootwaffe ein eigenes Kommando haben, voll verantwortlich sein für Boot und Besatzung, eine Auszeichnung, die nicht jedem jungen Offizier in der Marine so schnell zuteil wird.

Ich meldete mich beim Chef der 3. Unterseebootflottille, Kapitänleutnant Eckermann, den ich aus dem Jahr 1936 als Kommandant eines der ersten Weddigenboote kannte. *U 10* war eines der kleinen 250-t-Boote, die mir gut bekannt waren. Mein Erster Wachoffizier war Leutnant zur See Roux, ein sehr froher und aufgeschlossener junger Mensch, den ich besonders gern hatte. Sein Vater war der Direktor der Ascaniawerke in Berlin, die unter anderem auch für die Marine Steuerungselemente für die U-Boottorpedos bauten.

Der Hauptliegehafen von Januar bis Ende März war Kiel. Das Boot wurde in der Werft überholt, hatte einige Übungen in See durchzuführen, doch verbrachte ich die meiste Zeit an Land, da die Frühjahrsübung erst später mit der wärmeren Jahreszeit durchgeführt werden sollte. – So finden sich wenige Aufzeichnungen in meinen Tagebüchern über den damaligen Dienstbetrieb. In besonderer Erinnerung ist mir ein Kriegsspiel geblieben, das in Kiel-Wik durchgeführt wurde und den U-Booteinsatz in Nord- und Ostsee gegen einen mutmaßlichen Gegner behandelte.

Zu dieser Zeit war ich etwas verärgert darüber, daß es mit meiner Beförderung nicht weiterging. Man hatte uns ehemaligen Handelsschiffoffizieren gesagt, daß wir, soweit wir das Steuermann- und Kapitänsexamen hätten, um zwei Jahre vordatiert werden sollten. Bei einem Landgang traf ich auf einen alten Handelsschiffkameraden, der stolz als Kapitänleutnant herumlief, allerdings als Sonderführer, wobei der sonst übliche Stern, der den Seeoffizier auswies, mit einem goldenen Kranz umstickt wurde. Wenn die Sonderführer auch nicht als »normale« Seeoffiziere galten, so wurmte es mich doch, daß sie bereits mehr Gehalt erhielten und im Dienstrang höher standen als ich.

So setzte ich mich also hin, verfaßte eine Denkschrift über diese ganzen Zustände und lieferte sie, gemäß Vorschrift, bei meinem Flottillenchef ab. Er gab mein Anliegen auf dem Dienstwege an den Führer der Unterseeboote (das war damals Kapitän zur See Dönitz) weiter.

Als ich am 10. März, meinem Geburtstag, frühmorgens zu dem angesetzten Kriegsspiel ging, traf ich mit einigen Kameraden vor dem Eingang des Gebäudes, in dem das Kriegsspiel stattfand, auf Dönitz, der sich zu mir umdrehte und sagte: »Na, Schulz, sie mißvergnügter Nobile, sie wollen wohl bald Admiral werden.« Hierauf antwortete ich: »Nicht sofort, Herr Kapitän, aber unter gerechter Bewertung meiner

Dienstleistung.« Hierauf sagte er mir, daß an meiner Denkschrift nichts auszusetzen sei, und er sie befürwortet an die Flotte weitergegeben habe.

Ende April wurde ich durch eine Ordonanz zu Dönitz gerufen, der mir eröffnete, daß meine Denkschrift den ganzen Instanzenweg bis zum Oberkommando der Kriegsmarine durchlaufen habe und nun wieder bei ihm liege. Er las mir einige Randbemerkungen der vorgesetzten Dienststellen vor, die meine Ausführungen sehr unterschiedlich behandelten. Von einer Seite wurde jedoch darauf bemerkt, daß ich wohl überehrgeizig und überempfindlich sei. Hiergegen erhob ich stärkstens Widerspruch und sagte, daß ich mich durch diese Behauptung falsch beurteilt fühle und Einspruch erheben würde. Dönitz bat aber, mich erst einmal zu setzen und zu beruhigen und sagte mir, daß die ganze Sache im Oberkommando der Kriegsmarine in Berlin bereits in Arbeit sei. Ich könne in Kürze mit einer weiteren Beförderung rechnen. Im übrigen würde gemäß den Einstellungsbedingungen in absehbarer Zeit auch meine Vordatierung in den Jahrgang 1930, also um zwei Jahre, erfolgen.

Der Dienstbetrieb im Kieler Hafen ließ mir viel Zeit, so daß ich mich in gesellige Veranstaltungen stürzte. Es war noch Winter und Faschingszeit, so daß oft in Berlin, Hamburg und auch Kiel gefeiert wurde. Daneben war ich in der Woche mindestens zweimal bei der Familie Weisshun. Hier fanden sich viele junge und ältere Marineoffiziere ein. Das Haus stand uns immer zur Kaffeezeit offen, und manchmal wurde man auch zum Abendessen eingeladen.

So verbrachten wir die Tage zwischen Landdienst, Vergnügungen, schönen Wochenenden und Übungen in See, und nichts wurde uns zuviel. Einige Stunden Schlaf und eine kalte Dusche machten uns stets schnell wieder fit.

Von der großen Politik drang nur zeitweilig etwas zu uns. In Spanien ging der Bürgerkrieg weiter, nationalspanische Truppen hatten Tarragona erobert, und es schien so, als wenn Franco langsam die Oberhand gewänne. Am 30. Januar wurde das »Dritte Reich« gegründet. Wir erhielten dienstlichen Befehl, uns die Führerrede anzuhören und die Flottille kam zum Gemeinschaftsempfang im Casino zusammen. Am 1. April war Stapellauf der *Tirpitz* in Wilhelmshaven, wozu ich mit meinem Boot abkommandiert worden war.

Mit dem Frühjahrsstellenwechsel erreichte mich am 4. April der Befehl, mit *U 10* nach Neustadt zu gehen, wo ich der Unterseebootschule unterstellt wurde. Außerdem erhielt ich die Nachricht, daß ich mit dem 1. April zum Kapitänleutnant befördert worden war.

So hieß es Abschied nehmen von allen Freunden und Bekannten in Kiel. Ich machte noch schnell meine Fahrprüfung, und bevor ich um zwölf Uhr mittags nach Neustadt auslief, konnte ich den Führerschein bei der Polizei in Empfang nehmen. Noch am selben Tag meldete ich mich in Neustadt bei meinem neuen Flottillenchef Kapitänleutnant Beduhn.

Mit »U 10« bei der U-Bootschulflottille

Diese Kommandierung bedeutet eine der schönsten Zeiten für mich. Es ging auf den Sommer zu, Neustadt lag in der Lübecker Bucht, inmitten bekannter Seebäder, was für uns junge Seeoffiziere zu dieser Jahreszeit sehr interessant war. Hinzu kam, daß Kommandant und Besatzung dieser Schulboote nur für den Fahrbetrieb, die Instandhaltung der Boote und die seemännische Handhabung verantwortlich waren. Mit dem eigentlichen Schulbetrieb hatten wir nichts zu tun. Jeden Morgen um acht Uhr wurden die Boote dem Flottillenchef seeklar gemeldet, dann stieg eine Gruppe von Schülern mit ihren Lehroffizieren ins Boot ein und hinaus ging es in die Lübecker Bucht, wo Fahrübungen, Unterrichtungen und Tauchübungen stattfanden. Nach dem Mittagessen standen aber nur noch anderthalb Stunden für die Lehrgruppen zur Verfügung. Wir legten mit den Booten etwa drei Uhr nachmittags wieder im Stützpunkt an, da die meistens heruntergefahrenen Akkumulatorenbatterien wieder aufgeladen werden mußten. Als Kommandant konnte man gleich nach dem Anlegen des Bootes von Bord gehen, zog sich schnell Zivil an, traf irgendeinen Kameraden, der mit dem Auto davonbrausen wollte, und schloß sich ihm an, um bereits um 16 Uhr irgendwo am Strand in der Sonne zu liegen.

Ich war also viel unterwegs, bekam wenig Schlaf und stand entsprechend spät auf, meistens etwa 7.40 Uhr. Mit meinem Ersten Wachoffizier Leutnant Roux hatte ich verabredet, daß er mir, oben auf dem Turm stehend, wenn ich fünf Minuten vor acht Uhr am Kai erschien, zuwinken solle, was bedeutete: »Boot seeklar«. Ich ging also nicht erst an Bord, sondern steuerte direkt den Flottillenchef an, dem ich das Boot seeklar meldete. Dies glückte zwei- oder dreimal, doch dann nahm mich Kapitänleutnant Beduhn scharf an, fragte mich, woher ich wissen wolle, daß das Boot seeklar sei, und ich solle mich gefälligst an Bord scheren und selbst nachsehen, wie die Dinge lägen! Natürlich mußte diesen Befehlen nachgekommen werden, und ich war in Zukunft mit meinen Seeklarmeldungen etwas vorsichtiger.

War der Kommandant an Bord, legten die Boote sofort ab. Als Kommandant mußte ich die Ausfahrt aus dem Hafen überwachen, gab aber gleichzeitig Befehl an die Kombüse: »Drei Spiegeleier zum Frühstück für den Kommandanten.« Sobald die Ansteuerungstonne passiert war, und wir die offene See gewannen, übergab ich das Kommando dem Wachoffizier und ließ mich erst einmal zu einem ausgiebigen Frühstück nieder.

In der Mittagspause ankerten wir oft beim Klützer Haken an der mecklenburgischen Küste, warfen Angeln aus und beschäftigten uns mit Fischen, wobei wir auch Erfolg hatten. Einer unserer Matrosen stammte aus einer Fischerfamilie aus Howacht und wußte sehr genau, wo und wann wir Makrelen angeln konnten.

Sobald es ging, suchte ich auch den Neustädter Tennisclub auf, wo ich herzlich aufgenommen wurde. Der Vorstand, Dr. Voss, führte mich überall ein, auch wurde mir alles dadurch erleichtert, daß der Oberstabsarzt der U-Schule, Dr. Leue, ein eifriger Tennisspieler war.

Ein besonderes Vergnügen war das Segeln. Die Unterseebootschule hatte eine Menge guter seegehender Jachten, meist waren es die üblichen Seefahrtkreuzer von 50 qm Segelfläche, aber auch einige größere. So war ich zu Pfingsten mit der *Hunding* nach Travemünde, Warnemünde und Gral in Mecklenburg unterwegs. Zwei junge Damen, die wir in Warnemünde kennengelernt hatten, segelten einen Tag mit, und die besorgten Eltern schauten vom Ufer zu, wie die beiden mit uns Seeräubern abfuhren. Wir lieferten sie aber pünktlich um 21 Uhr wieder ab, was die Mütter sicherlich sehr erleichterte. Auch an den Wochenenden waren wir, soweit es ging, mit den Booten unterwegs, ankerten in Timmendorf, Grömitz, Kellenhusen, und wenn einmal ein größeres Boot fehlte, so half immer noch eine Jolle, mit der wir uns dann am Sierksdorfer Ufer, was sehr dicht bei Neustadt lag, blicken ließen.

Auch im Sommer gab es viel Geselligkeit und Bälle. Es war ja Kieler Woche, so daß wir zum Yachtclubball am 21. Juni hinüberfuhren, außerdem war ein Stationsball in Kiel und auch bei der Unterseebootschule gab es Festlichkeiten.

Wer aber nichts vor hatte, trieb sich in den an der Küste gelegenen Badeorten herum und hoffte, abends von motorisierten Kameraden mit nach Neustadt genommen zu werden. Hierzu war verabredet worden, daß alle diese Wagen bei Berühren der Seebäder in bestimmten Lokalen vorsprachen, soweit noch Mitfahrgelegenheiten waren. Das wickelte sich dann so ab, daß zwischen 23 Uhr und 1 Uhr nachts im Piratenkeller in Grömitz oder der Seehundbar in Sierksdorf oder ähnlichen Lokalen eine kräftige Männerstimme mitten in die Tanzmusik hineinschrie: »Mitwill«. Hierauf löste sich hier und da jemand aus der Tanzrunde, verabschiedete sich schnell von seiner Dame und so war sein Fahrplatz nach Neustadt gesichert. Es gab aber auch manchen, der keine Mitfahrgelegenheit erwischte, und oft sah man dann um zwei oder drei Uhr morgens sich Gestalten am Strand in Richtung Neustadt bewegen, die dort müde und zerschlagen um sechs Uhr ankamen. Aber wie gesagt, es wurde kurz gebadet oder geduscht, das Zeug gewechselt, starker Kaffee getrunken und morgens um acht war man wieder beim Dienst.

Den Urlaub verbrachte ich vom 22. bis 24. Juli bei meinem Freund Fritz Dominik auf Rügen, wo ich Pate seiner Tochter war. Anschließend fuhr ich zu den Eltern nach Erfurt.

Anfang August spitzte sich die politische Lage mit Polen zu, so daß ernsthaft mit Krieg gerechnet werden mußte. Eine Einladung auf einen Gutshof zu einem Tanzabend wurde abgesagt. Am 26. August wurden wir auf Standorturlaub gesetzt, niemand durfte Neustadt mehr verlassen. Am 27. August wurden *U 1*, *U 3*, *U 4* und *U 36* nach Kiel beordert. Der Schulbetrieb wurde eingeschränkt. *U 10* führte beschleunigt ab 28. August ganztägige Torpedoschießübungen durch, die vor allen

Dingen meiner Ausbildung als Kommandant galten. Am 1. September um 5.45 Uhr überschritten deutsche Truppen die polnische Grenze. Am 4. September war erster Mobilmachungstag. *U 10* verläßt Neustadt und geht nach Kiel, um beim Arsenal kriegsmäßige Ausrüstung zu übernehmen.

Hier endete für mich die frohe, schöne Friedenszeit in der Marine mit dem zwar anstrengenden Dienst, aber auch vielen frohen Festen und Geselligkeiten und der Hoffnung, auf der Stufenleiter des Berufes vorangekommen und von den Vorgesetzten gut beurteilt, bald zum Stabsoffizier befördert zu werden.

Zum zweiten Mal griff das Schicksal in Leben und Beruf ein. Anstatt das nun einmal Erreichte genießen und weiter ausbauen zu können, wurde ich, zwar an hervorragender Stelle, mitten ins Kriegsgeschehen hineingestellt.

Infanterieausbildung
Stralsund/Dänholm 1933
(W. S. dritter von rechts)

Matrose
Wilhelm Schulz

Marineschule Mürwik

U 18

Fähnrich auf
Kreuzer *Königsberg*

U-Flottille

Indienststellung *U 64* 16. Dezember 1939

Indienststellung *U 124*

Einlaufen in Lorient nach erfolgreicher Feindfahrt

Nach dem Einlaufen –
Post ist ausgegeben worden

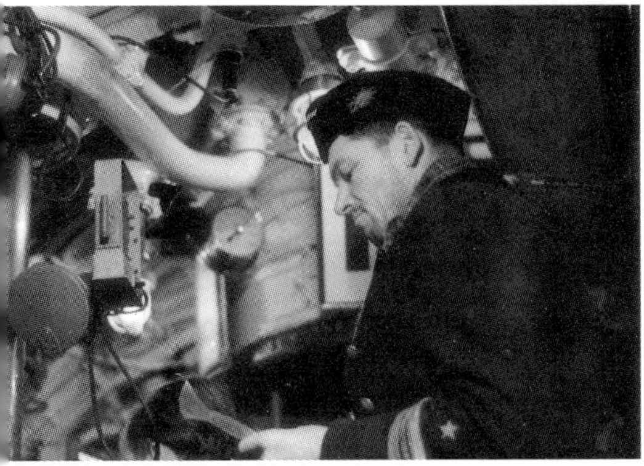

Ein Funkspruch wird aufgegeben

Vor dem Auslaufen –
Proviantübernahme

Treffen *U 124* mit Schwerem Kreuzer *Admiral Scheer*
und Hilfskreuzer *Schiff 41* (»Kormoran«) am 18. März 1941

Hilfe für
die Schiffbrüchigen
der *Umona* ...

... und der *Tweed*

Das von der Besatzung
gefertigte Ritterkreuz

Einlaufen in Lorient

Bild oben:
Mit Großadmiral Dönitz
nach der Verleihung
des Ritterkreuzes

Besuch von
Reichsminister Goebbels
bei der Flottille

Als Chef der 6. U-Flottille

Sommer 1942,
die zweite Erweiterung des U-Boot-Bunkers
steht kurz vor der Vollendung

Die Kriegsjahre

6. U-Flottille »Hundius« in Kiel 1. Feindfahrt als Kommandant »U 10« – Laesö-Rinne, Kattegat

Zu meiner Schilderung der Kriegsjahre möchte ich vorab bemerken, daß hier keine detaillierte Beschreibung des Kriegsverlaufes, soweit er mich betrifft, folgt. Dieses Kapitel soll innerhalb meiner Lebenserinnerungen nur im Abriß zeigen, an welchen Kampfhandlungen ich teilgenommen habe und in welchen Dienststellungen ich tätig war. Falls mir in meinen vorgerückten Lebensjahren noch die Zeit bleibt, müßte dies Kapitel ausführlicher geschrieben werden, was wiederum mit langwieriger Arbeit verbunden wäre.

Es war uns natürlich während des Krieges verboten, Aufzeichnungen zu machen, ein Befehl, dem ich strikt nachgekommen bin. Die Mitteilungen nach Hause, soweit sie Kriegsereignisse betrafen, waren aus dem gleichen Grunde sehr spärlich, so daß aus den vorhandenen Briefen kaum Wesentliches zu entnehmen ist. Bei den nachstehend angegebenen Daten habe ich mich bemüht, möglichst genau zu sein, doch können hier auch kleine Fehler vorkommen.

Aufgrund des Einmarsches der deutschen Truppen in Österreich, der Annexion des Memellandes und der anschließenden Besetzung der Tschechoslowakei hatte sich England genötigt gesehen, weitere Machtausweitung dieser Art zu unterbinden und im August 1939 Polen das Wort gegeben, ihm im Falle einer kriegerischen Verwicklung mit dem Deutschen Reich Beistand zu gewähren. Nach dem Einmarsch in Polen am 1. September 1939 folgten dann auch prompt am 3. September die Kriegserklärungen Englands und Frankreichs.

Ein großer Teil von uns Offizieren saß am Abend dieses Tages im Kasino, um Pressemitteilungen und eine Rede Adolf Hitlers zu hören, die den Kriegszustand mit diesen beiden Westmächten bekanntgab. Ich kann mich noch genau entsinnen, daß kein Enthusiasmus oder überschäumende Begeisterung aufkam. Wir hörten uns alles schweigend an, sprachen noch ein wenig über die Ereignisse, und jeder zog sich bald still zurück.

Wir wußten genau, daß diese Kriegserklärungen den Zweiten Weltkrieg bedeuteten, und erkannten klar, daß der Unterseebootwaffe eine Hauptlast in diesem Krieg aufgebürdet würde. Niemand von uns jungen Offizieren ging hurrarufend in diesen Krieg, von dem wir überzeugt waren, daß er einige Jahre dauern würde. Wenn wir auch hoffnungsvolle Briefe nach Hause schrieben, so glaubte doch der größte Teil von uns nicht an eine kurze Dauer. Ob wir überleben würden, war sehr fraglich.

Ich ging auf meine Kammer, ordnete meine Sachen und stellte mich völlig auf den Krieg ein. In solchen Augenblicken hat langes Grübeln keinen Zweck. Ich war deutscher Staatsangehöriger, dazu aktiver Offizier der Wehrmacht, und unser Vaterland war in kriegerische Handlungen verwickelt. Also war ich wie viele andere zu seiner Verteidigung aufgerufen.

Bevor ich in den Erinnerungen fortfahre, möchte ich, zum besseren Verständnis der nachfolgenden Ereignisse, einiges über das U-Boot, seine Handhabung und die Angriffstaktik niederschreiben.

Tauchboot/Unterseeboot. Alle Boote des Zweiten Weltkrieges waren, technisch ausgedrückt, »Tauchboote«, im Gegensatz zu den später konstruierten »Unterseebooten«. War das Tauchboot an die Überwasserfahrt gebunden und tauchte nur zum Tagesangriff oder um sich feindlicher Abwehr zu entziehen, so ist das heutige moderne U-Boot ein Unterseeboot. Das heißt, es taucht nach Verlassen des Hafens und kann, je nach Einrichtung, mehrere Monate unter Wasser bleiben, ohne auftauchen zu müssen.

Seedauer über Wasser. Besonderen Wert mußten die Konstrukteure der Seedauer, also der Zeit, in der das Boot in See sein konnte, beimessen. Die bestimmenden Faktoren waren: Proviant, Frischwasser, Torpedos, Lufterneuerung (Sauerstoff- und Kalipatronen) und Brennstoff. Neigte sich einer dieser Faktoren dem Ende zu, so mußte die Heimreise angetreten oder eine Ergänzung in See vorgenommen werden.

Aufenthaltsdauer unter Wasser. Diese hing im wesentlichen von der elektrischen Batterie ab, aber auch von einer ausreichenden Menge sauberer Atemluft. Über die Akkumulatoren hatten wir allgemein genügend Strom zur Verfügung, sofern kleine Fahrtstufen gelaufen wurden. Mit der Luft haperte es aber bei längerer Unterwasserfahrt. Generell kann gesagt werden, daß wir gut 72 Stunden durchhalten konnten. Dann mußten wir an die Oberfläche.

Einhüllen-/Zweihüllenboote. Die Mitnahme größerer Mengen Brennstoffs spielte eine besondere Rolle. So kam es zu verschiedenen Konstruktionen (siehe Skizze). Waren bei den kleinen Booten alle Vorräte innerhalb des Druckkörpers untergebracht, so hängte man bei größeren Booten die Brennstofftanks außen an. Das entnommene Öl wurde durch nachdrängendes Seewasser ersetzt, so daß beim Tauchen kein Hohlraum entstand. Entsprechend sprach man vom Einhüllenboot oder vom Zweihüllenboot.

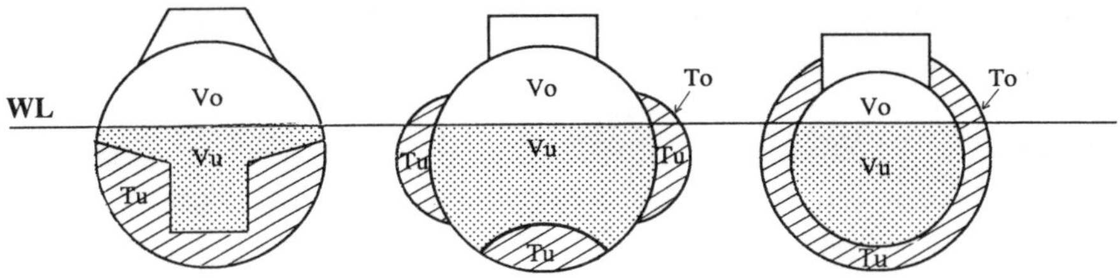

Einhüllenboot | **Zwischentyp** | **Zweihüllenboot**

Proviant, Frischwasser, Treibstoff, Torpedos + Munition – alles im Druckkörper

Treibstoff in Außen- und Innentanks

Treibstoff nur in Außentanks

WL = Wasserlinie

Vo = Auftrieb

Vu = Volumen im Bootsinneren

Tu = Tauchtanks

To = Außenhülle

Im Zweiten Weltkrieg waren im wesentlichen drei Bootstypen an der Front: Typ II, 250 t (Einhüllenboot), Typ VII, 517 t, und Typ IX, 740 t. Letztere beiden waren Zweihüllenboote. Nachstehend einige Vergleichsdaten.

Typ	Geschwindigkeit in Knoten über/unter Wasser	Fahrbereich Seemeilen bei Knoten		Bewaffnung Torpedos Gesamt mit Reserve		Bewaffnung Artillerie	Treibstoff in Tonnen
II	13,0/6,9	1050	12	3 Bug	6	2-cm-Flak	41
VII	17,2/8,0	8700	10	4 Bug 1 Heck	12	8,8-cm 2-cm-Flak	108
IX	18,3/7,3	13.450	10	4 Bug 2 Heck	22	10,5-cm 3,7-cm-Flak	210

Bei Gesprächen mit Laien ist mir immer ihre Unkenntnis über die Leistungsfähigkeit der Batterie aufgefallen. Sie war ein Schwachpunkt aller U-Boote. Die in der ersten Rubrik angegebene Ziffer z.B. bei Typ IX mit 7,3 Knoten bedeutet, daß das Boot eine Stunde lang unter Wasser mit dieser Geschwindigkeit laufen konnte. Dann war die Batterie aber leer. Darum schonten alle Boote bei der Unterwasserfahrt die Batterie. Praktisch waren sie stationär gebunden und bewegten sich nur zur Verbesserung ihrer Angriffsposition oder bei der Abwehr von Verfolgern etwas schneller, aber das nur für Minuten.

Schwebezustand beim Tauchen. Zwischen der Tauchfähigkeit eines U-Bootes und dem Auftrieb besteht ein enger Zusammenhang. Wird der Auftrieb durch Fluten der Tanks vermindert oder ganz aufgehoben, so versinkt das Boot im Wasser. Theoretisch sollte es dort in einem Schwebezustand verharren, der aber wegen unterschiedlicher Wasserdichte, Seegang und Gewichtsänderungen während der Überwasserfahrt (Proviantverbrauch, Abgabe von Fäkalien und Abfall) nie erreicht wird. Immerhin kann man davon ausgehen, daß bei einem gut ausgewogenen Boot – d.h., man hat bei der Unterwasserfahrt einen angenäherten Schwebezustand erreicht – ein Liter Wasser zusätzlichen Gewichtes im Boot ein langsames Sinken, jedoch die Entnahme der gleichen Menge langsames Steigen herbeiführt.

Regler- und Trimmtanks. Um diese Ausgewogenheit im Boot herzustellen, werden zwei Einrichtungen benötigt, die innerhalb des Druckkörpers liegen müssen. Dies sind die Reglertanks des Bootes, je einer an Steuerbord- und Backbordseite. Für die Korrektur der Trimmlage werden der vordere bzw. der achtere Trimmtank benötigt (siehe Skizze).

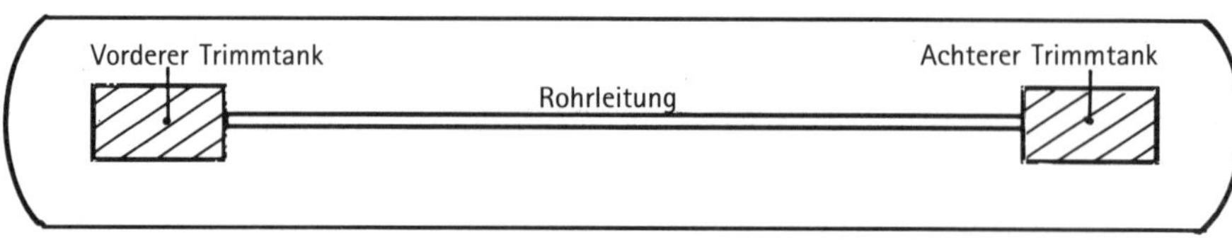

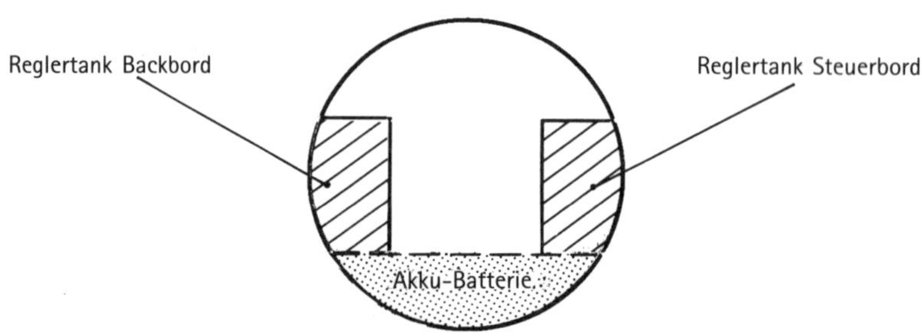

Aufnahme Schiffbrüchiger. Die Ausrüstung innerhalb des Druckkörpers wie Maschinenanlage, Torpedos, Geräte, Proviant, aber auch das Gewicht der Besatzung liegen im allgemeinen fest. Änderungen müssen durch die Regler- und Trimmtanks kompensiert werden. Dies spielt zum Beispiel eine Rolle bei der Rettung Schiffbrüchiger. Soll das Boot tauchklar bleiben, kann es nur soviel Gewicht zusätzlich aufnehmen, wie die Reglertanks ausgleichen können.

Sehrohre. Die Kampfboote hatten zwei Sehrohre. Eins war das Angriffssehrohr mit einem kleinen Kopf. Das zweite, das Luftzielsehrohr, erlaubte auch die Sicht über dem Boot zum Schutz gegen etwaige Flugzeuge. Sein Kopf war aber sehr dick.

Aussteigen aus einem U-Boot. Das Aussteigen ist, abgesehen über eine Taucherglocke, die dann aber fest mit dem Druckkörper verbunden sein muß, nur bis zu Wassertiefen von 50 bis 60 Metern möglich. Voraussetzung ist, daß der Innendruck im Boot größer ist als der auf dem Lukendeckel lastende Wasserdruck. Läuft ein Boot ganz voll Wasser, so ergibt sich ein Zustand, wie ich ihn bei dem Untergang von *U 18* beschrieben habe. Ist bei einem größeren Boot (z.B. einem mit druckfesten Schotten) nur eine Abteilung vollgelaufen, jedoch zwei andere Abteilungen sind durch Abschottung im Normalzustand verblieben, so müssen diese Räume durch Öffnen eines Bodenventils geflutet werden, um einen Druckausgleich am Lukendeckel, durch den das Aussteigen erfolgen soll, herbeizuführen (siehe Skizze). Hierbei spielt das bewegliche Süll am Ende des Turmschachtes oder einem anderen zum Ausstieg geeigneten Luk eine entscheidende Rolle. Bei diesem langsamen Fluten des Bootes kommt die Besatzung unter den in der Wassertiefe herrschenden Druck. Auf zehn Meter immer eine Atmosphäre Überdruck. Bei 50 Metern also 5 at. Dies ist auch der Grund, warum Menschen nicht unbegrenzt in größeren Tiefen ohne spezielle Hilfsgeräte tauchen können. Sporttaucher bleiben meistens innerhalb von vier bis sechs Metern Wassertiefe. Bei größeren Tiefen tritt dann nach einiger Zeit die sogenannte »Taucherkrankheit« auf, d.h. aus der im Körper vorhandenen Luftmenge wird der Stickstoff in den Geweben gebunden und führt bald zu Kopfschmerzen und Schwindelerscheinungen mit nachfolgender Bewußtlosigkeit. Menschen, die längere Zeit unter starkem Überdruck gestanden haben, sind nach dem Auftauchen möglichst schnell in eine Druckkammer zu verlegen, in der sie, nochmals unter erhöhten Druck gesetzt, langsam an den atmosphärischen Druck herangeführt werden.

Aussteigen mit Tauchrettern aus einem U-Boot

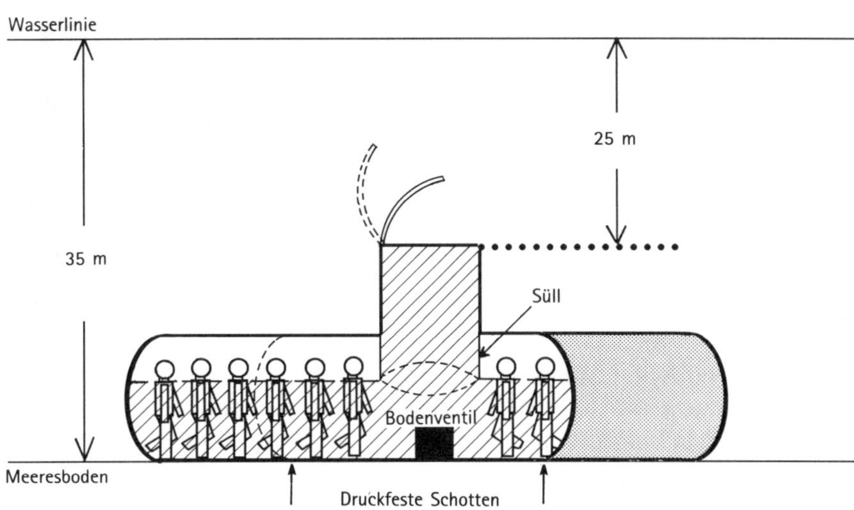

Torpedotypen. Die Torpedoausrüstung bestand hauptsächlich aus den Typen G 7 a und G 7 e. Ersterer wurde durch ein Petroleum/Luftgemisch angetrieben, hinterließ deswegen aber eine Blasenbahn, die bei ruhiger See gut sichtbar war. Einsatz daher nur nachts. Die Geschwindigkeit beim Nahschuß betrug 40 Knoten bei einer Laufstrecke von 8000 Metern und beim Weitschuß 30 Knoten bei 12.500 Metern Reichweite. – Der Typ G 7 e wurde elektrisch angetrieben, lief blasenfrei und wurde vorzugsweise im Unterwassertagangriff verwandt. Die Geschwindigkeit lag bei 30 Knoten bei einer Laufstrecke von 5000 Metern. Auf Sonderheiten wie Fernlenk-, akustische, Eigenlenk-, drahtgelenkte und Ingolintorpedos soll hier nicht eingegangen werden. Sie wurden erst ab 1943 erprobt und hatten keinen Einfluß mehr auf das Kriegsgeschehen.

Gefechtspistolen. Unter diesem Begriff versteht man die Initialladung im Torpedokopf, die die Sprengwirkung auslöst. Die Gefechtspistolen wurden in zwei Typen hergestellt. Der herkömmliche Typ war die Pi 1 mit AZ (Aufschlagzündung). Daneben war bei Ausbruch des Krieges eine Abstandspistole vorhanden, die mit MZ (Magnetzündung) arbeitete. Sie zündete, erregt durch das Magnetfeld des angegriffenen Schiffes, unter dem Kiel des Zieles und sollte den Mittelträger des Schiffes brechen, so daß ein Totalverlust zu erwarten war.

Preßluft. Mit der Preßluft mußte sorgsam umgegangen werden. Eine Ergänzung konnte man nur über Wasser vornehmen. Dementsprechend wurde beim Auftauchen nur mit Preßluft angeblasen, so daß das Boot 1 bis 2 t Auftrieb erhielt. Dann wurden die Dieselmotoren angeworfen, deren Abgase das Restwasser aus den Tauchtanks herausdrückten. Anschließend erfolgte die Auffüllung der Preßluftflaschen durch Kompressoren.

Tag- und Nachtangriff. Für einen Angriff boten sich zwei Möglichkeiten: Überwassernachtangriff und der Unterwassertagangriff. Ersterer war der Normalfall. Der Vorteil lag darin, nicht nur ein Ziel, sondern mehrere durch verschieden lancierte Torpedos anzugreifen. Außerdem gelang es oft, sich nach dem Angriff mit hoher Fahrt über Wasser den angreifenden Abwehrkräften zu entziehen. Beim Unterwassertagangriff konnte man im allgemeinen nur ein Ziel angreifen, auch hatte man den Nachteil, bei einsetzender Abwehr einer längeren Wasserbombenverfolgung ausgesetzt zu sein.

Rudeltaktik. Dönitz war der Schöpfer der Rudeltaktik. Er baute fünf bis sechs Boote in einem weit auseinandergezogenen Streifen auf, in der Hoffnung, daß eines der Boote Kontakt mit einem Geleitzug erhielte. Dieses meldete dann Gegnerstärke, Kurs, Geschwindigkeit und Standort, worauf die anderen Boote heranschlossen und möglichst nachts angriffen. Auf besonders lohnende oder schnelle Ziele wurden Fächer, d.h. Torpedos mit divergierenden Winkeln, geschossen, in der Hoffnung, daß mindestens ein Torpedo oder auch zwei trafen.

Radar. Eine besondere Rolle im U-Bootkampf spielte das vom Gegner während des Krieges erfundene und dann mit Erfolg eingesetzte Radargerät. War die britische Abwehr bisher auf die Unterwasserortung (Asdic) oder Sichtaufklärung durch Flugzeuge unter den Wolken angewiesen, so konnten jetzt die Flugzeuge über den Wolken fliegend Ziele auf dem Meer ausmachen. Sie stießen dann in unmittelbarer Nähe des Zieles mit hoher Geschwindigkeit durch die Wolkendecke hindurch. Fanden sie ein Überwasserschiff, so war es meistens ein Freund. Für das aufgetaucht laufende U-Boot war dieser Angriff aber tödlich.
Hier half auch keine vermehrte Flakausrüstung, da sich das Abwehrschießen des U-Bootes im Seegang dem sich in stetigem Flug nähernden Flugzeug fast immer unterlegen zeigte. Ab diesem Zeitpunkt datiert die Neukonstruktion der »Unterseeboote«. Merkmale: Fahren nur in getauchtem Zustand, neue Antriebselemente, ausreichende Erneuerung von Luft und Frischwasser etc. Das bisherige »Tauchboot« hatte ausgedient.
Die Entwicklung einer Neukonstruktion, begonnen Anfang 1943, konnte aber während des Krieges nicht mehr beendet werden. Eine geringe Zahl von Zwischenlösungen mit den Typnummern XXI und XXIII wurden erst Ende 1944 frontklar.

U 10 lag kriegsmäßig mit scharfen Torpedos ausgerüstet in Kiel-Wik an der Pier, wo uns der Auslaufbefehl für den 7. September morgens vier Uhr erreichte. Wir sollten in der Laesö-Rinne, einem Abschnitt im Kattegat, Ausschau halten nach zwei polnischen Zerstörern (*Wicher* und *Burca*), die bei dem Angriff auf Polen in See gegangen waren, um über den Sund die Nordsee zu gewinnen und nach England zu laufen. Bei wunderschönem Herbstwetter wählte ich den Weg durch den »Kleinen Belt«, fuhr in den frühen Morgenstunden unter der Brücke bei Fredericia hindurch und ging auf meine Position im Kattegat bei ganz ruhiger See und strahlendem Sonnenschein. Nach zehn Tagen wurden wir aber nach Kiel zurückbeordert, weil wohl inzwischen Nachrichten eingegangen waren, daß die beiden polnischen Zerstörer England erreicht hatten. So mußten wir also unverrichteter Dinge zurückkehren.

Einsatzmäßig war ich jetzt der 6. Unterseebootflottille (»Hundius«) in Kiel unterstellt. Der Befehlshaber der Unterseeboote, Admiral Dönitz, hatte sein Quartier in Sengwarden bei Wilhelmshaven bezogen. Am 25. September kam Kapitänleutnant Loof, der beim BdU Zweiter Admiralstabsoffizier war, mit neuen Befehlen nach Kiel.

2. Feindfahrt »U 10« – Orkney-Inseln

U 10 hatte Order, sofort in See zu gehen, um an der Atlantikseite Englands die Zugänge nach Scapa-Flow zu überwachen, wo größere Kriegsschiffverbände vermutet wurden. Am 26. September um drei Uhr früh war »seeklar« befohlen. Unser Marsch ging zunächst durch den Nord-Ostsee-Kanal über Brunsbüttel in die durch Minen gesicherte Deutsche Bucht. Bereits abends um 19 Uhr standen wir bei Norderney-Feuerschiff am minenfreien Eingang des Durchfahrtkanals. Mit hoher Geschwindigkeit durchliefen wir in der Nacht das Gebiet und hatten beim Morgengrauen die freie Nordsee erreicht. Wir sichteten dabei Treibminen und plötzlich auch ein feindliches U-Boot im Morgendunst, das wohl ausgesandt war, um auslaufende deutsche Kriegsschiffe zu melden oder zu versenken. Ich gab sofort Alarm und konnte, bevor ich ins Turmluk stieg, noch bemerken, daß auch das englische U-Boot im Tauchen begriffen war. Die Schraubengeräusche des fremden U-Bootes wurden von uns noch eine ganze Zeit gehört, doch tauchten wir nach etwa zwei Stunden auf, als alles weiter ruhig geblieben war und setzten unseren Marsch in der Nordsee mit Kurs auf die Fair Island-Passage, genannt nach einer kleinen Insel, die zwischen den Shetland- und Orkney-Inseln liegt, fort. Dieser Durchlaß in den Atlantik wurde von den Engländern stark bewacht, so daß ich hier oben mit feindlichen Streitkräften rechnen mußte. Gegen sieben Uhr morgens tauchte ich vor einem angreifenden Flugeug, von dem ich die erste Bombe in diesem Kriege bekam. Hierbei mußte ich an eine Erzählung des ehemaligen Obersteuermanns des bekannten U-Bootkommandanten des Ersten Weltkrieges, Hashagen, denken.

Hashagen stand damals im selben Seegebiet eines Morgens nach vorne schauend auf der Brücke, während der Obersteuermann die Sicherung nach achtern übernahm. Hierbei ergab sich folgendes Gespräch:

Obersteuermann an Kommandant: *»Von achtern kommt ein Flugzeug auf.«*
Kommandant: *»Hier auf See gibt es keine Flugzeuge.«*
Obersteuermann: *»Herr Kapitänleutnant, Flugzeug kommt näher.«*
Kommandant: *»Ich habe Ihnen doch gesagt, daß es hier keine Flugzeuge geben kann. Es wird sich wohl um eine Möwe handeln.«*
Obersteuermann: *»Es ist aber keine Möwe, es handelt sich um ein Flugzeug.«*
Kommandant: *»So ein Ding kann doch nicht hier bis auf die hohe See herauskommen.«*
Obersteuermann: *»Wenn wir nicht tauchen, ist das Flugzeug gleich da.«*

Hierauf sieht sich der Kommandant um, sieht tatsächlich das anfliegende Flugzeug, gibt Alarm und taucht.

Kurz darauf, das Boot war gerade auf Tiefe gegangen, erfolgt die Detonation der damals noch sehr kleinen Bomben.

Der Obersteuermann, dessen Platz im allgemeinen in der Zentrale ist, wendet sich an den Turm und sagt hinauf: *»Herr Kapitänleutnant, hebbt se hürt, nu hett de Möwe scheeten.«*

So einfach wie im Ersten Weltkrieg war natürlich die Situation jetzt nicht, und eine Stunde nach der Begegnung mit dem Flugzeug hatte ich die ersten Zerstörer am Hals. Diese machten mir das Leben bis zum Abend sauer, und ich tauchte erst nach angebrochener Dunkelheit um 20.30 Uhr auf. Das Leuchtfeuer von North-Rolandsay war in der klaren Nacht gut auszumachen, und so konnte ich von einer sicheren Position aus die Passage durchsteuern. Aber auch an der anderen Seite im Atlantik sichtete ich nochmals Zerstörer, mußte wiederum tauchen und konnte erst mit Anbeginn der Nacht meinen Marsch fortsetzen.

In diesem Seegebiet ist die Gefahr einer Stromversetzung besonders groß. Hier läuft ein starker Strom, der südlich der Orkney-Inseln bis auf neun Seemeilen die Stunde ansteigen kann. Bei dem tagsüber bedeckten Himmel konnte der Schiffsort astronomisch nicht bestimmt werden, so daß wir immer auf Landsicht ober die nächtlichen Leuchtfeuer angewiesen waren. Letztere wurden aber willkürlich an- und abgeschaltet, je nachdem, wie sie für die englischen Flottenbewegungen notwendig waren.

Ich hatte mich auf meiner Position gerade einige Tage eingerichtet und gelernt, mich durch den Flutstrom in die Nähe der Eingänge von Scapa-Flow treiben zu lassen, während mich die Ebbe wieder mit hinausnahm. Dies war notwendig, da wegen Landnähe am Tag nur unter Wasser operiert werden konnte, wo die eigene Geschwindigkeit gleich null war. In guter Erinnerung sind mir diese ersten Oktobertage des Jahres 1939 wegen der wundervollen klaren Nächte bei sehr ruhiger Wetterlage geblieben. Nachts herrschte heller Mondschein, auch wurde der ganze Seeraum von herrlichem Nordlicht überflutet.

Am 4. Oktober rief mich aber ein Befehl von meiner guten Position weg in die nördliche Nordsee. Hier erwartete uns schweres Wetter. Windstärken zwischen sieben und acht nahmen jede Möglichkeit, einen vorbeisteuernden hell erleuchteten Passagierdampfer sowie einen abgeblendeten Frachtdampfer anzugreifen. Oft wurde ich auch von Zerstörern abgedrängt, die die Nähe der englischen Flotte anzeigten.

Am 12. Oktober erreichte mich der Rückrufbefehl, dessen Grund mir zunächst unklar war, da ich noch einige Zeit in See aushalten konnte. Wie sich dann aber herausstellte, erfolgte in der Nacht vom 12. zum 13. Oktober der denkwürdige Angriff von Günther Prien im Hafen von Scapa-Flow, wobei das Schlachtschiff *Royal Oak* versenkt wurde. Wie mir später mitgeteilt wurde, hatte man die um die Orkneys operierenden U-Boote in der nördlichen Nordsee zusammengezogen, um das »Unternehmen Prien« nicht zu stören. So beendete ich am 15. Oktober mit dem Einlaufen in Kiel meine zweite Feindfahrt, ohne zu irgendeinem Erfolg gekommen zu sein.

»*U 64*« – *Indienststellung und Erprobung*

Bald nach Rückkehr in den Stützpunkt erfuhr ich, daß ich das auf der Deschimag-Werft in Bremen im Bau liegende Boot *U 64* übernehmen sollte. Bisher hatte ich mit der Übernahme eines neuen VII-C-Bootes gerechnet, doch nun erhielt ich ein Boot aus der ersten Serie der IX-B-Boote mit einer Wasserverdrängung von 1051 t über Wasser und 1178 t unter Wasser, das zu den großen U-Booten, den sogenannten »Seekühen«, mit weitem Aktionsradius gehörte. Dieser Bootstyp hatte im Bug vier und im Heck zwei Torpedorohre und konnte im Oberdeck an jeder Seite noch sechs Torpedos in Reserve mitnehmen, die unterwegs ins Innere des Bootes umgeladen werden mußten, also insgesamt zwölf Torpedos. Die Geschwindigkeit über Wasser war 18,2 und unter Wasser 7,3 Knoten. Bei vollgetankten Bunkern konnten wir 165 t Treibstoff nehmen, was bei einer Geschwindigkeit von zwölf Seemeilen einen Aktionsradius von 8700 Seemeilen ergab. Die Bootslänge betrug 77 Meter. Die Besatzungsstärke war mit 49 Mann vorgesehen.

Für mich war dieses Kommando eine Auszeichnung und erfüllte mich mit Stolz. Zunächst stand ich aber noch zur Verfügung der Flottille, was ich ausnutzte, um einmal Bruder Heinrich in Berlin und die Eltern in Erfurt zu besuchen.

Am 20. November 1939 trat ich dann in Bremen das Kommando an, wo bereits die ganze Besatzung unter Leitung des Leitenden Ingenieurs als ältestem Offizier dabei war, sich mit dem Boot vertraut zu machen. Nach weiteren acht Tagen fand die Abnahmefahrt von der Werft statt. Die Indienststellung erfolgte nach Ausführung von Restarbeiten am 16. Dezember. Anschließend ging es sofort zur Ausrüstung nach Kiel, um dann zunächst dem Erprobungskommando U-Boote unterstellt zu werden.

Dieses Kommando war auf einer alten Kriegsschiff-Hulk, der *Amazone*, eingeschifft, die an der Blücher-Brücke lag. Hier hatten auch wir festgemacht. Der Leiter dieses Kommandos war ein alter Seeoffizier aus dem Ersten Weltkrieg mit Namen Bräutigam, der jetzt als Kapitän zur See reaktiviert worden war.

Kapitän Bräutigam war ein Original wie man es heute kaum mehr findet. Ein Grandseigneur vom Scheitel bis zur Sohle, hervorragend gebildet, stets freundlich und humorvoll, auch von allen Soldaten verehrt, übertrug er sein im Ersten Weltkrieg gesammeltes Wissen als U-Bootkommandant auf die neu in Dienst gestellten Boote.

In den kalten Wintertagen des späten Dezember und Januar erschien er immer in seinem Lederpäckchen zum Dienst. Als besondere Eigenheit zeichnete ihn bei dieser Bekleidung ein Muff aus, den er an einer Webeleine um den Hals gehängt trug und der dafür sorgte, daß er stets warme Hände hatte.

Als Kommandant mußte ich ihm täglich um acht Uhr morgens mein Boot seeklar melden. Ich stieg dann das Fallreep der *Amazone* hinauf, begab mich zur Offiziersmesse, wo er zu dieser Zeit beim Frühstück saß und meldete ihm in militärischer Haltung das Boot auslaufklar. Nachdem dieser Akt zwei- oder dreimal so vor sich gegangen war, sagte er zu mir: »Schulz, diese feierliche Handlung können wir uns sparen. In Zukunft rufen sie bitte von der Pier aus immer ›Amazone ahoi‹, worauf ich, aus dem Bullauge blickend, sie erkennen kann, und ihnen mit erhobener Hand zuwinken werde.« Daraufhin wurde der militärische Akt stets in dieser Form durchgeführt. Bei geöffnetem Bullauge steckte er oft seinen Kopf heraus, und wir wünschten uns gegenseitig einen guten Morgen.

Von Kapitän Bräutigam gibt es noch eine andere Geschichte, die in seine jüngeren Jahre zurückgeht. Hier betreute er ein U-Boot, das in der Heikendorfer Bucht bei Kiel zur Erprobung lag. Das Boot sollte gerade tauchen, er selbst wollte aber erst noch ein menschliches Bedürfnis erledigen und war dazu vorkant zum Turm weggetreten. Der Kommandant, in der Meinung alle Leute seien im Boot, schloß das Turmluk und ließ tauchen. Bräutigam eilte erschreckt auf den Turm, doch das Luk war bereits geschlossen und die Entlüftungsventile zischten. Geistesgegenwärtig hängte er sich ans Sehrohr, das nun ausgefahren wurde, stülpte seine Mütze über den Sehrohrausblick und holte noch einmal tief Luft, ehe das Boot unterschnitt. Bei diesen Übungen wurde für gewöhnlich nur kurz und nicht tief weggetaucht, so daß er, am ausgefahrenen Sehrohr hängend, bald wieder Luft schöpfen konnte.

Unten im Boot versuchte aber nun der Kommandant dauernd aus seinem Sehrohr einen Rundblick zu tun und stellte verzweifelt fest, daß da irgendetwas nicht in Ordnung war. Bräutigams Mütze verdeckte ihm den Ausblick. Der Kommandant ließ also die Tanks wieder anblasen und tauchte auf, wo er beim Betreten des Turmes zu seinem maßlosen Erstaunen die Plattform bereits von Kapitän Bräutigam besetzt fand.

Der Winter 1939/40 war recht kalt. Das U-Boot lag im Januar eingefroren an der Blücher-Brücke. An Erprobungen war nicht zu denken. Die Hälfte der Besatzung wurde immer 14tageweise in Urlaub geschickt. Ich selbst als Kommandant konnte mich etwas freier bewegen, besuchte hier und da Bekannte, hielt mich Weihnachten auch in Erfurt auf, und verbrachte vom 24. Januar bis etwa 10. Februar 1940 Winterurlaub im Sauerland. Hier war ich zusammen mit einer jungen Dame, die in Erfurt Verwandte hatte. Die ganze Geschichte war über die Mutter eingefädelt worden. So verlebte ich mit Hella schöne Tage und konnte meine in Italien gelernten Grundkenntnisse des Skilaufens verbessern.

Um den 20. März herum müssen die Erprobungen zu Ende gewesen sein, denn ab dieser Zeit hielt ich mich, zur 2. Unterseebootflottille in Wilhelmshaven kommandiert, dort auf. Wir warteten täglich auf Befehl, auszulaufen. Meine alte eingefahrene Besatzung war wieder voll zur Stelle, so daß ich Erprobungen und sonstige mit der Ausrüstung verbundene Schwierigkeiten schnell erledigt hatte.

3. Feindfahrt
»U 64« Narvik, Totalverlust

Eines Tages wurde ich zur Befehlsstelle des Befehlshabers der U-Boote, Admiral Dönitz, nach Sengwarden befohlen, der mir folgendes eröffnete: Ein Schnellboot sollte mich zu einem Handelsschiff, das im Süder Diep nahe der holsteinischen Küste lag, bringen. Es handelte sich um den Hapag-Dampfer *Kurmark*, der jetzt in *Beemsterdijk* umgetauft war und unter holländischer Flagge als Hilfskreuzer unter dem Kommando von Korvettenkapitän Kurt Weyher in Kürze in See gehen sollte. Meine Aufgabe war es, mich mit Kapitän Weyher abzusprechen und ihn bis zum Atlantik hinaus, also Fair-Island-Passage nördlich der Orkneys, zu begleiten, und ihm Hilfestellung zu geben, falls er von feindlichen Streitkräften angegriffen würde.

So erschien ich also eines Tages mit dem Schnellboot längsseits der *Beemsterdijk*, wo mir vom Steuermann des Schiffes, der in Zivil war, der Einlaß verwehrt wurde. Als ich ihn mir näher betrachtete, war es ein mir von der Seefahrtsschule her bekannter Kamerad aus der Handelsschiffahrt, Eichholz. Er versuchte sich zwar den Eindruck eines holländischen Schiffsoffiziers zu geben, aber ich klopfte ihm lachend auf die Schulter und sagte, ich hätte Befehl, mich mit seinem Kapitän auszusprechen, und er möchte mich anmelden. Mit Kapitän Weyher verabredete ich dann unsere gemeinsame Fahrt. Wir legten fest, wo ich mich aufhalten sollte, und wie ich ihm am besten in einem schwierigen Fall Hilfestellung geben könne. Nach diesem Gespräch dauerte es noch einige Tage, bis wir am 6. April 1940 den Befehl erhielten, abends mit Dunkelheit auszulaufen. Dieser Befehl kam durch einen Nachrichtenübermittlungsfehler für mich sehr spät, denn die *Orion*, so lautete nun der deutsche Name dieses Hilfskreuzers, war bereits am Morgen ausgelaufen. Ich versuchte nun mit hoher Fahrt dem Schiff zu folgen, konnte aber erst am Morgen des 8. April in der Höhe von Edinburgh seine Rauchwolke voraus erblicken und versuchte an das Schiff heranzuschließen. Dies gelang mir auch kurz, und ich freute mich auf die begleitende Fahrt in den Atlantik.

Mit dem Auslaufbefehl aus Wilhelmshaven hatte ich drei Ordern erhalten. Die erste enthielt für mich die Anweisung, im Nordatlantik U-Bootkrieg gegen Handelsschiffe zu führen. Die zweite Order betraf *Orion*, die ich bis zum Westausgang der Fair-Island-Passage begleiten sollte. Auf der dritten Order, einem verschlossenen Umschlag, stand nur »Stichwort: Befehl Hartmut« mit der Bemerkung, ihn, sobald dieses Schlüsselwort im Funkspruch erwähnt würde, zu öffnen, die ersten beiden Ordern als erledigt zu betrachten und den nunmehrigen Weisungen folgend weiter zu verfahren.

Der Befehl »Hartmut« traf am 9. April 1940 bei mir ein, ich öffnete das Kuvert und erfuhr daraus, daß an diesem Tag deutsche Streitkräfte im Vormarsch zur Besetzung Norwegens unterwegs waren, und ich mich unverzüglich zum Schutz und der Sicherung dieser Schiffe nach Narvik zu begeben hätte, um dort englische Angriffe abzuwehren.

So verließ ich meine Position, wendete den Bug gegen Norwegen, das ich bei sich laufend verschlechterndem Wetter zu erreichen suchte. Die See wurde stürmisch, ein starker Wind blies mir in die Nase, und das voll mit Brennstoff und Proviant ausgerüstete Boot schnitt bei hoher Fahrt so oft unter, daß ich mich zur Herabsetzung der Geschwindigkeit entschließen mußte. Am 11. April stand ich vor dem Westfjord und lief so lange wie möglich über Wasser, auch auf die Gefahr hin, von Land gesehen zu werden, denn ich hatte eine Menge Zeit verloren. Unter Landschutz konnte ich die höhere Geschwindigkeit gut ausnutzen. Gegen Mittag sichteten wir in der sehr klaren Luft und bereits im ruhigeren Wasser fahrend, die Mastspitze eines Zerstörers, so daß ich tauchte. Vom Sehrohr aus einen Rundblick nehmend, erkannte ich einen britischen Zerstörer, der hier Patrouillenfahrt machte oder von Land aus die Information erhalten hatte, daß ein deutsches Unterseeboot in den Westfjord eingelaufen war.

Die Zerstörer sowie auch die später eingesetzten Korvetten waren die größten Feinde des U-Bootes. Sehr wendig im Manövrieren, mit Wasserbomben und guten Horchgeräten ausgerüstet, versuchten sie uns aufzuspüren und zu vernichten. Da der Zerstörer ziemlich auf mich zu lag, wendete ich das Boot um 90 Grad nach backbord, um so bei seinem Passieren aus den Heckrohren zwei Torpedos im Fächer auf ihn zu schießen.

Durch ein technisches Versagen wurde plötzlich die Tiefensteuerung trotz des ruhigen Wetters hier im Fjord unregelmäßig, und als der Zerstörer querab von mir lag, brach das Boot mit dem Turm aus dem Wasser heraus und wurde vom Feind gesichtet. Mit äußerster Anstrengung, unter behelfsmäßigen Maßnahmen, konnten wir wieder tauchen. Ich wechselte den Kurs, die Steuerung kam in Ordnung, doch war es nun mit meinem Angriff vorbei. Der britische Zerstörer drehte natürlich im großen Bogen auf die Stelle zu, wo ich gesichtet worden war und verfolgte mich pausenlos mit Wasserbomben. Ich lief, auf 80 Meter Tiefe steuernd, mit wechselnden Kursen auf das gegenüberliegende Ufer zu in der Hoffnung, seiner Horchpeilung und den abgesandten Ortungsimpulsen zu entgehen. Als es draußen Nacht sein mußte und keine Schraubengeräusche mehr zu hören waren, tauchte ich auf und konnte erleichtert aufatmen, da nirgendwo eine Bewachung zu entdecken war. Jetzt mußte vor allen Dingen die sehr in Anspruch genommene Batterie aufgeladen werden, damit am nächsten Tag genug Energie für die Unterwasserfahrt zur Verfügung stand.

Gegen Morgen hatte ich gerade die Insel Faroe passiert, als ich wegen der Dämmerung tauchen mußte. Ich hatte nur noch eine geringe Entfernung bis zum Ofotfjord, an dem Narvik lag, zurückzulegen, als mir gegen Nachmittag der Leitende Ingenieur, Oberleutnant Ing. Steinmetz, meldete, daß nach seiner Berechnung die Akkumulatorenbatterie bald in die Knie gehen müsse. Da ich vom Sehrohr aus verschiedentlich britische Zerstörer, die in den weiten Buchten lagen, bemerkt hatte, war es mir klar, daß ich in jedem Fall den Eingang zum Ofotfjord erreichen mußte, wo ich deutsche Zerstörer, die bereits am 8. oder 9. April dort eingelaufen waren, antreffen würde. Sicherheitshalber befahl ich aber die Sprengung des Bootes vorzubereiten. So liefen wir, dicht unter Land steuernd, mit geringer Geschwindigkeit weiter, immer Ausschau haltend, ob sich nach steuerbord die Sicht öffnen würde.

Endlich war es soweit. Noch immer tat die Akkumulatorenbatterie ihre Pflicht, der auslaufende Westfjord verschwand hinter einer Felskulisse und voraus erblickten wir einen Zerstörer, den wir als deutsches Fahrzeug ausmachten. Ich tauchte dann sobald wie möglich auf, gab die befohlenen Erkennungssignale ab, die von dem Zerstörer *Galster* – denn er war es – erwidert wurden. Wir tauschten schnell einige Bemerkungen zur Lage aus, und man sagte mir, daß nunmehr die Fahrt bis Narvik frei wäre. Hier hörte ich zum ersten Mal, daß am 10. April ein massiver Vorstoß britischer Zerstörer im Schneetreiben bis vor Narvik gelangt war, die den Hafen unter starken Beschuß genommen hatten. Hierbei war der Befehlshaber unserer Zerstörer, Kommodore Bonte, gefallen.

Im Hafen angekommen, machte ich längsseits eines Schiffes fest und meldete mich bei dem neuen Befehlshaber Kapitän zur See Erich Bey.

Ursprünglich hatte ich die Absicht, im Hafen von Narvik zu bleiben, doch wurde am frühen Nachmittag von den Engländern ein Flugzeugangriff auf die im Hafen liegenden Schiffe durchgeführt, bei dem ich wie durch ein Wunder heil davonkam. Sobald etwas Ruhe eingetreten war, meldete ich mich bei Kapitän Bey ab, ging wieder in See und steuerte den nordwärts liegenden Herjangsfjord an. Die Nacht lag ich hier auf Grund, tauchte am nächsten Morgen auf und lief zu dem am nördlichsten Ende gelegenen kleinen Ort Bjergvijk. Hier ankerte ich dicht unter Land auf 35 Meter Wassertiefe, um Seeschäden (mein Sehrohr war anscheinend durch die Wasserbomben beschädigt worden) auszubessern.

An diesem denkwürdigen 13. April 1940 erfolgte der massive Vorstoß der Engländer mit den schwerarmierten Zerstörern der *Tribal*-Klasse unter Deckung des britischen Schlachtschiffes *Warspite* auf Narvik. Ohne hierüber unterrichtet zu sein, beschloß ich, das Mittagessen vorzuverlegen, und dann um 14 Uhr getaucht wieder nach Narvik zurückzulaufen, um zu sehen, ob ich dort nützlich sein konnte.

Wir waren also gerade beim Essen, als plötzlich ein Flugzeug gemeldet wurde, das über einen Höhenrücken herangeflogen kam. Ich gab zwar Fliegeralarm, und wir schossen auch mehrere Salven, doch konnte das Flugzeug zwei Bomben auf *U 64* werfen. Die eine fiel an Steuerbordseite. Sie lag wohl drei bis vier Meter ab und hat dem Boot nicht geschadet, während aber die zweite haarscharf an der Backbordwand niederging. Auf die Meldung »Wassereinbruch im Vorschiff« kommandierte ich »Schotten dicht, alle Mann aus dem Boot«. Mir war sofort klar, daß das Boot nicht mehr zu retten war, und nun hieß es soviel Leute wie möglich zu bergen. Als der 13. Mann aus dem Boot war, sah ich, wie das Boot langsam wegsackte; ein 14. Mann, der Bootsmaat Piepenhagen, wollte gerade aussteigen. Ich sagte ihm, daß er das Turmluk schließen solle, wir hätten 35 Meter Wassertiefe und der Rest solle von unten aussteigen. Piepenhagen begriff die Situation, schraubte von unten das Turmluk dicht, während ich das obere Rad bediente, und gerade als das Rad zum Anschlag gekommen war, sackte das Boot unter mir weg, so daß ich mich plötzlich im Wasser schwimmend fand.

Die gute Disziplin der Friedensausbildung und die Einfügung in das Geschehen bewährte sich hier bestens. Hätte Piepenhagen versucht, noch als 14. aus dem Boot zu kommen, so wäre die restliche Besatzung gefährdet gewesen.

Vom Ufer aus hatten die dort bereits stationierten Gebirgsjäger, die einige Tage zuvor in Narvik gelandet waren, den ganzen Vorgang bemerkt und versuchten, uns im Wasser schwimmenden Leuten mit zwei Ruderbooten und in den Fjord geworfenen leeren Fässern und Spieren Hilfe zu bringen. Es war Monat April, das Wasser hatte nur fünf bis acht Grad. Schwimmend sah ich hinauf in die schneebedeckten Berggipfel und versuchte mir klarzumachen, daß jetzt vor allen Dingen Ruhe notwendig sei und es auszuharren galt, bis eines der herangekommenen Boote Rettung brachte. Mir gelang es noch, die Lederjacke auszuziehen, das war alles. Ich merkte, wie das kalte Wasser mir die Kraft aus allen Gliedern zog und versuchte, auf dem Rücken schwimmend weiterzukommen. Nach einiger Zeit gewahrte ich den 50 Meter von mir entfernt sich mit den Händen an der Bördelung eines Teerfasses haltenden und treibenden Gefreiten Häuser und bat ihn, mit dem Faß mir entgegenzukommen. So konnte ich mich dann an der gegenüberliegenden Seite an der Bördelung festhalten und abwarten, bis eines der Boote uns beide aufnahm. Kurz darauf waren wir 13 Mann an Land, wo sich die Gebirgsjäger rührend unserer annahmen.

Kaum war ich etwas zu mir gekommen, so forderte ich von den Soldaten, sofort die Boote wieder zu bemannen, denn in ungefähr einer halben Stunde würden die ersten U-Bootleute aus dem gesunkenen Boot aussteigen. Die Landsoldaten schauten sich ungläubig an, beruhigten mich immer wieder und sagten, ich sei ja gerettet und mir ginge es gut, denn sie dachten, ich hätte meinen Verstand verloren. Ich drang aber darauf, daß meine Anordnungen befolgt würden und erklärte, nicht eher in das bereitgemachte Bett zu steigen, bis ich von den zu treffenden Vorbereitungen überzeugt war.

Etwa 40 Minuten nach Sinken des Bootes tauchte dann auch der erste U-Bootmann aus dem Wasser auf, und die erstaunten Gebirgsjäger retteten noch 27 Mann der Besatzung, die nacheinander an die Oberfläche kamen. Von der 48köpfigen Besatzung fanden jedoch acht Männer den Tod.

Ich selbst war kaum imstande einige zusammenhängende Sätze zu sprechen, denn durch die Aufregung und Unterkühlung zitterte ich am ganzen Körper und die Zähne schlugen mir aufeinander. Durch Frottieren mit Decken und Einflößen von heißem Rotwein kam ich aber langsam zur Ruhe und konnte mich der geretteten Besatzung widmen.

Vom Ufer aus erlebten wir noch die Vernichtung der deutschen Zerstörer durch den weit überlegenen englischen Kriegsschiffsverband. So mußten wir tatenlos zusehen, wie unsere eigenen Streitkräfte niedergekämpft wurden. Leider war den Narvik-U-Booten kein Erfolg beschieden. Auch Kameraden von mir, die im West- und Ofotfjord gestanden hatten, waren bei dem ganzen Unternehmen nicht zum Schuß gekommen. Ich sprach später mit ihnen über die Einsatzmöglichkeiten in so engen Gewässern. Wir waren alle der Ansicht, daß das U-Boot für einen derartigen Kampf nicht geeignet sei.

Zwei Tage später machte ich mich auf den Weg nach Narvik, um dort vom Schicksal des *U 64* Meldung zu machen. Die Stadt selbst sowie das gesamte umliegende Gebiet war fest in deutscher Hand; die zum Teil geretteten deutschen Zerstörerbesatzungen waren dem dortigen Befehlshaber General Dietl unterstellt und im Landdienst eingesetzt.

In General Dietl lernte ich einen Vorgesetzten kennen, wie ihn sich nur jeder Soldat wünschen kann. Lang aufgeschossen, mit freundlichem Auge, zugänglich für jedes Anliegen und bereit zuzuhören, eroberte er sich schnell die Herzen aller, die mit ihm in Kontakt kamen. Ich brauchte ihm nicht lange klarzumachen, daß unsere in langjähriger Friedensausbildung geschulte Mannschaft zusammengehalten werden müsse, um baldmöglichst wieder zu einem neuen U-Booteinsatz bereit zu sein. Er ordnete für uns Sonderquartier an, gab die entsprechenden Meldungen nach Deutschland, so daß bereits nach zehn Tagen Order eintraf, uns über die Erzbahn und Schweden nach Deutschland in Marsch zu setzen.

Zunächst jedoch hieß es einmal, uns einzukleiden, denn wir besaßen ja nur das, was wir auf dem Leibe trugen. So erstanden wir in einem Kaufhaus ordentliches Zivilzeug und Wollsachen, denn hier oben in den nördlichen Breiten war es noch recht kalt. Ich versuchte auch, Alkoholika aufzutreiben, doch wurde mir überall gesagt, daß man sie in Norwegen nicht kaufen könne, denn aller Alkohol stände unter Staatsverwaltung.

Nun entsann ich mich aber noch aus meiner Handelsschiffszeit, daß wohl der Ausschank von Alkohol verboten war; doch gab es natürlich in allen größeren Städten Läger, aus denen zu verschiedenen Anlässen und auch für die Kranken Spirituosen angefordert werden konnten. Da mein Herumfragen zwecklos war, nahm ich eines Tages einen Offizier und zwei Unteroffiziere, ließ sie Pistolen umschnallen und zog zum Bürgermeister von Narvik. Ihm eröffnete ich, daß ich aus Gesundheitsgründen für meine Besatzung Spirituosen haben müsse, worauf er mir bedeutete, daß in Narvik keine vorhanden seien. Ich machte ihm klar, daß ich in früheren Jahren mit der Handelsschiffahrt nach Norwegen gekommen sei und sehr genau über die Existenz von Depots unterrichtet wäre. Wenn er mir nicht sofort nachwiese, wo ich mich eindecken könne, würde ich ihn mitnehmen, er würde vor ein Kriegsgericht gestellt und erschossen.

Dies waren natürlich harte Worte, an deren Durchführung ich niemals dachte, doch sie hatten die erwartete Wirkung. Er sagte mir zu, die gewünschten Spirituosen zu beschaffen, unter der Voraussetzung, daß ich das aber nicht publik machen solle. Ich versicherte ihm, daß dies nicht geschähe, wolle aber auf der Stelle die Alkoholika haben. Nach einigem hin und her war er auch einverstanden und ließ mich durch einen Beamten der Stadt in ein Gebäude führen, in dessen Kellern vor unseren erstaunten Augen reihenweise gestapelt Alkohol lagerte. Wir marschierten mit unserer Ladung zu unserem Quartier, wo ich die Sachen sorgfältig unter Augen hatte. Zu den damals bei der Truppe in Narvik üblichen kameradschaftlichen Treffen wurden wir U-Bootsoldaten immer eingeladen, weil wir meistens eine oder auch zwei Flaschen Alkohol mitbrachten, was stets freudig begrüßt wurde. Unser Geheimnis haben wir aber nie preisgegeben. Ich habe nach dem Kriege mit dem damaligen Stadtkommandanten, Kapitän zur See Böhme, über unsere Alkoholquelle gesprochen, von der er keine Ahnung gehabt hatte.

Bald aber schlug die Abschiedsstunde; wir wurden mit der Erzbahn bis zur schwedischen Reichsgrenze transportiert, an der uns ein Sonderzug erwartete. Mit noch anderen Wehrmachtsoldaten wurden wir in sehr primitive Eisenbahnwagen gebracht, die für einen Transport von etwa drei Tagen nicht besonders geeignet waren. Man hatte die Fenster mit dunkler Kreide dichtgemalt, außerdem standen auf der vorderen und hinteren Plattform je ein schwedischer Soldat mit aufgepflanztem Bajonett Wache, damit keiner von uns herauskonnte. Ich zog mir bei dieser Fahrt eine schauderhafte Erkältung zu, die mich dann bis nach Wilhelmshaven, unserem Ziel, begleitete.

In dem südlich von Stockholm gelegenen Oxlösund erwartete uns das 1924 gebaute 11.400 BRT große Passagierschiff *Der Deutsche*, das in Friedenszeiten bei der KDF-Flotte (Kraft durch Freude) Fahrten mit Touristen gemacht hatte. – Hier wurden wir gut untergebracht, der an Bord befindliche Arzt nahm sich unserer Gesundheit an, so daß wir auf der eintägigen Überfahrt vorbildlich betreut wurden. – Dann ging es über Berlin nach Wilhelmshaven, wo wir im Unterseebootstützpunkt am 28. April 1940 eintrafen.

So endete diese ereignisreiche Fahrt wiederum erfolglos, doch waren wir Überlebenden froh, heil und gesund wieder nach Hause zu kommen. Beim Befehlshaber der U-Boote erstattete ich genau über die Vorfälle Bericht, ein Vorwurf konnte mir nicht gemacht werden, die meinerseits getroffenen Maßnahmen wurden gebilligt.

»U 124« – Indienststellung und Erprobung

Bereits einige Tage später erhielt die Besatzung Befehl, *U 124*, ebenfalls bei der Deschimag in Bremen erbaut, in Dienst zu stellen. Zunächst durften wir alle aber einige Zeit in Urlaub gehen. Das technische Personal mußte zur Baubelehrung bald wieder zur Verfügung sein, doch konnten wir uns manches sparen, weil es sich bei diesem Boot ebenfalls um ein Typ IX-Boot handelte, auf dem wir ja jeden Griff kannten. Ich selbst besuchte Freunde, war aber auch einige Zeit bei den Eltern in Erfurt. Zum 1. Juni trat ich meinen Dienst in Bremen an, wo ich auch die ganze Besatzung munter und erholt vorfand.

Die kommenden zwei Monate waren durch die Indienststellung in Bremen am 11. Juni, weitere Zeit bei dem nach Danzig verlegten Erprobungskommando der U-Boote und verschiedenen Probefahrten in der östlichen Ostsee ausgefüllt.

Diesmal fielen die Erprobungen in die Sommertage, so daß wir uns in der Freizeit am Strand sonnen konnten. – Eine bemerkenswerte Begegnung muß ich hier doch festhalten. Ich war an einem der Abende mit zwei Offizieren in Zoppot an Land, wo wir im Kurhaus die Bar aufsuchten. Dort hantierten zwei nette Mädchen hinter der Theke, von denen wir eine fast ganz mit Beschlag belegten. Einige Stühle weiter neben uns saßen zwei Herren, die wohl auch ein Auge auf diese junge Dame geworfen hatten, so daß bald einige Worte hin und her flogen. Mit einem Mal stand der eine auf, stellte sich vor uns hin, bedeutete uns, das Mädchen in Ruhe zu lassen, denn sie hätten Anspruch auf sie. Jetzt löste ich mich von meinem Sessel, stand auf, guckte dem Herrn frei ins Gesicht und sagte ihm, daß diese jungen Damen wohl für alle Gäste hier seien und nicht nur für seine Bedienung. Ein Wort gab das andere, und mit einem Mal ließ er vernehmen, hier hätte er das Sagen, er wäre der Kreisleiter von Zoppot, und wenn wir uns nicht seinen Anordnungen fügten und uns vernünftig benähmen, dann würde er dafür sorgen, daß wir ins KZ kämen!

Ich schluckte nur kurz, sagte ihm, daß jeder hier erzählen könne, er wäre Kreisleiter von Zoppot, und im übrigen wäre ich U-Bootkommandant und hätte mit meinen Offizieren wohl mehr Recht hier einige vergnügliche Stunden zu verbringen als er, der dauernd an Land säße. Ich setzte mich hin und bestellte für uns drei einen neuen Drink. Nun war die Verblüffung bei Herrn Temp, so hieß der damalige Kreisleiter. Er lenkte sofort ein und sagte, wenn ich U-Bootkommandant sei und mit meinem Boot hier läge, so wäre ich eingeladen, am nächsten Sonnabend mit der gesamten Besatzung sein Gast zu sein. Hierauf drehte ich mich nur kurz um und sagte, wir würden am nächsten Sonnabend um 15 Uhr in Zoppot an der Seebrücke festmachen, wo ich ihn dann gerne erwarten würde.

Wir kehrten also mit unserem Wagen nach Danzig, dem Liegehafen für die Erprobungen, zurück, setzten die Besatzung von der Einladung ins Bild, machten am Sonnabendfrüh seeklar und näherten uns neugierig dem Seesteg in Zoppot. Dort war ein Haufen Menschen versammelt, eine Musikkapelle stand an der Pier und ließ lustige Märsche ertönen. Meinen Herrn Temp konnte ich durch das Glas in weißer NSDAP-Kleidung, mit den üblichen Emblemen versehen, schnell ausmachen und wußte nun, daß es hier etwas zu erleben gab. Ich will nicht in Einzelheiten gehen, jedenfalls wurden wir sehr nett aufgenommen. Zwischen Temp und mir wurde Frieden gemacht, und als wir Danzig verließen, wurden wir von ihm mit einigen Grammophonplatten, Büchern und Gesellschaftsspielen ausgestattet. Mir fiel hier aber zum ersten Mal die Arroganz und das sehr überhebliche Auftreten dieser kleinen

NSDAP-Größen auf, deren Treiben ich von nun an nachdenklich verfolgte. In meiner späteren Zeit als Flottillenchef konnte ich dann diese Kenntnisse noch vermehren.

Ende Juli kehrten wir nach Wilhelmshaven zurück, erledigten Restarbeiten und übernahmen die kriegsmäßige Ausrüstung einschließlich scharfer Torpedos.

Wie sah es nun damals in der U-Bootwaffe aus, wie war die Kriegslage? Bei Ausbruch des Krieges besaßen wir 39 frontklare U-Boote, die bis zum 1. September 1940 auf 27 zusammengeschmolzen waren. Die Zahl der neu hinzugekommenen U-Boote war noch gering, einige Boote mußten für Schulzwecke abgezogen werden, und ein Teil war bereits vor dem Feinde geblieben. Vom September 1939 bis Ende März 1940 hatten die U-Boote 753.000 BRT versenkt. Natürlich waren Anordnungen an die Werften ergangen, die geplanten Bauvorhaben zu beschleunigen, doch konnten wir erst im Frühjahr 1941 mit vermehrtem Einsatz von Frontbooten rechnen.

An Land hatten sich die Dinge recht dramatisch entwickelt. Am 10. Mai 1940 erfolgte der Einmarsch deutscher Truppen in Frankreich, das in sechs Wochen niedergerungen wurde. Am 14. Mai kam dann die Kapitulation der Niederlande und am 28. Mai die von Belgien. Am 4. Juni wurden die Engländer in der Schlacht um Flandern vom Festland verdrängt. 1,2 Millionen Alliierte gingen in Gefangenschaft. Kurz darauf, am 14. Juni, wurde Paris eingenommen. Am 22. Juni wurde der Waffenstillstand mit Frankreich im Walde von Compiègne unterzeichnet.

Aufgrund dieser schnellen Erfolge hatte Italien das Gefühl, etwas zu verpassen und erklärte England und Frankreich am 10. Juni 1940 den Krieg. Für uns U-Bootleute war bei dieser Sachlage vor allen Dingen interessant, daß uns durch den Waffenstillstand mit Frankreich die gesamte französische Atlantikküste offen stand und nunmehr die Operationen gegen England von hier aus erfolgen konnten.

4. Feindfahrt
»U 124« – Westwärts der Hebriden

Unser neuer Einsatzbefehl lautete, nördlich um England herum in den Atlantik zu gehen und dort gemäß weiteren Anweisungen Handelskrieg zur Unterbindung der britischen Versorgung zu führen. Wir hatten nun drei Feindfahrten ohne Erfolge hinter uns, so daß verständlicherweise alle Mann daran interessiert waren, nicht wieder unverrichteter Dinge heimzukehren.

Kaum hatten wir die Nordspitze der Orkney-Inseln gerundet, als uns ein feindlicher Geleitzug gemeldet wurde, der die Einfahrt zum North-Minch, einem zwischen den äußeren Hebriden und Schottland liegenden Meeresarm, ansteuerte. Ich versuchte mit hoher Fahrt die Nordspitze der Hebriden (Butt of Lewis) anzusteuern, um hier dem Geleitzug den Weg abzuschneiden. Am 25. August um 22.17 Uhr bekam ich den

Konvoi in Sicht und setzte mich zunächst vor, hatte aber Schwierigkeiten, die sogenannten Feger (das sind die Zerstörer, die vor dem Geleitzug hin und her zacken) abzuschütteln. Dies gelang mir jedoch ohne tauchen zu müssen, so daß ich in aller Ruhe meine Schußposition auswählen konnte. Kurz vor Mitternacht konnte dann nach Einnahme der erforderlichen Position der erste Schuß das Rohr verlassen, bald folgten auch Rohr zwei, drei und vier. Die Schußentfernungen lagen zwischen 2000 und 700 Metern, die Treffer und auch das Sinken von zwei Schiffen konnte noch gut beobachtet werden. – Nun aber waren die Zerstörer aufmerksam geworden und an ihrer weißschäumenden Bugwelle konnten wir erkennen, daß wir Besuch bekommen würden.

Ich gab Alarm und ging auf 90 Meter Tiefe, um den nun abgeworfenen Wasserbomben auszuweichen, deren Detonationen sich aber bald entfernten. Obwohl ich nur mit langsamer Fahrt lief, gab es nach einiger Zeit auf einmal im Vorschiff eine mächtige Erschütterung, das Boot richtete sich mit dem Bug auf und schien in die Höhe geschleudert zu werden. Der in meiner Nähe in der Zentrale stehende Kriegsberichterstatter, der sich beim Auslaufen des Bootes stolz im Südwester mit der Pfeife im Mund hatte fotografieren lassen, drehte in diesem Augenblick völlig durch, schrie zweimal »Wir müssen raus aus dem Boot, raus aus dem Boot.« Sodann berichtigte er sich und sagte: »Jetzt holen sie uns mit Ketten an die Oberfläche«, und noch einiges dummes Zeug, so daß ich, um mir Ruhe zu verschaffen, ihm einen kräftigen Fußtritt ins Hinterteil verpaßte, er bis zum Kugelschott flog und dort von den Leuten aus der Zentrale entfernt wurde.

In solchen Augenblicken, wo es darauf ankommt, schnell und konzentriert zu denken, um die notwendigen Entschlüsse zu fassen, war ein solcher Mensch nur im Wege. Mir war sofort klar, daß ich bei diesem Angriff zu dicht unter Land gekommen und in 90 Metern Tiefe an einen Felsenvorsprung geraten war. Nach meinem Kommando »Halbe Fahrt zurück« löste sich der Bug vom Felsen, das Boot kam wieder in ebene Lage und aus dem Gefahrenbereich heraus, so daß ich bald darauf, unter Vermeidung von Geräuschen drehend, auf Gegenkurs gehen konnte.

Wir mußten noch immer mit den Zerstörern rechnen und darauf bedacht sein, vom Gegner nicht abgehört zu werden. Dies Manöver glückte dann auch. Um 1.30 Uhr tauchten wir auf, sahen in der Ferne einen hellbrennenden Dampfer und Scheinwerfer, die durch die Nacht zuckten. Ohne mich lange aufzuhalten, ließ ich die Tauchtanks ausblasen und ging mit hoher Fahrt hinaus in den Atlantik, wo sich inzwischen das Wetter verschlechterte und wir auch teilweise Nebel hatten.

Unterwegs stellten wir fest, daß sich die Mündungsklappen der Torpedorohre schwer bewegen ließen, was auf starke Beschädigungen hindeutete. Damit konnten wir keine Angriffe mehr unternehmen und gaben entsprechende Meldung.

Nach einiger Zeit, in der wir als Wetterbeobachtungsboot eingesetzt wurden, erhielten wir Einlaufbefehl und konnten nun nach der Besetzung Frankreichs, am 16. September im Hafen von Lorient festmachen. Wir hatten 3648 Seemeilen über Wasser und 315 Seemeilen unter Wasser zurückgelegt. Zu dem Angriff auf den Geleitzug am 25. August vermerkte der Befehlshaber der Unterseeboote zu dem von mir geführten Kriegstagebuch, daß dieser eine ausgezeichnete Leistung des Kommandanten darstelle. So kamen wir diesmal also mit unserem ersten Erfolg nach Hause. Gemäß nach dem Kriege angestellter Untersuchungen hatten wir vier Schiffe mit 21.418 BRT versenkt.

Die Beschädigungen an den Mündungsklappen wurden schnell beseitigt, und auch andere Reparaturen mit Hochdruck durchgeführt. Die Besatzung ging umschichtig in Urlaub. Ich selbst konnte nach Berichterstattung beim Befehlshaber der U-Boote ebenfalls in die Heimat reisen.

5. Feindfahrt *»U 124« - Nordatlantik*

Am 5. Oktober 1940 liefen wir zusammen mit drei weiteren Booten, *U 28* (Kuhnke), *U 48* (Schultze) und *U 101* (Frauenheim) aus. Im Nordatlantik bekamen wir schon typisches Winterwetter zu spüren. War es am Anfang noch einigermaßen ruhig, so nahm gegen Mitte und Ende der Fahrt der Wind aber ständig zu. Eine lange, hohe Dünung machte uns sehr zu schaffen, tiefhängende Wolken und zeitweilige Regenböen, aus denen plötzlich einmal ein Zerstörer auftauchte, behinderten unsere Sicht. Trotzdem konnten wir auch auf dieser Fahrt erneut Erfolge verzeichnen.

Am 16. Oktober wurde *Trevisa* versenkt, am 19. Oktober geriet ich in einen Geleitzug, aus dem die Dampfer *Cubano* und *Sulaco* herausgeschossen wurden. Am 31. Oktober wurde *Rutland* versenkt und am 1. November *Empire Bison*, der aber noch Standort und Namen abgeben konnte.

Nach der Rückkehr hatten wir 6272 Seemeilen über Wasser und 302 Seemeilen unter Wasser zurückgelegt. Gesamtergebnis der versenkten Tonnage: ca. 20.000 BRT. Der Befehlshaber der U-Boote vermerkte im abgegebenen Kriegstagebuch: »Erfolgreiche, gut durchgeführte Unternehmung.«

So flatterten fünf Erfolgswimpel an unserem Sehrohr, als wir am 13. November in Lorient einliefen. Der Flottillenchef mit seinen Stabsoffizieren, Besatzungsmitglieder der im Hafen liegenden Boote, Marinehelferinnen mit Blumen und eine Musikkapelle, die flotte Weisen spielte, standen zum Empfang bereit. Langsam schob sich das Boot an den Kai, die Leinen wurden hinübergeworfen, der Laufsteg folgte und der Flottillenchef kam an Bord, um die Besatzung zu begrüßen. Dann aber ging es an Land, Bekannte und Freunde zu sprechen, Hände zu schütteln, die Blumen in Empfang zu nehmen und sich zu freuen, heil und gesund heimgekommen zu sein. Die Heimatpost kam an Bord und bald sah man die Besatzung an Deck sitzend die Briefe lesen und dabei Ort und Zeit vergessen. Sie waren bei ihren Lieben daheim.

Nach dem Festmachen am Liegeplatz begab ich mich zum Befehlshaber zur Meldung. Hier eröffnete er mir, daß mein Vater einen Tag vorher, am 12. November, verstorben sei. Ich könne sofort nach Hause fahren; vielleicht käme ich noch zur Beerdigung zurecht. Freundlicherweise stellte er mir sein Kurierflugzeug, das vom nahegelegenen Flugplatz von Vannes am kommenden Tag mit Kurierpost nach Berlin fliegen sollte, zur Verfügung. Voraussichtlich konnte ich so noch rechtzeitig in Erfurt sein, um an der Beisetzung teilzunehmen.

Ich hatte aber nicht mit den Unzulänglichkeiten der Fliegerei gerechnet. Als ich am nächsten Morgen zum Flugplatz kam, lag dichter Nebel über dem Land und der Flugzeugführer, ein Oberfeldwebel Meier, sagte mir, daß mit einem Start vor elf Uhr nicht zu rechnen sei. Dann aber brach die Sonne ein wenig durch, ich kletterte in die Maschine und es konnte losgehen. Dies Flugzeug war die Privatmaschine eines französischen Industriellen gewesen. Das Innere war in weißem Schleiflack gehalten, wir hatten mit rotem Saffianleder gepolsterte Sessel und ein Sofa, weiter gab es ein wunderbares Waschbecken sowie eine tadellose Toilette. In einer kleinen Pantry konnte, falls nötig, Essen bereitet werden.

Oberfeldwebel Meier ließ mich neben sich im Copilotensitz Platz nehmen, und als wir eine gewisse Höhe erreicht hatten, fragte er mich, ob ich auch einmal steuern wolle. Er erklärte mir die einzelnen Handgriffe, und so bewegte ich ein bißchen den Steuerknüppel, wobei das Flugzeug einige Sprünge machte, bis ich mich etwas an die Gangart gewöhnte. Dann gab ich aber das Steuer wieder in seine bewährte Hand, und das Flugzeug schnurrte munter auf etwa 2000 Meter Höhe dahin.

Nach einiger Zeit schaute ich einmal nach vorn, während Meier mehr nach dem Kompaß steuerte. Da sah ich einige Wasserflächen, und als ich meinen Nachbarn fragte, was das für ein Gewässer sei, bemerkte er, dies wären einige Seen, die auf unserer Flugroute lägen. Als ich kurz darauf wieder hinausguckte sah ich, daß links sehr viel Wasser war und rechts auch, und wenn ich weit genug vorausschaute, konnte ich wiederum Wasser entdecken. Hierauf wandte ich mich erneut an Meier und bat ihn, doch auch mal hinauszusehen. Die ganze Angelegenheit schiene mir nicht rechtens zu sein. Als er meiner Aufforderung nachkam, stieß er einen erschrockenen Ruf aus und meinte, wir steuerten aufs Meer zu! Ich erklärte ihm, das sei auch meine eigene Meinung, und wenn wir so weiter flögen, mit der Sonne nahezu im Rücken, so könnten wir, zwei bis drei Stunden auf Nordkurs fliegend, in England landen.

Hierauf drehte er sofort um 90 Grad ab, drückte die Maschine auf 400 Meter Flughöhe herunter, und wir konnten deutlich eine mehrgleisige Eisenbahnlinie sehen, von der wir vermuteten, daß es die Strecke Brest–Rennes war. Hierin täuschten wir uns auch nicht, denn nach einiger Zeit kam die Stadt Rennes mit ihrem Flugplatz in Sicht, und wir gaben Landemeldung ab. So landeten wir nachmittags wohlbehalten in Rennes und ich meldete mich bei dem Platzkommandanten, einem Hauptmann v. Beust.

Die Untersuchung der Maschine ergab einen Fehler des Kreiselkompasses, der eine größere Reparatur erforderte. Ich fragte den Platzkommandanten, ob er irgendein Flugzeug hätte, das mich wenigstens nach Paris bringen könne, doch war das im Augenblick nicht möglich. Erst gegen Abend ließ er mich durch eine Ordonanz benachrichtigen, daß eine Heinkel 111 in Kürze zu einem Übungsflug für Funk- und Navigationsschüler starten würde, die mich zwischenlandend in Paris absetzen könne. Beim Abschied fragte er mich, wie ich auf den Gedanken gekommen sei, mit einem Flugzeug in den Urlaub zu fliegen. Ich erzählte ihm die Umstände, worauf er lachend erwiderte, die Flieger würden immer mit der Eisenbahn in Urlaub fahren, da sie dann schnell und sicher zum Ziel kämen. Für die Rückkehr benützten sie allerdings Flugzeuge, weil sie dann bei Nebel oder schlechtem Wetter eventuell einen oder zwei Urlaubstage mehr zur Verfügung hätten.

Selber lachend verabschiedete ich mich und war spät am Abend in Paris, verpaßte aber den Nachtschnellzug nach Frankfurt, so daß ich erst am nächsten Abend in Erfurt ankam. Die Beerdigung meines Vaters war zwar bereits vorüber, doch konnte ich meiner Mutter mit Trost und ein wenig helfend zur Seite stehen. Es war schön, daß diesmal die Werftliegezeit etwas länger dauerte und ich fast einen Monat zu Hause sein konnte.

Wie sah nun die Lage nach einem Jahr Krieg aus? Frankreich war ausgeschaltet. England geriet wirtschaftlich unter Druck durch Behinderung der Zufuhren. Eine Verschnaufpause trat ein. Italien hatte sich auf unsere Seite geschlagen, zeigte sich aber unfähig, im Mittelmeerraum entscheidende Erfolge zu erzielen. Es war versäumt worden, Malta zu besetzen, das nun Basis der Angriffe auf die zur Unterstützung Rommels nach Nordafrika gehenden Geleitzüge der Achsenmächte wurde. Wir hatten in Italien einen schlechten Bundesgenossen bekommen, denn nun waren wir gezwungen, auch dort unsere Kräfte zur Hilfe einzusetzen, natürlich auch U-Boote.

Das Verhältnis zu den USA verschlechterte sich. Nach der Wiederwahl des amerikanischen Präsidenten Roosevelt am 4. November 1940 gaben die USA langsam ihre Neutralität auf und stellten Hilfsleistungen für England zur Verfügung. Zunächst wurden alte, aufgelegte amerikanische Zerstörer an England überlassen. Diese Hilfe wurde mit der Zeit verstärkt und fand ihren Höhepunkt in dem am 11. März 1941 abgeschlossenen Leih- und Pachtgesetz der USA.

6. Feindfahrt »U 124« – und wieder Nordatlantik

Diese Fahrt von fünf Wochen erfolgte zu einer schlechten Jahreszeit. Beim Auslaufen fegten Böen unter dem wolkenverhangenen Dezemberhimmel daher, Sturm und Regen sowie der hohe Seegang machten uns schwer zu schaffen. Die dunkel dahertreibenden Wolken und peitschenden Regenböen gestatteten kaum eine weite Sicht, so daß an eine Aufklärung in dem Operationsgebiet – wie Ausschau nach Rauchwolken und sonstigen Anzeichen von Schiffsverkehr – nicht zu denken war. Dazu kamen die früh einsetzende Dämmerung und lange Nächte, die untätig verbracht werden mußten. In meinem Kriegstagebuch notiere ich unter dem 21. Dezember:

»Wegen Sicht nur geringe Aufklärung. Von 19.30 Uhr bis 11.30 Uhr am Folgetag ist es dunkel; es bleiben nur sieben bis acht Stunden Helligkeit.«

Auch Großadmiral Dönitz schreibt in seinen Erinnerungen:

»Besonders schwere und anhaltende Winterstürme fegten in diesem Jahr über den Atlantik. Die Sicht war beschränkt. Auf den hart in der See ›arbeitenden‹ wie der Seemann sagt, also schlingernden und stampfenden Booten war ein Waffeneinsatz oft nicht mehr möglich. Bei solch einem Wetter überspülten Brecher den Turm des U-Bootes. Die Brückenwache, ein Offizier und drei Unteroffiziere und Mannschaften als Ausguckposten, mußten sich festschnallen, damit die Kraft der strudelnden und schäumenden See sie nicht von der Brücke hob oder riß und außenbords in das Meer setzte. Der U-Bootmann lernte auf seiner Winterkriegsfahrt wirklich die großartige Gewalt des aufgewühlten Atlantik kennen.«

Unter diesen Wetterbedingungen waren wir zum Jahreswechsel im Atlantik. Das Turmluk wurde immer zugeklappt gefahren, da sich sonst Ströme von Wasser in die Zentrale ergossen hätten. Mitunter stand die Brückenwache bis zum Hals in brodelndem Wasser. Die nach dem Wachwechsel zum Trocknen aufgehängte Kleidung verbreitete ihren »Mief«. Bilder vom Kap Horn aus früheren Tagen gingen mir durch den Kopf. Im voll ausgerüsteten Boot war die Mannschaft durch die im Bugraum lagernden Reservetorpedos in ihrer Bewegungsfreiheit eingeengt. Laufend kam an mich die Frage: »Wann werden wir endlich ein paar ›Aale‹ (Torpedos) los?«

Bei stürmischem Nordwest, Stärke sieben bis acht, kam Weihnachten heran. Die trostlose Eintönigkeit ließ keine rechte Stimmung aufkommen. Um einigermaßen erträgliche Verhältnisse zu schaffen, ließ ich um 17 Uhr tauchklar machen, ging auf 50 Meter Tiefe, denn erst dort fanden wir vor den aufgewühlten Wassern des Atlantiks Ruhe. Die Schaukelei war vorbei, die Wache saß trocken in der Zentrale vor Steuer- und Tiefenrudern, leise surrten die E-Maschinen vor sich hin. Jeder konnte in Ruhe eine Tasse Kaffee trinken und etwas Kuchen essen. Der Koch bereitete unbehelligt vom Seegang das Abendessen vor, zu dem jeder eine Flasche Bier und einen Korn erhielt. Nach dem Abendessen saßen alle noch gemütlich zusammen. Die Nacht über blieben wir getaucht, so daß die Besatzung etwas zur Ruhe kam.

Am 6. Januar 1941 hatten wir aber mit der Versenkung des britischen Dampfers *Empire Thunder* von 5965 BRT einen Erfolg, den einzigen der ganzen Reise.

Mehrfach sichteten wir auch britische Wasserflugzeuge mit Schwimmkörpern vom Typ »Sunderland«. Während der Dämmerung morgens und abends war ich immer persönlich auf der Brücke, da dies die gefährlichste Zeit für Überraschungen ist. So sahen wir bei ruhigerem Wetter, als es etwas heller wurde, und eine vorübergehende

Bö den Blick freigegeben hatte, eine »Sunderland«-Maschine in etwa zwei Seemeilen Abstand im Wasser treiben. Kurzentschlossen liefen wir auf das Flugzeug zu, doch die Besatzung hatte uns auch gesehen. Die Motoren wurden angeworfen, und noch ehe wir eine Seemeile zurückgelegt hatten, erhob sich der schwere Vogel in die Luft. Nun war es aber unsere Sache zu tauchen, und wir verschwanden erst einmal auf 50 Meter Wassertiefe, um uns vom Gegner zu lösen.

Einige Tage später sichteten wir bei auffrischendem, stürmischen Nordwestwind einen britischen Zerstörer, der wie wir sehr schwer mit dem Seegang zu kämpfen hatte. Wir haben uns wohl beide ein wenig beobachtet. Ich sah aber keine Notwendigkeit zu tauchen, und auch der Zerstörer setzte seinen Weg, schwer im Seegang schlingernd, fort, da von beiden Seiten an eine Kampfhandlung nicht gedacht werden konnte. Bald darauf war er außer Sicht, und wir haben ihn auch den Tag über nicht wieder erblickt.

So verlief diese Fahrt recht erfolglos, bei der wir vom Gegner nicht viel zu sehen bekamen. Der Brennstoff ging zu Ende, der Heimmarsch mußte angetreten werden. Am 22. Januar 1941 liefen wir mit zwei anderen Booten wieder in Lorient ein. Ich habe hier einmal etwas mehr über die Beanspruchung der Besatzung während solcher Wetterperioden geschrieben, um zu zeigen, daß diese Unternehmungen, ganz abgesehen von einer Feindberührung, beileibe keine Spazierfahrten gewesen sind.

Die zurückgelegte Distanz über Wasser betrug 6500 Seemeilen, unter Wasser 340 Seemeilen. Der BdU schrieb als Anmerkung unter meine Tagebuchnotizen:

»Der geringe Erfolg der Unternehmung ist in erster Linie auf die lange Dunkelheit und die oft sehr mäßige Sicht im Operationsgebiet zurückzuführen.«

Während der vierwöchigen Liegezeit in Lorient wurden Werftreparaturen durchgeführt; für die Besatzung gab es Heimaturlaub.

7. Feindfahrt
»U 124« – Westafrika, Freetown

Der BdU hatte uns auf dieser Feindfahrt mit einer besonderen Aufgabe betraut. Als Operationsgebiet war uns die westafrikanische Küste mit Schwerpunkt in der Höhe von Freetown zugewiesen. Für dieses Unternehmen waren nur die großen Boote geeignet, weil sie den nötigen Brennstoff mitnehmen konnten. Bei einer so weiten Distanz hätten aber auch wir mit dem Brennstoff sehr haushälterisch umgehen müssen, um überhaupt längere Zeit im Operationsgebiet zu bleiben. Uns kam jedoch zu Nutze, daß sich bei Kriegsausbruch der deutsche Dampfer *Corrientes* in den Hafen von Las Palmas auf Gran Canaria geflüchtet hatte, wo er untätig den Ausgang des Krieges abwarten mußte. Durch Kontaktaufnahme zwischen der deutschen und der spanischen Regierung war aber vereinbart worden, daß die deutschen U-Boote von der *Corrientes* Brennstoff übernehmen durften, falls es ungesehen geschähe. Es war für mich natürlich eine sehr reizvolle Aufgabe, diese Versorgung durchzuführen, wobei mir als altem Handelsschiffer die Kenntnis des Hafens und der Umgebung zustatten kam.

Am 3. März kamen die Kanarischen Inseln in Sicht. Mit Einbruch der Dunkelheit näherte ich mich dem Hafen von Las Palmas, um einmal auszukundschaften, wie die Dinge dort lagen. Ich stellte fest, daß bis gegen Mitternacht lebhafter Verkehr durch ein- und auslaufende Fischerboote herrschte. Außerdem patrouillierte eine spanische Wache auf der äußeren Mole. Sie brauchte vom Anfang bis zum Kopf der Mole, wo sie kehrt machte, etwa immer eine halbe Stunde. Ich mußte also versuchen, die Molenköpfe möglichst nach der Kehrtwendung der Wache zu durchlaufen, denn bereits eine Viertelstunde später kam der Soldat wieder zurück.

Dann setzte ich etwas von Land ab, ließ das Boot auf 50 Meter Wassertiefe einsteuern und verbrachte den Tag bis zum Einsetzen der Dämmerung unter Wasser. Am 4. März gegen Mitternacht durchlief ich dann mit vorgeflutetem Boot – d.h., die Decks waren überspült, nur der Turm ragte noch aus dem Wasser – und weiteren zwei Mann auf der Brücke die Mole, wo ich nach kurzer Orientierung im Außenhafen die *Corrientes* ausmachen konnte. Als wir uns dem Schiff auf 300 Meter genähert hatten, hörten wir, wie Fender (das sind schwere Korbgeflechte, die verhindern sollen, daß Schiffe, die Bord an Bord liegen, mit der Außenbeplattung aneinander scheuern) auf der *Corrientes* über Bord geworfen wurden. Damit gaben sie zur Kenntnis, daß sie uns gesehen hatten. Kurz darauf konnten wir die Leinen übergeben und lagen längsseits fest.

Für uns alle war das natürlich ein großes Erlebnis, hier draußen, weitab von der Heimat, ein deutsches Schiff und deutsche Besatzung zu treffen. Auf der *Corrientes* war alles wunderbar vorbereitet, schnell waren Schläuche zur Brennstoffübernahme angeschlagen, Proviant wurde übernommen, Schmieröl und Trinkwasser. Die Hälfte der Besatzung durfte abwechselnd auf das schmucke große Schiff hinübergehen, wo eine reichhaltige Tafel für sie gedeckt war. Die Leute konnten duschen und baden, sich ein wenig pflegen und umsehen, so daß die Zeit wie im Fluge verging.

Der Kapitän des Schiffes sagte mir, daß sie bereits seit zehn Tagen nach mir Ausschau hielten, da sie durch eine Sonderbotschaft darüber informiert wären, daß wir zum Tanken kommen wollten. Er hatte all die Nächte hindurch immer zwei Mann im Ausguck, davon einen oben im Mast, gehabt, die die Mole genau beobachten sollten. Mein Einlaufen war jedoch nicht bemerkt worden; erst als wir uns dem Schiff stark genähert hatten, entdeckten die Ausguckposten, daß wir bereits im Anlaufen waren. Für mich persönlich gab es noch einen kleinen Leckerbissen bei der ganzen Unternehmung. Die dort ansässige deutsche Agentur war natürlich über unser Kommen unterrichtet. Nach kurzer Zeit tauchten Herren der Agentur auf mit der Bitte, mich zu einem Essen an Land einladen zu dürfen. Ich lehnte erst ab, denn ich wollte mein Boot nicht allein lassen. Es konnten ja irgendwelche unvorhergesehenen Ereignisse meine Anwesenheit erforderlich machen. Die Herren erklärten mir aber, daß sie für mich einen Zivilanzug mit hätten und im übrigen hier in Las Palmas alles sehr ruhig sei. So ließ ich mich schließlich überreden und willigte ein. Nur wer sich in die damalige Kriegszeit hineindenken kann, wird verstehen, wie ich mich fühlte in einem neutralen Land, wo alle Häuser und Straßen beleuchtet waren und der Verkehr friedensmäßig seinen Gang lief. In hellem Lichterglanz fuhren wir die Straßen entlang, es gab keine Verdunkelung wie bei uns zuhause. Rationierungen und Beschränkungen waren unbekannt.

Wir gingen in eines der sehr schönen Hotels, die um diese Zeit gut besucht waren, denn das abendliche Leben beginnt dort später als bei uns.

Meine Unruhe legte sich ein wenig, ich fühlte mich recht wohl in dieser schönen Umgebung, die nichts von einem Krieg spüren ließ. Plötzlich sagte einer der neben mir sitzenden Herren, wenn ich ein wenig nach rechts, drei Tische weiterblicken würde, so könne ich dort den britischen Konsul mit seiner Frau speisen sehen. Im selben Augenblick war meine Ruhe wieder verflogen, ich schaute verstohlen in die angezeigte Richtung, beendete so schnell wie möglich mein Essen und bat die Herren dringend, mich doch wieder an Bord zurückzubringen. Ihre Bemerkung hatte mir das ganze Außergewöhnliche dieser Situation vor Augen geführt, so daß ich erst wieder froh war, als ich die Planken der *Corrientes* betrat.

Dort waren die Arbeiten programmgemäß verlaufen, die Ölübernahme neigte sich dem Ende zu, und beide Wachen hatten Gelegenheit gehabt, einige Zeit die Gastfreundschaft unserer Landsleute zu genießen. Sobald die Decks aufgeklart waren, wurde seeklar gemacht und gegen 6.00 Uhr morgens passierten wir wieder ungesehen die Außenmole von Las Palmas, deren Lichter wir bald hinter uns ließen. Da kurz darauf die Dämmerung anbrach, beorderte ich die Besatzung auf Tauchstation und ging wieder auf 50 Meter Tiefe. Einmal wollte ich ungesehen bleiben, und zum anderen hatten wir sicherlich noch einige Zeit eine kleine Ölspur hinter uns gelassen, denn bei einer solchen Brennstoffübernahme gibt es immer Schmutzstellen, die erst von Deck weggespült werden müssen.

Am Abend tauchten wir dann auf und konnten ungehindert unseren Marsch nach Süden fortsetzen. Am 5. März hatten wir wunderschönes klares Wetter, wir trugen alle nur leichtes Zeug, Schiffsverkehr konnte bei dem klaren Horizont gut ausgemacht werden. So kam der 6. März heran, der genau wie der Vortag verlief. Bevor ich mich nachts hinlegte, ging ich wie immer noch auf die Brücke und unterrichtete die Wache über uns zugegangene Funksprüche betreffend den Feindverkehr, die zu erwartende Wetterlage und vor allen Dingen über Sonnen-/Mondauf- und untergänge. Bei dem schönen warmen Wetter hatten wir abends lange in der Offiziersmesse gesessen, so daß es diesmal etwas später als sonst war, als ich auf die Brücke kam.

Ich war gerade im Begriff, wieder nach unten zu gehen, als einer der Ausguckleute nach der Steuerbordseite deutete und Schattenumrisse von zwei Schiffen meldete.

Sofort richteten wir unsere Gläser dorthin und machten tatsächlich zwei Fahrzeuge aus, die wir der Silhouette nach als schwere Kriegsschiffe identifizierten. Im Nu war die ganze Besatzung auf den Beinen, die durch das Turmluk wohl etwas gehört hatte; alles ging auf Manöverstation, und die Torpedomixer warteten auf Befehle.

Zunächst suchten wir nach Zerstörern, denn es war kaum anzunehmen, daß so große Schiffe ohne Zerstörerbewachung im Atlantik fuhren. Es war eine verhältnismäßig mondhelle Nacht und die Entfernung zu den Schiffen betrug ungefähr 7000 Meter, so daß wir alles gut übersehen konnten. Verwunderlich war auch, daß beide Schiffe nur wenig Fahrt machten (wir schätzten die Geschwindigkeit auf fünf Seemeilen), was uns allen zu denken gab. Plötzlich meinte unser Erster Wachoffizier Jochen Mohr, nach seiner Ansicht handele es sich um die beiden deutschen Schlachtschiffe *Scharnhorst* und *Gneisenau*, die er sehr gut kannte, da er als junger Offizier dort ein Jahr als Divisionsleutnant Dienst getan hatte. Wir hatten an Bord ein Nachschlagebuch, worin alle Kriegsschiffe der Welt in ihren Grundtypen abgebildet waren, und das auch weitere Einzelheiten angab, die der Erkennung von Kriegsschiffen dienten. Mit Jochen Mohr und dem Obersteuermann verglichen wir diese Unterlagen mit den in Sicht gekommenen Schiffen und kamen gemeinsam zu der Überzeugung, daß es sich um keine feindlichen Streitkräfte handeln konnte, sondern wir unseren eigenen Schlachtschiffen *Scharnhorst* und *Gneisenau* gegenüberstanden.

Um keine Chance für einen eventuellen Angriff auszulassen, setzte ich mich erst einmal mit hoher Fahrt vor den Kurs der gesichteten Fahrzeuge und legte mich in etwa 3000 Meter Abstand in eine gute Schußposition, sodann gab ich einen Funkspruch an den BdU ab: »Zwei schwere Einheiten Quadrat XY, Kurs 200 Grad, geringe Fahrt, ohne Zerstörersicherung. Frage: Eigene Streitkräfte?« Es waren etwa 20 Minuten vergangen, als beide Schiffe dicke Rauchwolken ausstießen und ihre Fahrt vermehrten. Kurz darauf kam ein Funkspruch vom BdU zurück: »Letzter Standort *Scharnhorst* und *Gneisenau* Quadrat XY, mit eigenen Streitkräften rechnen.« So war es nun zur Gewißheit geworden, daß wir eigene Kriegsschiffe vor uns hatten. Diese waren inzwischen näher gekommen und zogen an unserem schußbereit liegenden U-Boot vorbei. Eine halbe Stunde später waren sie außer Sicht.

Der heraufkommende Tag brachte das übliche schöne Wetter. Ich hatte gerade mein Essen beendet, als von der Brücke die Meldung: »Kriegsschiffmast in der Kimm« kam. In der klaren Luft konnte man die Mastspitze sehr deutlich als ein kleines Kreuz erkennen. Trotz der Vermutung, daß es sich um eines unserer beiden Schlachtschiffe handelte, ließ ich tauchen und es dauerte dann noch etwa eine halbe Stunde, bis ich die Schiffe klar durch das Sehrohr erkannte. Auf etwa 4000 bis 6000 Meter Abstand ließ ich auftauchen und tauschte Erkennungssignal mit den Schiffen. Admiral Lütjens, als Befehlshaber des Verbandes, signalisierte mir, längsseits zu kommen. Als wir etwa 50 Meter querab von seiner Brücke waren, entwickelte sich zwischen ihm und mir folgender Sprachrohrverkehr:

»Haben Sie uns gestern nacht gesehen?«
»Jawohl, Herr Admiral.«
»Hätten Sie Aussicht gehabt, uns zu versenken?«
»Jawohl, Herr Admiral.«
»Wie groß war die Schußentfernung?«
»3000 Meter, klare Sicht, Schiffsgeschwindigkeit und Lage gut ausgemacht.«
»Dann danke ich Ihnen für Lebensrettung durch Ihre Umsicht.«

Damit war das militärische Gespräch erledigt, die beiden Schiffe und auch ich mit dem U-Boot setzten die Fahrt fort.

Am kommenden Tag, dem 7. März, erhielten wir durch den BdU die Meldung über einen nordwärts steuernden Geleitzug, der von einem Bordflugzeug der *Scharnhorst* und *Gneisenau* gemeldet worden war. Wie ich später bei der Rückkehr hörte, konnten beide Schiffe den Geleitzug nicht selbst angreifen, da er nicht nur durch Zerstörer, sondern auch durch ein schweres Schlachtschiff der Engländer, *Malaya*, gesichert war. Wir rechneten nach unseren Unterlagen mit einer Begegnung etwa nach 23.00 Uhr. Als dann aber nichts in Sicht kam, steuerten wir einen zum Geleit westlichen Kurs, um möglichst noch in der Nacht zum Angriff zu kommen. Hiermit hatten wir auch Erfolg.

Am 8. März um 2.26 Uhr kam bei hellem Mondschein der Geleitzug in Sicht. Er steuerte in vier nebeneinanderlaufenden Kolonnen und war durch eine Anzahl von Zerstörern gesichert. Da bei der mondhellen Nacht eine unbemerkte Annäherung nicht möglich war, beschloß ich, den Monduntergang, der gegen 4.00 Uhr morgens sein würde, für einen Angriff auszunutzen. Ich setzte mich vor den Geleitzug. Es gelang mir kurz nach Monduntergang, mit kleinster Fahrstufe laufend, mich mitten in den Geleitzug hineinsacken zu lassen. Hierbei kam einer der davor stehenden Sicherungszerstörer bis auf 300 Meter an mich heran, doch vertraute ich auf die Dunkelheit, und der Schrecken zog vorüber. In solchen Situationen werden Sekunden zu Minuten, denn ein Erkanntwerden bedeutete nicht nur, unter Wasser gedrückt zu werden und die Angriffschance verloren zu haben, sondern auch wohl bei einer solchen Nähe den Verlust des Bootes. Es gehört schon eine Menge dazu, in einer solchen Situation Herr der Lage zu bleiben, was dann aber auch durch Erfolg belohnt wird.

Die Frachtschiffe der Spitze überholten mich nun, so daß ich mich zwischen zwei Kolonnen inmitten des Geleitzuges in die richtige Schußposition manövrieren konnte. Ich hatte gerade das Boot für den Angriff etwas gedreht, als im äußersten Teil des Geleitzuges weiter hinten zwei scharfe Detonationen ertönten, gleich darauf Scheinwerfer durch die Dunkelheit zuckten und von den Seiten der Schiffe Leuchtraketen geschossen wurden. Die Nacht war jetzt rundum hell erleuchtet. Ich hatte Bedenken, von den Handelsschiffen aus gesehen zu werden. Auf dem einen neben mir fahrenden Schiff konnte ich deutlich auf dem Achterschiff Geschütz und Geschützbedienung erkennen. Auf einem anderen Dampfer an Steuerbord standen der

Koch, durch seine weiße Mütze erkennbar, und andere Leute, die angestrengt in die Richtung schauten, wo die Detonation zu hören gewesen war. Der Abstand zwischen solchen Kolonnen beträgt etwa 1500 Meter, so daß die Nerven wiederum stark strapaziert wurden. Wie ich nach meiner Rückkehr hörte, hatte *U 105* unter Führung von Kapitänleutnant Schewe einen Hilfskreuzer torpediert, der bald darauf lichterloh brannte. Für mich brachte es den Vorteil, daß die Zerstörer, die auch die Seitensicherung übernahmen, zur Explosionsstelle gingen, so daß ich selbst freier handeln konnte. Mit Befriedigung stellten wir fest, daß eine Leuchtrakete nach der anderen erlosch und wir bald wieder in tiefer Finsternis mitten im Geleitzug standen. Nur der helle Schein des achteraus brennenden Schiffes war deutlich zu sehen.

Jetzt aber war meine Chance gekommen. Ich möchte hier nicht auf Einzelheiten eines solchen Angriffes eingehen. Ich hatte aber Gelegenheit die Dampfer einzeln aufs Korn nehmen zu können und schoß alle Torpedos aus dem Bug, also vier Stück, und auch die beiden Hecktorpedos, zwei Stück, gezielt auf Schiffe ab. Der Erfolg waren fünf nachgewiesene Treffer und ein sechster, der aber unbestätigt blieb. Die Namen der versenkten Schiffe waren:

1.	*Nardana*	7974 t
2.	*Harmdius*	5229 t
3.	*Tielbank*	5084 t
4.	*Lahore*	5304 t
5.	*Hindpoos*	4897 t

Nun merkten die Zerstörer, daß im vorderen Drittel des Geleitzuges auch Bewachung notwendig war. Ich versuchte noch, mich aus dem Geleitzug herauszuziehen, dessen Schiffe jetzt Kursänderungen vornahmen und auch ganz willkürliche Kurse steuerten. Da kam aber auch schon einer der Zerstörer heran, man konnte ihn in der dunklen Nacht gut an der durch die hohe Fahrt bedingten weißen Schaumwelle am Bug erkennen. Ein Ausweichen war jetzt nicht mehr möglich, denn wiederum waren nacheinander viele Leuchtraketen aufgestiegen, so daß das Boot vom Feind gesichtet werden konnte. Ich tauchte noch rechtzeitig, ohne daß wohl der Bewacher meine genaue Tauchposition ausgemacht hatte. Ich versuchte dann, soweit wie möglich in die Nähe eines der torpedierten Schiffe zu kommen, um den Angriffen auszuweichen. Langsam steuerte ich eine Tiefe von 70 bis 80 Metern an, die mir und der Besatzung aber zu einer Art Hölle wurde. Bald näher, bald ferner dröhnten die Explosionen der Wasserbomben an unser Ohr, daneben hörten wir das Knirschen und Brechen der Schotten von den sinkenden Schiffen, auch mußte ich mich mit vielen anderen Geräuschen, die uns völlig unbekannt waren, auseinandersetzen.

In meinem Kriegstagebuch schrieb ich nur kurz unter dem 8. März über diese Situation:

»Unter Wasser ist das Bersten der sinkenden Schiffe dicht beim Boot zu vernehmen. Dazwischen zwei Torpedodetonationen ganz in der Nähe. Boot steuert auf 70 Meter. Bald darauf Aufschläge wie von Artilleriegeschossen. – Ein Dampfer sinkt mit gro-

ßem Getöse dicht beim Boot. Das Kämpfen über Wasser ist halb so gefährlich wie hier unten, wo es dauernd kracht und explodiert. Dazu laufend Schraubengeräusche von Zerstörern, Dampfern und einem U-Boot.«

Diese Kampfhandlung hatte sich in der Nähe der Kapverdischen Inseln abgespielt, so daß ich danach meine Reise in das Operationsgebiet vor Freetown fortsetzte. Zunächst gab es aber noch zwei andere Aufgaben zu erfüllen, die man mir erteilt hatte.

In diesem Abschnitt des Krieges war es uns noch möglich, verschiedene Hilfskreuzer draußen in Übersee zu haben sowie auch Versorgungsschiffe in die weiten Gebiete des Atlantik und Indischen Ozeans hinauszubringen, die einmal den feindlichen Handelsschiffsverkehr stören, zum anderen aber vor allem den U-Booten die Versorgung mit Brennstoff, Proviant und Torpedos ermöglichen sollten.

So war für mich etwa 600 Seemeilen südwestlich der Kapverdischen Inseln ein Treffen mit »Schiff 41«, dem Hilfskreuzer *Kormoran*, vereinbart. Am 15. März konnten wir am verabredeten Treffpunkt Kontakt aufnehmen, doch war bei der schlechten Wetterlage an irgendeine Versorgung, vor allen Dingen die Übernahme von Torpedos, nicht zu denken. So strebte ich erst meiner zweiten Aufgabe zu, dem Panzerschiff *Admiral Scheer*, das aus dem Indischen Ozean kam und in die Heimat zurückkehren wollte, Ersatzteile für sein beschädigtes Entfernungsmeßgerät zu übergeben. Dieses Treffen am 16. März klappte programmgemäß. Der Kommandant, Kapitän zur See Krancke, lud mich ein, bei ihm an Bord zu frühstücken. Auf meine Entgegnung, daß ich Angst hätte, von Flugzeugen überrascht zu werden, versicherte er mir aber, bisher keine Flugzeugbedrohung gehabt zu haben. So übergab ich dann das Kommando Oberleutnant zur See Mohr, meinem Ersten Wachoffizier, und ging an Bord von *Admiral Scheer*. Es war ein befreiendes Gefühl, einmal aus der Enge des Bootes herauszukommen, auf geräumigen, wenn auch schwankenden Schiffsplanken gehen zu können, und an einem weißgedeckten Tisch im Salon mit dem Kommandanten und einem der Offiziere zu frühstücken. Es gab Eier, Schinken, Wurst und Käse und einen sehr guten Kaffee. Krancke fragte mich, ob ich nicht einige Eier haben wolle, worauf ich ihm erwiderte, er sei ja auch lange in See und ich möchte ihn nicht unnütz seines Proviantes berauben. Hierauf erklärte er mir aber, daß er an Eiern einen Riesenüberschuß habe. Auf meine verwunderte Frage, wie das denn käme, sagte er mir, daß er vor einiger Zeit ein britisches Kühlschiff versenkt habe, das mit ein paar Millionen Eiern nach England unterwegs war. Vor der Versenkung hatte er die Provianträume des Gegners einer genauen Besichtigung unterziehen lassen und zu sich an Bord soviel wie möglich an frischen Sachen geschafft. Nun sagte ich natürlich freudig »ja«, und die von ihm bereits gepackten Kartons konnten aufs U-Boot gebracht werden, noch vermehrt um weitere Leckerbissen und vor allen Dingen zwei für uns extra gebackene Torten. Das war natürlich für die Besatzung eine große Überraschung. Der Eier hatten wir nun soviele, daß sie, durch die Wärme bedingt, nach einiger Zeit faul wurden, und wir den Rest ungegessen über Bord warfen. Ich muß aber vorausschicken, daß wohl jeder von uns pro Tag fünf bis sechs Eier gegessen hatte, und uns diese Nahrung auch langsam zum Hals heraushing. Wir trennten uns bald, denn *Admiral Scheer* wollte seine Reise nach der Heimat fortsetzen. Ich selbst blieb dauernd mit »Schiff 41« in Verbindung, um endlich zur Torpedo- und Brennstoffübernahme zu kommen.

Zu dieser mir gestellten Aufgabe möchte ich einiges einfügen. Wir hatten im Oberdeck zwölf Reservetorpedos liegen, die wir selbständig ins Innere des Bootes übernehmen konnten. Voraussetzung hierzu war jedoch einigermaßen gutes Wetter. Die im Vorschiff schräg angebrachte Luke für eine solche Torpedoübernahme liegt nicht sehr hoch über Wasser. Glückt es erst einmal, einen Torpedo über den bei uns mitgeführten kleinen Kran in diese Öffnung zu bekommen, dann ist die Gefahr eines Wassereinbruchs gebannt. Wasser kann dann nur begrenzt durch den Zwischenraum zwischen Torpedo und Bordwand eindringen. Solche kleinen Wassermengen können schnell durch Lenzpumpen beseitigt werden. Anders ist es, wenn das Boot, bedingt durch hohe Dünung und Seegang bei offenem Luk unterschneidet und Wasser in den vorderen Raum stürzt. So etwas kann leicht zum Totalverlust des Bootes führen.

Da der Hilfskreuzer in der Nähe war, verzichtete ich darauf, eigene Torpedos unter Deck zu bringen, und füllte meine Lücken aus seinen Beständen auf. Unter großen Schwierigkeiten gelang es dann bei weiterhin unruhiger See vier Torpedos mit Hilfe von Schlauchbooten von der *Kormoran* zu übernehmen (wobei eines an der Schwanzflosse beschädigt wurde), sie ins Bootsinnere zu bekommen und auch Schmieröl zu übernehmen. Im Kriegstagebuch hieß es dann kurz:

»Insgesamt vorne vier Torpedos übernommen. Das Schwanzstück des ersten konnte mit Hilfe von »Schiff 41« repariert werden, so daß alle Torpedos schußklar sind.«

Auch am Tage darauf war uns das Wetter hold, so daß wir mit Trinkwasser versorgt werden konnten und auch mit ein wenig Brennstoff. Nach einiger Zeit riß aber die Schlauchverbindung, so daß wir die Brennstoffübernahme abbrachen, doch hatten wir unsere Tanks gut auffüllen können. Während dieser ganzen Manöver konnte die Besatzung abwechselnd auf »Schiff 41« hinübergehen, um sich dort nach Waschen und Baden bei einem guten Essen zu erfrischen.

Am 20. März konnte ich dann durch Funkspruch »Versorgung durchgeführt« melden und ging nun nach fünf Tagen Versorgung in mein eigentliches Operationsgebiet, das mit einem Radius von 250 Seemeilen vor Freetown lag.

Gerade waren wir in bester Verfassung, uns in den Handelskrieg zu stürzen, als nach zwei Tagen gegen Mittag der Leitende Ingenieur bei mir auf der Brücke erschien und den Steuerbordmotor unklar meldete. Die Kolbenlager waren zum Teil ausgelaufen, weitere angefressen. Ich ordnete sofort auch die Untersuchung des Backbordmotors an, bei dem sich ebenfalls Anfressungen herausstellten. Auf meine Frage, was nun werden sollte, gab der Leitende Ingenieur mir zu verstehen, daß da nicht viel zu machen und auch an eine Heimreise nicht zu denken sei. Nun aber explodierte ich förmlich, wie mir von meiner Besatzung späterhin bestätigt wurde. Ich bedeutete dem Leitenden Ingenieur, daß ich eine solche Meldung überhaupt nicht zur Kenntnis nähme, er solle sich gefälligst zu seinen Motoren scheren und sehen, daß er den Schaden in Ordnung brächte. Er könne die Besatzung und mich hier nicht viele tausend Seemeilen von der Heimat entfernt einfach wegen eines technischen Schadens sitzenlassen. Es blieb mir nichts anderes übrig, als das Boot einfach treiben zu lassen. Alle Mann wurden zu Hilfeleistungen in die Maschine beordert. So harrte ich der Dinge, die da kommen würden.

Mein guter Leitender Ingenieur hat mir später meine harten Worte nicht übelgenommen. Er kniete sich nun aber in das Problem hinein. Nach einigem Überlegen kam ihm die Idee, aus dem Silberpapier, mit dem Zigaretten und Schokolade eingewickelt waren, das nötige Material für die Ausbesserung der Lager zu gewinnen. Diese Idee in die Tat umgesetzt, zeigte Erfolg. Nach fünf Tagen harter Arbeit meldete er mir »beide Diesel wieder betriebsklar«. Wir kamen nun überein, bei langsamen Fahrtstufen die Funktion zu überprüfen, steigerten dann langsam die Fahrt und waren am 28. März wieder voll einsatzfähig. Diese Leistung habe ich dann nach Rückkehr besonders herausgestrichen, und wir hatten die Genugtuung, daß unser Leitender Ingenieur mit dem Deutschen Kreuz in Gold ausgezeichnet wurde. Daneben hatte aber auch die Besatzung in allen Teilen mitgeholfen, die Fahrtüchtigkeit des Bootes wieder herzustellen, mit dem wir dann ohne weitere Pannen in die Heimat zurückkehren konnten.

Nun stand aber wieder der Kampf gegen die Handelsschiffe im Vordergrund. Den Nachrichten zufolge bündelte sich bei Freetown neuerdings der Verkehr. Die einzeln vom Süden kommenden Handelsschiffe wurden hier zu Konvois zusammengefaßt und dann nordwärts geleitet. Deswegen hielt ich mich mehr im südlichen Sektor auf und hatte damit auch Glück. In der Dämmerung des 30. März wurde ein Schiff gesichtet, an das ich mich anhängte, um es bei Dunkelheit im Überwasserangriff zu versenken. Nach einem durch »Zacken« des Schiffes fehlgeschlagenen Angriff gelang es mir dann aber, gegen 23 Uhr, einen Torpedotreffer zu erzielen. Da das Schiff nicht sank, ließ ich vor dem zweiten Schuß eine Weile vergehen, um der Besatzung die Möglichkeit zu geben, in ein Rettungsboot zu steigen. Nach geraumer Zeit traf dann der zweite Torpedo, worauf das Schiff sehr schnell wegsackte. Es handelte sich um die *Umona* mit 3767 BRT. In der Nacht lief ich etwas von meiner Position ab, kehrte aber am 3. April wieder in dieses Gebiet zurück. Am frühen Nachmittag wurde mir eine in der See treibende Boje gemeldet. Dies erschien mir außergewöhnlich, und ich begab mich auf die Brücke, wo durch das Glas ein spitzer Gegenstand ausgemacht und nun angesteuert wurde. Beim Näherkommen erkannten wir ein etwa zwei Quadratmeter großes Floß, auf dem drei Mann saßen. Gegen die Sonnenhitze hatten sie sich Tücher über den Kopf gebunden, und um sich bemerkbar zu machen, eine spitze Latte in die Mitte des Floßes gesteckt, an der ein Stoffetzen hing.

Meine Frage, ob sie Leute von der *Umona* seien, wurde bejaht. Ich fragte nach anderen Rettungsbooten, worauf sie aber meinten, ihr Schiff sei so schnell gesunken, daß kaum mit weiteren Überlebenden zu rechnen sei. Hierauf erwiderte ich ihnen, daß ich ja Zeit gelassen hätte, zwischen dem ersten und zweiten Torpedoschuß in die Boote zu steigen. Ihre Antwort war, daß der Kapitän es verboten habe in der Meinung, mit dem einen Torpedo davonzukommen.

Soweit es ging, versorgten wir die Leute mit allem Nötigen, damit ihr Überleben für einige Zeit gesichert war. An Bord nehmen konnte ich sie nicht, da U-Boote hierfür nicht eingerichtet und auch aus tauchtechnischen Gründen nicht geeignet sind. Ich gab den Schiffbrüchigen aber ihre genaue Position und sagte ihnen, daß ein hier laufender Strom sie auf Land setzen würde. Sie hätten damit Aussicht, Land zu erreichen. Zwei dieser Leute sind auch am Leben geblieben, wie ich später von einem der beiden, der mich in Poole bei einem Aufenthalt in England besuchte, erfuhr.

Am Tag darauf sichteten wir die *Marlene*, ein 6507 BRT großes Schiff. Der Angriff verlief recht spannend, da das Schiff sehr geschickt zickzackfahrend geführt wurde. Erst nach mehrmaligen Ansätzen kam ich zum Erfolg.

Kurz nach dem Angriff kam der Erste Wachoffizier zu mir und gratulierte mir zur Verleihung des Ritterkreuzes. Auf mein Staunen hin zeigte man mir einen Funkspruch, der während des Angriffes auf die *Marlene* eingegangen war, und den man, um mich nicht zu stören, solange zurückgehalten hatte. Wie ich später zu Hause erfuhr, war die Verleihung bereits aufgrund der Versenkung der *Umona* ausgesprochen worden, wir erhielten aber die Nachricht durch den Funkverkehr mit einem Tag Verspätung. Nun wurde an Bord etwas gefeiert. Mit meinen Leuten leerte ich einige Flaschen Sekt, der Koch bastelte in Kürze zwei Torten zusammen, und von der Besatzung erhielt ich ein aus Eisenblech gearbeitetes Ritterkreuz, das sehr kunstvoll gefertigt, mit schwarzem Spirituslack überzogen und mit Silberdraht ausgelegt, dem echten Orden nicht nachstand, und eigentlich nur an seinem Gewicht zu erkennen war.

Am kommenden Tag war ich sehr weit in Landnähe gegangen, um vier Reservetorpedos vom Oberdeck ins Bootsinnere umzustauen. Es war windstill, das Boot wiegte sich in einer mittelhellen Mondnacht in der langen Atlantikdünung, so daß ich die günstigen Witterungsbedingungen ausnutzen wollte. Wir hatten in dieser Nacht Glück. Das Manöver ging zügig voran, und so waren wir unterdecks wieder voll mit Torpedos versorgt.

Am 7. April lief uns am Tage die *Portadoc* mit 1756 BRT vor den Bug. Da das Schiff nicht groß war, beorderte ich die Besatzung des Frachters in die Boote und versenkte das Schiff danach durch Artilleriebeschuß, was gleichzeitig auch zur Übung unserer Mannschaft diente.

Tags darauf sichteten wir gegen Nachmittag die *Tweed*, 2697 BRT groß. Das Schiff wurde im Unterwasserangriff mit einem Torpedo versenkt. Nach dem Auftauchen

Datum und Uhrzeit	Angabe des Ortes, Wind, Wetter, Seegang, Beleuchtung, Sichtigkeit der Luft, Mondschein usw.	Vorkommnisse
8.4.41		
0910	Qu. ET 2565	In rw. 240° ein Dampfer in Sicht. Kurs 100° im Qu. ET 2568. Vorgesetzt.
1136		Getaucht.
1225	Qu. ET 2672	Schuß. vg. 9 E = 800 m. Lage = 80.
		Treffer Brücke. Dampfer [illegible] "Tweed" 2697 Brt. Da Dampfer weiterzulaufen scheint.
1227		2. Schuß. Lage =95 der jedoch fehl geht, da Dampfer inzwischen herandreht. Bald darauf sinkt Dampfer über das Vorschiff.
1232.		Aufgetaucht. Ein gekentertes Rettungsboot treibt mit 2 Negern und 8 Weißen, davon einer schwer verwundet. Ein 2. Rettungsboot fischt abseits davon, herumtreibende Schiffbrüchige.
1200	Qu. ET 2672	Distanz: unter Wasser / über Wasser Übertrag: 91 / 6157 7./8.4. 8 / 177 Bis 8.4. 99 sm. / 6334 sm.
		Die Schiffbrüchigen des gekenterten Bootes aufs Achterdeck genommen. Der Verwundete wird vom Arzt geschient und verbunden. Oberschenkelbruch, linker Arm ausgekugelt. Das Rettungsboot wird aufgerichtet, klar gemacht und mit den Schiffbrüchigen entlassen.
1430		"Tweed" kam von Liverpool in Ballast. Von U-Boot Gefahr vor Freetown wußten die Leute nichts im Gegensatz zu dem gestern versenkten "Portador".
1440	[illegible]	a/o. rw. 150°.
1600	Qu. ET 2679	
2000	Qu. ET 2952	
	NW 1 ruhige See, geringe Dünung.	
2300		a/o. rw. 0°.
2400	Qu. ET 2992	

.... [signature]

Seite aus dem Kriegstagebuch von *U 124* über die Ereignisse vom 8. April 1941 gewahrte ich ein gekentertes großes Rettungsboot, das mit zwei Schwarzen und acht Weißen, darunter einem Verwundeten, besetzt war. Ein zweites Rettungsboot, etwas kleiner, fischte weitere Schiffbrüchige auf und lag so tief, daß es kaum noch Freibord hatte. Ich tauchte auf. Mir war klar, daß alle diese Männer nur dann eine Überlebenschance hatten, wenn das große Rettungsboot aufgerichtet, ausgeöst und segelklar gemacht wurde. Zwei Tage zuvor hatte ich vom Sehrohr aus einmal ein Flugzeug gesehen, so daß ich Bedenken hatte, den Leuten zu helfen, denn zu dieser Aktion mußten die Schiffbrüchigen aufs Oberdeck des U-Bootes genommen werden; von unserer Seite aus war eine schwere Talje (Flaschenzug) anzuschlagen, um das gekenterte Boot zu drehen. Ich stellte einem der Schiffsoffiziere, der sich als Sprecher gemeldet hatte, die Situation dar, bat ihn mit seinen Leuten folgendes zu bereden: Ich würde wie vorher beschrieben verfahren, aber sobald sich ein Flugzeug nähere, mit Alarm tauchen, so daß sie dann wiederum bei Haifischgefahr im Wasser schwimmen würden. Sie möchten nun beraten, ob ich ihnen helfen solle, oder ob sie allein mit ihrem Schicksal fertig würden. Mister Baker, einer der Schiffsoffiziere, eröffnete mir dann, daß die Besatzung mit meinem Vorschlag, sie an Bord zu nehmen und das Rettungsboot klarzumachen einverstanden sei und akzeptierte auch den möglichen Notfall eines plötzlichen Wegtauchens unsererseits.

Nun wurde schnell gehandelt, und nach 30 bis 40 Minuten hatten wir das große Rettungsboot klargemacht, weitere im Wasser treibende Utensilien geborgen und nahmen nun von dem kleineren, kaum seefähigen, aber sehr vollbesetzten Boot mehrere Personen in das große über. Schnell wurden noch die beiden Boote mit genügend Proviant, Zigaretten, etwas Alkohol und weiteren notwendigen Dingen versehen. Mr. Baker bedankte sich bei uns sehr für diese Hilfeleistung und rief zum Schluß zu uns hinüber: »We will tell the people ashore, what generous fighters you are.« Ich erwiderte ihm darauf: »Don't forget it!«

Baker hat meine Handlungsweise nicht vergessen. Er suchte mich nach dem Kriege über eine Zeitungsnotiz, die dann zu einem Treffen in England führte.

Zwei Tage später, am 11. April, wurde die *Aegeon* mit 5285 BRT versenkt. Am 12. April folgte die *St. Helena* mit 4313 BRT, und wieder einen Tag später wurde die *Corinthic* mit 4823 BRT das Opfer eines Torpedos.

Nun aber meldete der Leitende Ingenieur Brennstoffknappheit, so daß wir an den Rückmarsch denken mußten. Trotz weiter Umschau war am Horizont am nächsten Tag nichts zu entdecken. So setzte ich meine Rückmarschmeldung per Funk ab. Wir hatten noch 96 Kubikmeter Brennstoff und in den Rohren drei Torpedos.

Am 29. und 30. April umrundeten wir Kap Finisterre an der spanischen Nordwestküste. Dies war für uns U-Boote ein gefährliches Gebiet, weil die Engländer hier eine sehr gute Seeüberwachung weit hinaus ins Meer aufgebaut hatten. Bewacher in Form von Fischdampfern, Seglern, Flugzeugen und Zerstörern und Korvetten machten uns die Ansteuerung unserer französischen Heimathäfen schwer. Ich hielt mich sehr weit von Land entfernt, stellte aber erheblichen kleinen Schiffsverkehr fest, so daß ich tagsüber tauchte und nur nachts aufgetaucht weiterlief.

Am 1. Mai 1941 machten wir, von einem Geleit aufgenommen, in Lorient fest. An der Pier hatte sich eine größere Anzahl Menschen versammelt, darunter unser Befehlshaber Admiral Dönitz mit seinem Stabe und anderen im Stützpunkt anwesenden U-Bootleuten. Eine Militärkapelle spielte lustige Weisen; es wurde uns ein großer Empfang bereitet.

Kurz vor dem Einlaufen war einer der älteren Unteroffiziere zu mir gekommen und hatte gesagt, ich müsse jetzt das von der Besatzung angefertigte Ritterkreuz umbinden. Zunächst schien mir die Idee absurd, aber die Leute drängten und sagten mir, ich hätte es verliehen bekommen und könne daher auch eines tragen: Also band ich es um. Als sich unser Boot der Pier näherte sah ich, wie einige der Wartenden auf mich zeigten, was darauf schließen ließ, daß sie das Ritterkreuz gesehen hatten. Als wir dann festgemacht hatten, kam der Flaggleutnant des BdU als erster an Bord und bat mich, doch mein Ritterkreuz abzulegen, denn der Befehlshaber wolle mir jetzt das vom Führer verliehene überreichen. So band ich also den selbstgefertigten Orden hinter dem Turm ab und trat ohne ihn wieder hervor, um dem Befehlshaber das Boot von Feindfahrt zurückzumelden.

Im ganzen waren wir 68 Tage in See gewesen. Versenkt wurden zwölf Dampfer mit 57.626 BRT. Wir hatten 12.127 Seemeilen über Wasser und 275 Seemeilen unter Wasser zurückgelegt.

Der FdU vermerkte am Schluß meiner Tagebuchaufzeichnungen:

»Der Angriff auf den Geleitzug am 8. März stellt eine besonders große Leistung dar. Die gesamte Durchführung der Unternehmung ist klar, überlegt und gut. Ihr Erfolg ist sehr befriedigend.«

Das Boot hatte jetzt nach anderthalb Jahren Fahrzeit, die vornehmlich im Feindeinsatz erfolgte, eine große Werftüberholung nötig. Vorgesehen waren zwei Monate, in denen die Besatzung reichlich Urlaub erhielt und sich gut erholen konnte.

Im Urlaub ging es zu Eltern, Geschwistern und Bekannten. Junggesellen fuhren in bevorzugte Ferienorte, manche blieben auch gern in Frankreich mit seinen in den Sommermonaten schönen Badeorten am Atlantik. Auf der Hin- und Rückfahrt in die Heimat stürzte man sich einige Tage in das Großstadtleben von Paris.

Wir U-Bootoffiziere hatten dort als Durchreisequartier das Hotel »Ambassador« zur Verfügung, während andere Einheiten der Marine wie auch die Luftwaffe und das Heer über weitere Hotels verfügten.

Als beliebte Lokale wurden vor allen Dingen »Moulin Rouge« und »Scheherezade« angesteuert, in denen wir dann Kameraden von den anderen westlichen Unterseebootflottillen trafen. In letzterem Lokal hatte es uns ganz besonders eine Exilrussin namens Nina angetan, die wohl jeder damalige U-Bootoffizier kannte. Natürlich wurden alle diese Lokale vom deutschen Abwehrdienst auf Spionage überwacht, denn die Feindseite war an unseren Berichten sehr interessiert.

Unter dem Einfluß von Alkohol wurde manches Wort gesprochen, was besser zurückgehalten worden wäre. Besonders auffallend waren auch in den Hotels die in tadellosem Frack bedienenden Kellner, hinter deren besonders guten Manieren viele von uns vermeintliche englische Lords entdecken wollten. Sicherlich war auch hier und da ein dem englischen Geheimdienst verhafteter britischer Lord mit dabei.

Damals wurde eine heitere Geschichte herumerzählt: Ein in Paris stationierter deutscher Marinemaat von 24 Jahren, gut aussehend, hatte bei Einkäufen ein Wäschegeschäft entdeckt, das von einer Französin geleitet wurde. Nach mehreren Einkäufen entspann sich zwischen unserem Obermaaten und der Französin ein inniges Verhältnis, so daß der Mariner auch oft bei der Französin übernachtete. – Dieser Tatsache nahm sich der Geheimdienst an, besonders aus dem Grunde, weil der Obermaat im Nachrichtendienst tätig war. Dabei stellte der Geheimdienst fest, daß die Französin bereits im 50. Lebensjahr stand und daher der Verdacht nahe lag, daß diese Beziehung nicht natürlicher Art sei.

Man lud also die Französin vor eine Art Gericht, um Auskünfte über ihr Leben und vor allen Dingen über die Beziehung zu dem jungen Obermaaten zu erhalten. Persönlich über ihr Leben befragt, gab die Dame alles offen zu, auch ihr Alter, verneinte aber irgendwelche anderen Unterstellungen bezüglich Ausfragen und Spionage gegenüber ihrem Freund. Als der Richter meinte, daß doch der Altersunterschied sehr groß sei, geriet sie aber etwas in Rage, lüpfte ihre Röcke, zeigte ihre Beine und produzierte sich in eleganten Schritten vor den Richtern mit der Bemerkung, daß sie schön genug sei, es noch mit jeder Konkurrentin aufzunehmen, und die Richter aufforderte, ihr genügend Attraktivität zu bescheinigen.

Mit Gelächter wurde dieser Teil der Verhandlung abgebrochen und der Obermaat hereingeführt. Auf sein Verhältnis zu der Dame befragt, erwiderte er, daß er sie gern möge, daß sie in ihrer Jugendlichkeit, Beweglichkeit und Tanzfreudigkeit einen liebenswerten Eindruck auf ihn mache. Darauf fragte ihn der Richter, ob er das Lebensalter der Dame angeben könne, worauf er freimütig erwiderte, daß er wohl annehme, daß sie etwas älter sei als er, aber er schätze sie auf 30 bis 32 Jahre. Dies erweckte wiederum ein Schmunzeln im ganzen Gerichtssaal, und nach kurzer Beratung wurde die Verhandlung abgeblasen.

Solche kleinen amüsanten Geschichten überdeckten kurz das doch sehr ernste Kriegsgeschehen. Mitten in die Urlaubszeit hinein fiel am 22. Juni 1941 der Einmarsch in Rußland, bekannt als Unternehmen »Barbarossa«. Während viele von uns sich bisher in guter Siegeszuversicht für Volk und Vaterland einsetzten, trat jetzt, als der Schritt zum Zwei-Fronten-Krieg vollzogen war, die Besinnung auf den Ernst der Lage sehr in den Vordergrund. Die Älteren unter uns machten sich ehrlich Gedanken darüber, wie diese große Herausforderung zu meistern sei.

Wir sollten uns aber erst einmal alle erholen. Über unsere Dienststellen flatterten uns viele Angebote von Urlaubsorten auf den Tisch, aus denen wir auswählen konnten. Besonders bevorzugt war ein U-Bootheim in Spindelmühle (Riesengebirge), das ausschließlich U-Bootfahrern zur Verfügung stand. Daneben gab es aber in allen deutschen Landen Hotels, die Urlauber aufnahmen. Außerdem kamen auch Einladungen von Privatleuten, die Villengrundstücke und Sommersitze besaßen, die von ihnen für Erholungszwecke zur Verfügung gestellt wurden. Ich selbst landete in Bullfons Hotel in Velden am Wörthersee, wo ich herrliche Sommertage verbringen konnte. Nach Besuchen bei Bekannten und auch einem Aufenthalt bei meiner Mutter fand ich mich dann im Juli wieder in Lorient ein.

8. Feindfahrt »U 124« – am Geleitzug HG 69

Dieser Feindfahrt sahen wir mit einem besonderen Interesse entgegen, weil wir die Sonderaufgabe hatten, Herrn Adolph Woermann, der bei uns eingeschifft wurde, in der Nähe von Freetown an Land zu setzen, wo er als Ortskundiger (die Familie hatte dort Grundbesitz und Plantagen) nachrichtendienstlich eingesetzt werden sollte.

Die Fahrt selbst stand unter einem unglücklichen Stern. Schon kurz nach Auslaufen am 10. Juli meldete der Leitende Ingenieur, daß vier Rohre der Kühlleitung gebrochen seien, deren Reparatur ihn vor große Schwierigkeiten stelle. So entschloß ich mich, Rückkehrsignal abzusetzen und lief wieder in Lorient ein.

Am 15. Juli liefen wir erneut aus, umschifften vorsichtig das Kap Finisterre, das für starke feindliche Überwachung, Angelleinenfischer und Flugzeuge bekannt war. Ich blieb daher lieber einen Tag unter Wasser, um dann weit westlich der spanischen Küste aufzutauchen und meinen Weg in Überwasserfahrt fortzusetzen.

Wir befanden uns in ausgezeichneter Stimmung etwa 800 Seemeilen südlich der Azoren, als uns ein Befehl nach Norden zurückrief. Auf meine Rückfrage wegen der Sonderaufgabe wurde mit »Sonderaufgabe Woermann entfällt« geantwortet.

Unser Befehlshaber hatte durch einen Abwehrmann Nachricht erhalten, daß in Gibraltar ein großer Geleitzug in Richtung Irland zusammengestellt wurde. Er entschloß sich, hier einmal eine Großoperation anzusetzen, da sich eine Vielzahl von U-Booten in dem gesamten Gebiet aufhielt. Beteiligt waren u.a. *U 93* Hartmann; *U 94* Kuppisch; *U 331* v. Tiesenhausen; *U 109* Bleichrodt; *U 123* Hardegen; *U 124* unser Boot; *U 126* Ernst Bauer; die beiden italienischen Boote *Finzi* und *Marconi* sowie deutsche Fliegerüberwachung. Die ganzen Boote wurden auf den Geleitzug (HG 69) angesetzt.

Dieser Konvoi wurde aber außerordentlich geschickt geleitet, und zum anderen begann der Gegner ab Frühjahr das Radar einzusetzen, das uns bis dahin noch weitgehendst unbekannt war. Die Führung des Geleitzuges ortete anscheinend die angreifenden Boote, schickte ihnen Zerstörer entgegen, so daß sie für einige Zeit unter Wasser gedrückt wurden und die Fühlung verloren. Immer wieder trafen dann Meldungen vom gesichteten Geleitzug ein, man wechselte Kurse, versuchte sich vorzusetzen, doch wurden die Boote jedesmal bei Annäherung an den Geleitzug abgedrängt. Mir ist bis heute nicht bekannt, wieviel Schiffe aus diesem Geleitzug HG 69 herausgeschossen wurden. Es dürften aber nur sehr wenige gewesen sein. Dönitz vertraute damals auch auf die deutsche Luftaufklärung. Zu unserer Unterstützung und zur Aufklärung wurden die sogenannten »Condor-Maschinen« eingesetzt; dies waren Langstreckenaufklärungsflugzeuge, die von Bordeaux aus starteten. Sie hatten eine enorme Reichweite und bildeten so das verlängerte Auge unserer sehr verminderten Sicht. Der Einsatz dieser Flugzeuge dauerte aber nicht lange. Die Engländer schickten bald Flugzeugträger in diese Seeräume und bekämpften den Einsatz der »Condor-Maschinen« mit Erfolg. Relativ oft geschah es danach, daß wir im Atlantik treibende Überlebende dieser Maschinen, die von englischen Trägerflugzeugen abgeschossen worden waren, sichteten, aufnahmen und wieder in die Heimat zurückbrachten.

Im ganzen war es also eine sehr schwierige Operation. Dönitz schreibt dazu in seinen Erinnerungen:

»Die bereits erwähnte Absicht erneuter Zusammenarbeit mit dem inzwischen an Flugzeugen verstärkten Kampfgeschwader 40 hatte auf diesen Entschluß Einfluß. Mit der Luftwaffe zusammen wurden in der Folgezeit südlich Irland eine Reihe von Gibraltar-Geleitzügen bekämpft. Obwohl die Versenkungserfolge beträchtliche Schiffszahlen aufwiesen, blieb sie an Tonnage nur gering, weil die Größe der Schiffe im Gibraltar-England-Verkehr nur etwa 1000 bis 3000 BRT betrug. Außer diesen U-Bootoperationen südlich Irlands wurde auch versucht, ohne Luftaufklärung den Verkehr nördlich Irlands zu erfassen. Diese U-Bootaufstellung hatte keinen Erfolg. Sie war starker feindlicher Luftüberwachung ausgesetzt, ohne feindlichen Verkehr zu sehen. So war das Ergebnis der Versenkung im Juli und August nur mager. Es betrug 45 Schiffe mit 174.519 BRT.«

Am 21. August mußten wir wegen Brennstoffmangels den Rückmarsch antreten. Am 25. August 1941 lief das Boot wieder in Lorient ein. Wir hatten 7052 Seemeilen über Wasser und 232 Seemeilen unter Wasser zurückgelegt, ohne einen Erfolg verzeichnen zu können. Die Bemerkung des BdU zu meinem Kriegstagebuch lautete:

»Der sonst so bewährte Kommandant hat auf dieser Unternehmung kein besonderes Glück entwickelt. Sehr ungünstige Wetter- und Sichtverhältnisse haben die Operation besonders an dem stark gesicherten Geleitzug sehr erschwert.«

Das Boot ging zur kurzen Werftüberholung ins Dock. Als Werftliegezeit war die Zeit vom 25. August bis 21. September 1941 angesetzt.

Flottillenchef der 6. U-Flottille Aufbau in Danzig und gleichzeitig Chef der 8. U-Flottille in Danzig

Schon kurz nach dem Einlaufen des Bootes in Lorient schwirrten Gerüchte herum, daß ich ein neues Kommando erhalten sollte. Noch ehe ich in Urlaub ging, wurde mir mitgeteilt, daß eine anderweitige Verwendung für mich vorgesehen sei. Mein Nachfolger sollte mein Erster Wachoffizier Jochen Mohr werden, dem ich nun alle Unterlagen übergab, und ihm zur Ernennung zum Kommandant gratulierte. Ich selbst konnte mich noch von der gesamten Besatzung verabschieden, bat aber Jochen Mohr, die altgedienten Leute, die mit mir von *U 64* her das ganze bisherige Kriegsgeschehen durchgestanden hatten, neben Beförderungen, die auszusprechen waren, innerhalb von zwei bis drei Reisen an Land zu schicken. Dieses Versprechen hat er auch gehalten, und obwohl viele noch einmal mit anderen Booten in See gingen, kann ich doch die erfreuliche Tatsache verzeichnen, daß immerhin 18 bis 20 der Männer, die mit mir Anfang des Krieges in Einsatz gingen, das Geschehen überlebt haben.

Es mag vielleicht aufgefallen sein, daß ich in den ersten beiden Kriegsjahren sehr wenig über weibliche Bekanntschaften gesprochen habe. Dies hat seinen Grund darin, daß ich im Spätsommer 1939 im Seebad Grömitz Gisela kennenlernte, die mit ihren Eltern dort den Urlaub verbrachte. Während der Einfahrzeit der beiden U-Boote *U 64* und *U 124* hatte ich verschiedentlich Gelegenheit, sie zu treffen und auch das Elternhaus zu besuchen. Dies führte – durch den Krieg bedingt – zu einer übereilten Verlobung und dann nach Abgabe des Kommandos von *U 124* zu einer Heirat am 19. September 1941. Die Ehe stand unter einem sehr ungünstigen Stern, weil es von vornherein zu keinem wirklichen Zusammenleben kam. Wir waren auch sehr ungleiche Temperamente. Bereits in den beiden letzten Kriegsjahren stellte sich ein freundschaftlicher Verkehr von ihr zu Italienern ein, die sie, da sie die italienische Sprache beherrschte, bei Dolmetschertätigkeiten kennengelernt hatte. Sie bat mich dann selbst, sie wieder freizugeben, doch ich meinte, wir sollten das Kriegsende abwarten. Sie war aber zu ungeduldig und ging mit ihrem neuen Bekannten nach Italien, wo sie dann auch das Kriegsende erlebte. So reichte ich gleich nach Entlassung aus der Gefangenschaft die Scheidung ein.

Bruder Heinrich war, wie ich hörte, in Konstanz im Lazarett. Er muß wohl eine Kriegsverletzung gehabt haben. Ich selbst war durch die Ritterkreuzverleihung Mittelpunkt vieler Besuche, Einladungen und Ehrungen. Daneben sollte ich Vorträge an meinem alten Realgymnasium und anderen Schulen in Erfurt halten, auch wurde in einer der kurz darauf folgenden Wochenschauen mein Einlaufen in Lorient mit Verleihung des Ritterkreuzes gezeigt. Ich versuchte, so gut es ging, mich all dieser Anforderungen zu erwehren, doch wurde mir bedeutet, daß ich jetzt eine Persönlichkeit sei, die im öffentlichen Interesse stünde und darauf Rücksicht zu nehmen hätte. Ich entsinne mich noch eines Kinobesuches, bei dem die Wochenschau von meiner Ritterkreuzverleihung berichtete. Durch eine Indiskretion war meine Anwesenheit bekanntgeworden. Mit einem Mal erklärte ein Ansager, daß Kapitänleutnant Schulz im Saal sei, worauf sich alles händeklatschend erhob und ich mich auf der Bühne zeigen mußte.

Das Propagandaministerium lud in diesem Zusammenhang unsere ganze Besatzung nach Berlin ein, damit wir dort einige Erholungstage verbringen konnten.

Für mich selbst gab es aber nur wenig Urlaub. Zunächst sagte man, ich solle als Taktiklehrer an die Unterseebootschule in Neustadt kommen, doch noch während ich mich auf diese neue Aufgabe einstellte, hieß es, ich solle Chef der 6. Unterseebootflottille in St. Nazaire werden. Diese U-Flottille wurde allerdings erst neu gebildet, und zwar in Danzig. Dort sollte alles bereitgestellt, und sobald der Grundrahmen wie Personal, Material und die ersten zugeteilten U-Boote ein Ganzes bildeten, nach St. Nazaire verlegt werden.

Als Basisstellung nahm ich gleichzeitig die Stellung des Chefs der 8. Unterseebootflottille, die in Danzig beheimatet war, ein, so daß ich zwei Tätigkeiten gleichzeitig ausüben mußte.

Innerhalb der U-Bootwaffe hatte ich nun eine ganz andere, nunmehr gehobenere Dienststellung. Ich mußte mit allen Behörden in meinem Bereich direkt verkehren. Mir stand sogar ein Dienstwagen mit Chauffeur zur Verfügung.

Wie damals üblich, benutzte man die ersten Tage, um mit den einzelnen Dienststellen und Behörden in Kontakt zu kommen. Ich besuchte den Oberbürgermeister der Stadt, den Direktor der Danziger Werft, den Direktor der Schichau-Werft, den Kommandierenden General, den Admiral der Kriegsmarinedienststelle, den Admiral der Rüstungsinspektion in Zoppot, den Küstenbefehlshaber der östlichen Ostsee, den Standortältesten in Danzig, General Strack, zwei Regierungspräsidenten und dazu noch die Chefs der Stäbe. Auch beim Gauleiter Forster wurde ein Besuch nötig.

Alle diese Gespräche gingen schnell und kurz über die Bühne. Besonders erinnere ich mich noch des Besuches beim Gauleiter Forster, wo ich zum ersten Mal mit höheren Chargen der NSDAP in Berührung kam. Er hatte sich in einem sehr schönen Gebäude niedergelassen und arbeitete in einem großen Raum von mindestens 80 Quadratmetern, der aber recht gut aufgeteilt war. Durch ein Vorzimmer, das von einem Adjutanten belebt wurde, wurde ich zu ihm geleitet und hatte etwa 15 bis 20 Schritte auf ihn zuzugehen, bis ich bei ihm angelangt war. Er behandelte mich recht freundlich, wünschte mir alles Gute, solange ich in seinem Gau tätig sei, und damit war die Angelegenheit zunächst beendet.

Für meine Arbeiten stand mir mein Flottillenstab, der aus neun Herren bestand, zur Verfügung. Direkt mir untergeordnet war der Stabsoffizier beim Stabe, mit dem ich alle wichtigen Angelegenheiten besprach. Danach gab es einen Ersten und Zweiten Ingenieuroffizier, einen Ersten und Zweiten Verwaltungsoffizier, einen Schriftoffizier, den Adjutanten, einen Wohnschiffoffizier und einen Arzt. Allen diesen Herren waren Schreibstuben- und Hilfspersonal zugeteilt, die den sogenannten aus etwa 60 bis 70 Personen bestehenden Unterstab bildeten.

Unser Dienstquartier hatten wir auf einem großen Passagierschiff der Hamburg-Amerika-Linie von 20.000 Tonnen, der *Hamburg* bezogen. Die Besatzungen der ersten in Dienst gestellten U-Boote der neuen Flottille, die jetzt kamen, waren auf einem Wohnschiff untergebracht, die Offiziere zum Teil auf der *Hamburg*.

Danzig war eigentlich ein reiner Handelshafen und erst im Kriege als Stützpunkt für Kriegsschiffe ausgebaut worden. Laufenden Kontakt hatte ich mit den beiden Werften, mit deren Direktoren Herrn Tratt und Herrn Woermann ich oft zusammenkam. Auch mit dem Erprobungskommando U-Boote und den in der Nähe von Gotenhafen gelegenen Stäben in Zoppot und auf der Halbinsel Hela hatte ich viele Berührungspunkte.

Nun lernte ich etwas mehr von der Partei und ihrem Gebaren kennen. Der Gauleiter Forster war ein recht netter Mann, aber wie alle Herren dieser Geistesrichtung, mit denen man zusammenkam, sehr großspurig. In meiner Dienststellung wurde ich zu allen Premieren, die am Ort stattfanden, eingeladen – sei es im Kino oder Theater. Anläßlich einer solchen Premiere, an der auch der Gauleiter Forster teilnahm, fand ich in der vorderen Reihe ihn selbst mit seinem Adjutanten sowie dem Admiral der Kriegsmarinedienststelle und dem Admiral der Werften, Konteradmiral Stefan. Ich setzte mich mit anderen Herren, die ebenfalls geladen waren, auf Plätze in der zweiten und dritten Reihe, worauf Gauleiter Forster sich umdrehte und mich nach vorn in die erste Reihe holte, was bedeutete, daß einer der Admirale Platz machen mußte. Beide Herren erhoben sich darauf und gingen eine weitere Reihe zurück, während ich, als der sehr viel jüngere Kamerad, neben Forster in der ersten Reihe Platz nehmen mußte. In einer Pause entschuldigte ich mich bei den beiden Admiralen und habe dann nie wieder eine Einladung zu einer Premiere angenommen, wenn ich wußte, daß der Gauleiter anwesend war.

Es gab aber nun erst einmal sehr viel für mich zu tun. Man muß bedenken, daß in Friedenszeiten die Offiziere auf ihre späteren Dienststellen vorbereitet werden. Während der nötigen Kommandierungen kann man sich einen Überblick über die Tätigkeit solcher vorgesetzten Dienststellen verschaffen, und wenn man dann selbst Chef wird, springt man mit etwas mehr Kenntnissen in den neuen Job. Im Krieg aber war der Wechsel besonders krass; es machte mir in den ersten Tagen sehr viel Mühe, mich in allem zurechtzufinden. Dazu gab es enorm viele kleine Entscheidungen zu treffen, die zum Teil auch größere Tragweite hatten. Meine Offiziere folgten mir mit gutem Schwung. Doch ich habe vom Oktober 1941 bis zum 19. Februar 1942, dem Tag der Verlegung der Flottille nach St. Nazaire, viel zu tun gehabt.

Eine sehr interessante Unterbrechung dieser Zeit brachte mir eine Kommandierung, die mich vom 6. bis 15. Dezember zu einer Vortragsreise in die Schweiz führte. Ich sollte dort in Uniform vor Volksdeutschen Vorträge über das Kriegsgeschehen und speziell den U-Bootkrieg halten. Die Schweizer Regierung hatte ausbedungen, daß diese Vorträge als geschlossene Veranstaltung stattfinden müßten. Ein öffentliches Auftreten in Uniform sollte nach Möglichkeit vermieden werden. Ich stellte mir also einen Vortrag von etwa 40 Minuten zusammen, der mir bei der Fülle des Materials, das ich verwenden konnte, keine Schwierigkeiten bereitete.

Ich traf am 6. Dezember bei der Botschaft in Bern ein, wo der dortige Botschafter, Dr. Köster, mich erst einmal sehen wollte. Er teilte mir dann den zur außenpolitischen Abteilung gehörenden Freiherrn v. Bibra zu, der mich während meiner Schweizer Reise betreuen sollte. Es wurden Vorträge in Rorschach, St. Gallen, Zürich, Lausanne und Genf festgelegt, wohin ich in Zivil anreisen mußte. Erst in den für die Vorträge vorgesehenen Häusern legte ich Uniform und Ritterkreuz an, um dann auf dem Podium zu erscheinen und meinen Vortrag zu halten. Im ganzen gesehen eine schöne Aufgabe; ich wurde von allen Volksdeutschen in der Schweiz sehr freundlich aufgenommen.

Zunächst hielt ich meinen Vortrag aber einmal vor dem Personal der Deutschen Botschaft in Bern und bat den Botschafter, mich zu berichtigen, falls Dinge gesagt würden, die ihm nicht klug erschienen. Mein Vortrag wurde aber von ihm im ganzen so, wie ich ihn hielt, angenommen, er hatte nichts daran auszusetzen.

Mir stand nun noch ein besonderes Erlebnis bevor. Auf den 8. oder 9. Dezember hatte der Botschafter einen großen Empfang vorbereitet, zu dem etwa 270 Personen geladen waren. Dr. Köster lud mich hierzu mit ein. Der Tag wird mir unvergeßlich bleiben, da ich soviele gut angezogene Herren und elegant gekleidete Damen lange nicht gesehen hatte. Es waren alle Missionschefs der befreundeten Nationen eingeladen, viel Diplomatie, Offiziere, Großkaufleute, Behörden und auch Künstler. Mit Freiherrn v. Bibra hatte ich verabredet, daß er immer hinter mir stehen würde, um mich, wenn ein Gesprächsthema etwas gefährlich werden sollte, durch eine kurze Bemerkung aus der schwierigen Situation zu retten.

Es ging jedoch alles soweit gut, obwohl ich im Mittelpunkt vieler Fragen stand. Ich wurde auch von dem Oberbefehlshaber der Schweizer Armee, der dort den Rang eines Generals hat, einer Unterhaltung gewürdigt. Als ihm erklärt wurde, daß ich unter den Gästen sei, bat er mich zu sich und verwickelte mich in ein längeres Gespräch über die Verteidigungsbereitschaft der Schweiz. Mich selbst fragte er wenig nach dem Kriegsgeschehen an der Front, so daß ich den Eindruck hatte, ich solle seine Ansichten, wenn ich in die Heimat käme, an meine vorgesetzten Dienststellen weitergeben.

Meine Reise verlief planmäßig. Nach jedem Vortrag erhielt ich Einladungen, die stets zu langen Aussprachen führten. Für mich war diese Reise zwar eine herrliche

Abwechslung, doch war ich dann auch wieder froh, in meinem Danzig zu sein, wo viele Aufgaben und Entscheidungen auf mich warteten.

Anfang des Jahres 1942 fuhr ich zum ersten Mal über Paris nach La Baule, um dort die für uns und unsere Boote vorgesehenen Anlagen zu besichtigen. Mein Erster Verwaltungsoffizier Kapitänleutnant Sucrow, der für die gesamte Durchführung der Organisation unserer Unterkunft in La Baule zuständig war, war mir bereits vorausgefahren, so daß ich dort erst zu ihm stieß. Im Schlafwagen Köln–Paris hatte ich als Bettnachbarn einen Stahlwarenfabrikanten aus Solingen, Herrn Eickhoff. Wir kamen ins Gespräch über Waffen – ein Gebiet, das mich natürlich sehr interessierte, und er erzählte mir, daß er speziell Zierwaffen für Diplomaten und höhere Offiziere herstelle. Beim Abschied in Paris sagte er mir, daß er für mich eigens einen Marinedolch, handgeschmiedet mit echtem Elfenbeingriff und gut vergoldet, machen lassen würde, den er mir zum Andenken an unser Treffen schenken wolle. Diesen Dolch hat er dann auch an meine Mutter geschickt, die ihn mir später zusandte. Er trug auf der Klinge die Inschrft: »Zur Erinnerung an eine gemeinsame Fahrt nach Paris.« – Leider ist dieser Dolch später von den Besatzungstruppen als Kriegsbeute mitgenommen worden und befindet sich wohl heute in amerikanischer Hand. Sollte ihn einer meiner Nachfahren einmal finden, so kann er ihn gerne als sein Eigentum den guten Leuten abknöpfen. Die Gravur auf dem Stahl müßte eigentlich unverkennbar erhalten geblieben sein.

Nach meiner Rückkehr erwartete mich eine neue Überraschung. Beim Gau Danzig befand sich ein Propagandaleiter der NSDAP namens Löbsack. Er war ein äußerst gewandter Mann, mit einem erstaunlich guten Gedächtnis und besonderer Redefähigkeit begabt. Er stammte aus sehr einfachen Verhältnissen, hatte nur die Volksschule besucht, und wie er mir erzählte, lange Jahre der Kommunistischen Partei angehört. Dann war er aber zur NSDAP übergewechselt und hatte hier seine Laufbahn gemacht. Ich bin nie im Leben einem Menschen begegnet, der mit soviel Intellekt ausgestattet war. Löbsack hatte viel gelesen, er behielt nahezu alles und konnte wörtlich viele der gelesenen Stellen repetieren. In seinen Argumenten war er kaum zu schlagen, da sie rein vom Intellekt bestimmt waren und man ihm auf dieser Seite kein Paroli bieten konnte. Ich habe ihm oft gesagt, daß ich ihn nicht widerlegen könne, aber daß ich seine ganze Beweisführung nicht für stichhaltig erachte. Trotzdem vertrugen wir uns ganz gut.

Eines Tages kam er zu mir und fragte mich, ob ich etwas dagegen hätte, wenn der Reichsminister Goebbels vom Propagandaministerium Pate meiner Flottille würde. Ich sagte natürlich ja, denn so eine Patenschaft bedeutete, daß man viele Dinge schnell heranzaubern konnte, die bei unseren U-Bootleuten heiß begehrt waren, wie etwa Akkordeons, Schachbretter, Bücher, Unterhaltungsspiele und ähnliche Dinge.

Nach längerem Überlegen kamen mir aber doch Bedenken, denn hier ergab sich der Kontakt zwischen einem der höchstgestellten politischen Repräsentanten des Reiches und mir als Kapitänleutnant, wenn auch nun Chef der 6. Unterseebootflottille. Ich rief also unseren Kommandierenden Admiral U-Boote, dem die Flottillengruppen dienstlich unterstellt waren, Admiral v. Friedeburg, in Kiel an und eröffnete ihm, was mir begegnet sei. Er sagte erst eine Weile nichts, dann aber meinte er, ich würde wieder von ihm hören. Es dauerte auch keine zwölf Stunden, da rief er mich wieder an und sagte mir, die ganze Angelegenheit wäre natürlich hochpolitischer Art, aber ich solle einfach unbefangen, so wie ich bisher an die Sache herangegangen wäre, weitermachen. Später ging mir dann durch den Kopf, daß Goebbels, der ja immer hellwach war, den Führungswechsel von unserem Großadmiral Raeder zum Großadmiral Dönitz vorausfühlte und über die Patenschaft zu einer Unterseebootflottille den Kontakt zu Dönitz suchte.

Gemäß der Anweisung von Admiral v. Friedeburg ließ ich nun die Dinge sich entwickeln. So kam es dann zum Treffen von Goebbels und mir am 17. Januar 1942, der mit einer Künstlerschar, zu denen die damaligen Schauspieler Ilse Werner, Theo Lingen und andere gehörten, nach Zoppot kam. Er hatte etwa 1200 Offiziere und Soldaten zu künstlerischen Darbietungen eingeladen, die mit viel Beifall aufgenommen wurden.

Nach Beendigung dieser Vorführung, etwa gegen 11.00 Uhr abends, bat der Oberbürgermeister von Zoppot uns im Kaiserhotel zu einem Essen, wo ich Goebbels offiziell vorgestellt wurde. Ich saß an seiner rechten Seite, und wir hatten eine angeregte Unterhaltung, die bis zum anderen Morgen um 3.30 Uhr dauerte.

Mir sind vor allen Dingen zwei Themen dieses Gespräches in Erinnerung geblieben. Das eine betraf einen meiner ehemaligen Segelschiffskameraden, den nunmehrigen Schauspieler Joachim Gottschalk, von dessen tragischem Schicksal ich gehört hatte. Ich fragte Goebbels ganz offen, mich interessiere, wie sich eigentlich der Fall Gottschalk abgespielt habe, denn ich sei mit ihm sehr befreundet gewesen. Er erzählte mir darauf, daß in Berlin ein Bühnenball stattgefunden hätte, zu dem sämtliche Schauspieler aufgefordert waren, zu kommen. Hier stieß er auf Joachim Gottschalk und seine Frau, mit denen er sich sehr angeregt unterhielt, als ein SS-Mann hinzutrat und ihn fragte, ob er wisse, mit wem er sich unterhalte. Darauf erwiderte Goebbels: »Ja, mit dem Filmschauspieler Gottschalk und seiner Frau.« Darauf sagte der SS-Mann: »Ich mache sie darauf aufmerksam, Herr Reichsminister, daß Frau Gottschalk Jüdin ist.« Hierauf habe er selbst sich kurz verabschiedet und sei zu anderen Gästen gegangen. Noch in derselben Nacht hatte das Ehepaar Gottschalk seinen neunjährigen Jungen vergiftet und dann selbst Gift genommen.

Im ganzen hatte ich den Eindruck, daß Goebbels bei allem, was er sagte, sehr beherrscht war. Er sprach lebendig und lebhaft, aber seine Blicke schweiften dauernd umher. Ihm entging nichts, was ihn aber an der Unterhaltung nicht hinderte. Im Laufe unseres Gespräches kam er auch auf die Hirtenbriefe, die im Kriege von der katholischen Kirche zum Teil von den Kanzeln verlesen wurden, und die oft irgendwelche Untaten des Nationalsozialismus anprangerten. Er bezeichnete alle Vorwürfe als erlogen und erwähnte den Bischof Graf Galen in Münster, der durch einen besonders scharfen Hirtenbrief aufgefallen war. Hierbei erregte er sich. Ich hatte zum ersten Mal das Gefühl, daß er jetzt aussprach, was in seinem Innern wirklich vorging. Er wurde besonders lebhaft und laut und seine Ausführungen, in denen er den Bischof sehr heruntersetzte, endeten mit den Worten: »Und wenn der Mann sich noch einmal erfrecht, eine derartige Rede von der Kanzel zu halten, dann gehe ich selbst nach Münster, stelle mich auf den Marktplatz und rede solange auf die Menge ein, bis sie mir den Mann aus dem Hause holen und vor meinen Augen lynchen.«

Am folgenden Tag hatte ich ihn zu einem Besuch im Stützpunkt und zu einer U-Bootfahrt eingeladen. Nach kurzer Besichtigung an Land bestiegen wir ein U-Boot, das auch sofort in See ging. Goebbels hatten wir ubootmäßig in ein Lederpäckchen mit weißem Rollkragenpullover und dazu passender Mütze gesteckt. Er fühlte sich in dieser Kluft sehr wohl und bewegte sich im übrigen ganz zunftgemäß im Boot. Es wurden ihm alle Einzelheiten erklärt, außerdem hatte ich ein Zielschiff auf Position beordert, das zackend einen bestimmten Kurs lief, so daß ich ihm das Schießen von einem U-Boot aus gut demonstrieren konnte. Das Boot hatte einen erfahrenen Kommandanten, der die Manöver vom Gefechtssehrohr aus durchführte. Der Minister konnte durch das außerdem ausgefahrene Luftzielsehrohr mit seinem erweiterten Beobachtungskopf sehr gut das Schießen und die Vorgänge an der Wasseroberfläche verfolgen.

Nach dieser Übung hatten wir im Bugraum ein kleines Frühstück bereitgestellt, das aus Kartoffelsalat, Würstchen, Bier und auch einem Schnaps bestand. Wir tranken unser Bier ohne Gläser aus der Flasche, wie es unter solchen Umständen üblich war, und ich muß sagen, daß Goebbels während der ganzen Zeit, die er bei uns an Bord war, nicht einmal Zeichen von Ungeduld oder Ängstlichkeit zeigte.

Wir kehrten um 16 Uhr zurück. Goebbels zog sich um, da ich ihn eingeladen hatte, nun seinerseits bei unserer Flottille zu Gast zu sein. Um 18.15 Uhr hatte ich ihn an Bord der *Hamburg* zu einem Essen mit etwa 30 Personen eingeladen, unter denen sich auch der Gauleiter Forster befand. Er saß als Ehrengast an meiner rechten Seite, und mir fielen wiederum der sehr beobachtende Blick und die ungeheure Konzentration, die aus allen seinen Reden sprach, auf. Auf meine Frage, was er trinken wolle, sagte er, daß er täglich an Veranstaltungen teilnehmen müsse, und darum keinen Alkohol tränke. Ich ließ also eine Flasche Wasser kommen, von dem er reichlich zu sich nahm.

Nach dem Essen gab es wieder eine Vorstellung der Künstler, diesmal auf dem Dampfer *Hamburg*, in dem dafür hergerichteten Speisesaal, der etwa 600 Personen fassen konnte. In Erinnerung ist mir ganz besonders noch die vom Minister vor Beginn der Vorstellung gehaltene Rede geblieben. Goebbels konnte phantastisch frei sprechen, drückte sich sehr klar aus und wußte seine Worte gut an den Mann zu bringen. In diesem Fall hatte er aber wohl wenig Lust, irgendetwas auszusagen. Ich versuchte hinterher, mir klarzumachen, was er eigentlich in diesen 20 Minuten den

Leuten gesagt hatte. Ich kam zu keinem Resultat. In Verschleierung durch Worte war er ein Meister. Mir fällt hierbei auch ein Ausspruch des britischen Kriegsministers Churchill ein, den ich selbst beim Abhören des Feindfunks vom U-Boot aus, als er im englischen Parlament redete, hörte.

Er sagte:

»Wir dürfen bei all den jetzt vorgenommenen Überlegungen nicht vergessen, daß in Deutschland in Dr. Goebbels ein Mann als Propagandaminister tätig ist, der wohl zu den größten und in der Rede gewandtesten Männern aller Zeiten gehört.«

Dieser Abend endete kurz vor Mitternacht, der Kontakt mit dem Reichspropagandaministerium war hergestellt. Goebbels fuhr wieder nach Berlin, doch wir hatten nun über seinen Staatssekretär, ich glaube, er hieß Neumann, eine wirklich gute Betreuung unserer Unterseebootflottille. Wann immer wir uns an Herrn Neumann wandten, er fand Rat und Hilfe, uns mit dem zu versehen, was wir für die Ausrüstung unserer Kantinen, Unterkünfte und Wohnhäuser und zur Zerstreuung der Mannschaften und Offiziere benötigten, so daß die Patenschaft des Reichsministers für uns sehr willkommen war. Ich selbst habe Goebbels nach diesem zweitägigen Aufenthalt in Zoppot und Danzig nicht wieder gesehen.

Nun aber ging der Aufbau der Flottille ihrem Ende entgegen. Es gab viel Arbeit, die restlichen Ausrüstungen zu besorgen, die Verwaltungsoffiziere waren mehr in Frankreich als in Danzig, ich selbst hatte mich bei den Behörden noch abzumelden und zu verabschieden. Der Umzug der Flottille war für Mitte Februar vorgesehen. Etwa am 19. Februar 1942 erfolgte die Verlegung nach Frankreich, wo wir uns nun häuslich einrichteten.

Als Chef der 6. U-Flottille in St. Nazaire

Der langerwartete Augenblick war gekommen. So schön auch das Leben in Danzig war, ganz besonders auch wegen des Einlebens in die Führung einer Flottille, so wollte man doch gerne wieder an die Front zum eigentlichen Kriegsgeschehen. Mancher, der diese Zeilen liest, wird sich denken, daß ich in der gesicherten Heimat, wo es damals noch keine Luftangriffe gab, eine besonders gute Dienststellung gehabt hätte. Wir waren aber begeisterte junge Menschen, glaubten, uns für Volk und Vaterland einsetzen zu müssen, und es gab nicht wenige von uns, die sich wieder um das Kommando eines U-Bootes bewarben, um wirklich am Feind kämpfen zu können. Die Einsatzbereitschaft und der Heldenmut dieser Jugend zwischen 20 und 32 Jahren wird in der heutigen Zeit, in der ich diese Zeilen niederschreibe, für viele unverständlich bleiben. Es war aber ein schönes Gefühl, in der Gemeinschaft der kampfbereiten jungen Männer zu leben und mit ihnen Gefahr, Not und Tod zu teilen.

St. Nazaire war eine der wichtigen U-Boot-Basen an der Westküste Frankreichs. Im ganzen gab es dort fünf. Brest, Lorient und St. Nazaire mit je zwei Flottillen, La Rochelle mit einer Flottille und Bordeaux ebenfalls mit einer Flottille.

In St. Nazaire waren die 6., also meine, und die 7. Unterseebootflottille stationiert. Der Chef der 7. U-Flottille, Kapitänleutnant Sohler, war dienstgradmäßig älter als ich und somit Stützpunktleiter. Wir beide hatten ein sehr gutes Verhältnis zueinander, zogen am gleichen Strang, was letztlich allen Unterseebootleuten zugute kam. St. Nazaire, an der Loiremündung gelegen, war eine große Hafenstadt mit zwei Werften. Die deutsche Marine hatte gleich nach der Besetzung Frankreichs begonnen, dort große Bunker zu bauen, in die die U-Boote hineinfahren konnten. So war die ungehinderte Reparatur während der Werftzeit gewährleistet, da die Boote bei Bombenangriffen im sicheren Hort lagen. Solche U-Bootbunker waren auch in Brest, Lorient und im Süden gebaut worden.

Die Unterseebootbesatzungen waren in dem etwa acht Kilometer entfernt gelegenen Badeort La Baule untergebracht. La Baule hatte um die Jahrhundertwende einen ungeheuren Aufschwung genommen und zählte seit dieser Zeit zu den bedeutendsten Badeorten an der französischen Atlantikküste. Es lag an einer weit ausgedehnten Bucht, die früher mit ihren dahinter gelegenen Hügeln und sandigen Pinienwäldern für die Bauern ohne große Bedeutung war. Der breite Strand zog sich von dem Ort Poliguen über La Baule, La Baule les Pin nach Pornichet in acht Kilometer Länge und 100 bis 150 Meter Breite hin. In Friedenszeiten wurden auf dem festen Sand des Strandes Autorennen ausgetragen. Viele kleine Villen, unterbrochen lediglich von einigen größeren Hotels, schmückten die Bucht. Nach Norden zu lag auf der sich dort ausstreckenden Halbinsel noch der malerische Fischerort Croisic, der immer wieder Künstler anzog, die dieses reizvolle Fleckchen malten.

Unsere Flottille bekam einen Abschnitt in La Baule selbst mit 64 kleineren und größeren Villen und Hotels zugewiesen. – Der Stab mit seinen Arbeitszimmern sowie die Offiziersmesse waren in dem am Strand gelegenen Hotel »Majestic«. Weiterhin gab es in dem Haus Unterkünfte für durchreisende Offiziere. Zwei Häuser weiter lag die kleine Villa »Orphée« an der Strandpromenade, die man als Wohnsitz für mich beschlagnahmt hatte. Das Haus war nicht sehr groß, es hatte unten zwei oder drei Zimmer und die Küche, zwei Schlafzimmer im Obergeschoß und dann noch im Dach zwei weitere kleine Zimmer. Durch die unmittelbare Nähe zum »Majestic« war es mir leicht möglich, mich nach dem Dienst schnell einmal in mein eigenes Heim zu verziehen.

Um den U-Bootoffizieren etwas Abwechslung zu bieten, hatte ich mir außerhalb meines Territoriums noch zwei Häuser ausgesucht, die ihrer Zerstreuung und Ruhe dienen sollten. Das war in La Baule les Pin das Haus »Roche Rouge«, eine sehr große Villa, auf einem Hügel gelegen, die im Obergeschoß mindestens zwölf Schlafzimmer hatte und im Untergeschoß mit großen repräsentativen Räumen Gelegenheit für Feste bot. Etwas nördlich von unserem Stützpunkt lag das Haus »Les Tottes«, das kleiner als »Roche Rouge«, jedoch für die persönliche Entspannung besonders gut geeignet war. Über den Garten konnte man direkt an den Strand hinaustreten, um im Sommer zu baden oder in der kühleren Jahreszeit lange Spaziergänge zu unternehmen.

Jede der von uns bewohnten Villen und Hotels war der Obhut eines älteren Soldaten übergeben. Man hatte hierfür Kriegsteilnehmer aus dem Ersten Weltkrieg, die wieder eingezogen worden waren, ausgesucht. Es waren alles sehr ordentliche Menschen, die ihre Pflichten äußerst ernst nahmen. Ein französischer Adliger, der mich einmal besuchte, um nach seinem besetzten Haus zu sehen, war überrascht, wie gut das Haus gehalten war und bestätigte mir, daß von Familienstücken, auch wertvollerem Inventar und sonstiger Einrichtung, nach seiner Überzeugung nichts fehle.

Ich hatte sofort nach Übernahme der Häuser die Hauswarte angewiesen, von allen Zimmern genaue Inventarverzeichnisse aufzustellen, so daß alles registriert war. Ein Satz dieser Aufzeichnungen war im Hause selbst einzusehen, der andere lag bei mir in der Flottille.

Alle Fragen, die die Villenbesitzer oder auch am Ort lebende Franzosen betrafen, wurden mit dem Ortskommandanten, Hauptmann Sachse, und dem Bürgermeister von La Baule besprochen. Diese Zusammenarbeit war vorbildlich und führte nie zu Schwierigkeiten.

Ärger gab es allerdings mit den von uns nicht bewohnten Villen, und auch solchen Häusern, die nicht beschlagnahmt waren und ohne Aufsicht in diesem weitauseinandergezogenen Erholungsgebiet lagen. Französische Untergrundleute, desertierte Soldaten, flüchtige Fremdarbeiter von der Organisation Todt und kriminelle Elemente benutzten diese Häuser oft zum Untertauchen.

Ich selbst ging häufig in dem weitverzweigten Gebiet Ronden, um nach dem Rechten zu sehen, und nahm dazu einen Offizier und zwei Unteroffiziere mit. Einmal erblickten wir in einer der Villen durch die niedergelassenen Jalousien Licht. Wir pirschten uns vorsichtig über die Rückseite des Hauses an den Keller heran und fanden die Tür auch unverschlossen. Durch Geräusche waren die Eindringlinge wohl aber auf uns aufmerksam geworden, denn plötzlich hörten wir Jalousien rauschen, und die Leute konnten über den vorderen Balkon zu Boden springen und in dem unübersichtlichen Waldgelände entkommen. Wir fanden dann auch in den Zimmern zerbrochene Flaschen, Essensreste und zerwühlte Betten. Von zwei Bildern an der Wand waren nur noch die Rahmen da, was vermuten ließ, daß die Leinwand herausgeschnitten worden war. Die Leute lebten hier sicherlich schon einige Tage und hatten es sich – soweit es ging – gemütlich gemacht.

Ich gehe auf diese Dinge hier so ausführlich ein, weil ich als Augenzeuge des Geschehens manches dazu zu sagen habe. In der Literatur nach dem Kriege und durch Erzählungen wurde immer wieder darauf hingewiesen, wie wild die deutschen Soldaten in Frankreich gehaust hätten. Ich muß diesen Berichten, auch nachdem ich mit anderen Kameraden gesprochen habe, nachdrücklich widersprechen. Solange die deutsche Wehrmacht das Gebiet dort besetzt hielt, herrschte Sauberkeit, Ordnung und straffe Zucht. Wenn nach dem Kriege hier Unregelmäßigkeiten festgestellt worden sind, so sind diese in der Zeit nach dem Rückzug der deutschen Wehrmacht und bis zum Eintreten geordneter Zustände vorgefallen. Man darf nicht vergessen, daß nach Abzug einer regulären Truppe ein Vakuum entsteht, in dem sich sofort unredliche Elemente sammeln. Die Verwüstung französischer Häuser und die Ausplünderung des Inventars ist auf diese Zwischenzeit zurückzuführen, was mir persönlich auch von mir bekannten Franzosen bestätigt worden ist. Die guten Bürger in La Baule, St. Nazaire wie auch sicherlich anderswo hatten mehr von ihren eigenen aus dem Untergrund auftauchenden Landsleuten zu fürchten als von uns. Es ist bedauerlich, daß unsere deutschen Regierungen nach dem Kriege hier nicht energisch aufklärend gewirkt haben, denn Männer, die die Vorgänge genau kannten, waren genügend vorhanden. Es ist leider eine deutsche Schwäche, sich in diesen Dingen anzubiedern und Schuld auf sich zu nehmen, die hier gar nicht von unserer Seite zu verantworten war. So gibt es eine Dokumentation über die Greueltaten, die beim Einrücken der Russen in Ostdeutschland sowie nach der Kapitulation in der Tschechei, Jugoslawien und Polen an deutschen Landsleuten verübt worden sind, die sich unsere deutsche Regierung auch im Jahre 1982 noch weigerte zu veröffentlichen, mit der Begründung, daß dies dem Frieden abträglich sei. Ich kann nicht verstehen, daß man von interessierten Kreisen im In- und Ausland immer wieder in Film, Schrift und Wort, oft in verdrehender Weise, auf deutsche Untaten hinweist, während die vom Feind begangenen verschwiegen werden.

Ich möchte hier für meine U-Bootleute nachträglich die Hand ins Feuer legen, daß wir geordnete Häuser und Quartiere zurückließen, die teilweise noch durch Einbauten von uns, wie etwa Heizungen, in ihrem Wert erhöht worden waren.

Die Beheizung der Häuser war für uns allerdings ein Problem. Die Temperaturen an dieser Atlantikküste unterschreiten im Winter kaum + 5 °C. Die Folge davon war, daß fast alle Häuser – auch die, die ständig bewohnt waren –, im allgemeinen nur einen beheizbaren Raum hatten, in dem meistens nur ein Kachelofen oder ein Kamin stand. In den Läden waren die Verkäufer und Verkäuferinnen in den Wintermonaten gut mit dicker Wollkleidung angetan, und wenn es sehr kühl wurde, trafen wir sie auch in Mänteln in ihren Geschäften an. Dies war natürlich nichts für uns aus dem Norden kommende Menschen, weil wir alle im Winter an gut geheizte Häuser gewöhnt sind. So gab es bald Klagen der U-Bootleute, die nach der Feindfahrt wohl in schönste Häuser kamen, aber dort fröstelnd umherzogen. Die Folge davon war, daß wir vor allen Dingen in den größeren Unterkünften Zentralheizungen legen ließen, um für warme Räume zu sorgen.

Wenn ich hier nun so ausgiebig von unseren guten deutschen U-Bootsoldaten erzähle, so muß ich gerechterweise auch von einer Panne berichten, die sich in meiner Flottille abspielte.

Ich habe das Haus »Les Tottes« erwähnt, das etwas nördlich von unserem Stützpunkt lag. Ich selbst war gerne dort, da die behagliche Umgebung eines gut gepflegten Bürgerhauses mit einem großen Balkon und der Sicht über das weite Meer und den Strand sowie der große Kamin im Wohnzimmer zu Gastlichkeit und Entspannung einluden. Eines Tages bei einer Stabsbesprechung wies mich mein Erster Verwaltungsoffizier darauf hin, daß bei Feiern im Hause »Les Tottes« die Getränkerechnungen auffallend niedrig seien, während andererseits die Wellen dort immer ganz schön hochgingen. Er vermutete, daß dort irgendeine Alkoholquelle angezapft würde, die uns nicht bekannt sei, oder daß man Alkohol mitbrächte. Ich ließ die ganze Angelegenheit weiter überwachen und fand die Argumente des Verwaltungsoffiziers bestätigt. So kam ich auf die Idee, daß im Hause wahrscheinlich Wein lagere, von dem wir nichts wußten. Eines Vormittags, wo das Haus meistens nicht belegt war, erschien ich mit einer Streife und stellte den Hausmeister zur Rede, was hier eigentlich vor sich ginge. Er selbst schien tatsächlich nichts zu wissen, brachte uns aber auf eine Spur. Aus seinem im Dachgiebel liegenden Zimmer hatte er oftmals lautes Randalieren im Keller gehört, glaubte aber nur an irgendwelchen Unfug, den diese doch sehr jungen U-Bootoffiziere mit Umzügen durchs Haus und dergleichen vollführten. Ich untersuchte also nun die Keller genauer, und wir fanden trotz des großen Grundrisses des Hauses nur einen kleinen Teil unterkellert. Der Gedanke lag nahe, daß hier noch mehr Raum war, und nach einigem Suchen entdeckten wir dann auch hinter einem Schrank eine Tür. Wir öffneten sie und standen vor drei großen Kellerräumen, in denen mindestens noch an die 1500 Flaschen bester Weine – vor allem Rotweine – lagerten. Es war leicht festzustellen, daß hier geplündert worden war.

Über die Kommandantur ermittelte ich den Besitzer des Hauses, der in Paris lebte und bat ihn um eine Besprechung. Er bestätigte mir, daß er bei Ausbruch des Krieges keine Gelegenheit gehabt hätte, den Wein aus diesem Hause, das er nur im Sommer benutzte, abzuziehen und darum den Zugang zum Weinkeller durch den Schrank zu tarnen versucht habe. So waren die Engländer, die vor uns in dem Haus waren, an diesen schönen Vorräten vorbeigelaufen, aber einer meiner findigen U-Bootoffiziere war wohl hinter das Geheimnis gekommen. Man hatte sich hier bei Feiern immer ausgiebig bedient und das Geheimnis von Boot zu Boot weitergegeben.

Wir nahmen dann Bestand auf, und ich versprach dem Besitzer, daß er über die Kommandantur entschädigt würde. Er war aber sehr freundlich und sagte, ich möchte wegen der Sache kein Aufhebens machen, vielleicht aber dürfe er etwas von dem Wein mitnehmen. Ich erwiderte ihm, daß alles sein Besitz sei, und er selbstverständlich den gesamten Wein mitnehmen könne. Er schenkte mir dann aber etwa 500 Flaschen sehr guten Rotwein und zog mit den restlichen 1000, für die wir ihm einen LKW zur Verfügung stellten, ab. Im übrigen sprach er seine Hochachtung darüber aus, wie gut wir dieses Haus gehalten hätten, durch das er prüfend ging und feststellte, das keines seiner Lieblingsstücke beschädigt oder entwendet worden war. So schieden wir in gutem Einvernehmen. Für meine jungen Offiziere war diese Freudenquelle aber in Zukunft versiegt.

Wie war nun die Kriegslage zu der Zeit, wo ich Chef in St. Nazaire war? Mitte des Jahres 1941 war der Rußlandkrieg ausgebrochen, und während meiner Vortragsreise in der Schweiz platzte mitten in den Empfang bei der Botschaft in Bern hinein die Nachricht, daß die Japaner den US-Flottenstützpunkt Pearl Harbor auf Hawaii angegriffen und einen großen Teil der amerikanischen Schlachtschiffe versenkt hätten. Drei Tage später, am 11. Dezember 1941, hatten Italien und Deutschland den USA den Krieg erklärt. Ab diesem Zeitpunkt erst konnte man vom Zweiten Weltkrieg sprechen, denn nun hatte sich das Kriegsgeschehen weltweit auch bis nach Ostasien ausgedehnt.

Wir standen also zu Land im Krieg mit Rußland, der sich über den ganzen Balkan bis zum Mittelmeer ausweitete. Daneben rollte der Nordafrikakrieg unter Rommel gegen Ägypten. England und jetzt auch Amerika hatten wir weltweit in der See zum Gegner, was uns im Mittelmeer vor allen Dingen wegen der Versorgung der Rommelschen Truppen in Afrika große Schwierigkeiten bereitete. Der erste empfindliche Schlag der Japaner gegen die USA war von dieser Nation bald überwunden und durch die Zähigkeit dieses großen Industriestaates mit seinem guten militärischen Potential wurden die Japaner langsam zurückgedrängt. Wir selbst bekamen den U-Bootkrieg jetzt mit voller Härte zu spüren, denn in England hatte man das Radar erfunden, eine Einrichtung, mit der man Unterseeboote vom Flugzeug aus, über den Wolken fliegend, ausmachen konnte. So wurde das Jahr 1942 zu einem Schicksalsjahr der U-Boote, denn gegen diese »Waffe« war kein Kraut gewachsen. Während wir noch bei Ausbruch des Krieges über Wasser fahrend bei scharfem Ausguck die Flugzeuge im Horizont gut erkannten, brauchten wir nicht einmal Alarmtauchen zu machen, denn wir waren in 40 Sekunden von der Wasseroberfläche verschwunden, so daß das Flugzeug nicht imstande war, den genauen Tauchpunkt zu ermitteln.

Jetzt war die Sache aber anders. Die Flugzeuge flogen über der Wolkendecke ungesichtet von uns über den Nordatlantik und bekamen mit einem Mal Radarkontakt mit einem Fahrzeug. Die Flugzeugbesatzung machte sich zum Angriff bereit und durchbrach mit Zielpunkt auf den ermittelten Gegenstand die Wolkendecke, so daß die Entfernung nur noch 400 bis 600 Meter betrug. Wurde dann ein Handelsschiff erkannt, so ließ man es laufen, denn deutsche Handelsschiffe waren ja auf dem Ozean nicht zu finden. War es aber ein U-Boot, so wurden unmittelbar die Bomben ausgeklinkt, gegen die es dann keine Abwehr gab. Der Krieg war jetzt für uns U-Bootleute in eine ganz harte Phase getreten.

Kurz nach unserer Etablierung in St. Nazaire/La Baule überraschten uns die Engländer mit einem kleinen, aber sehr schneidig und überlegt durchgeführten Angriff auf Hafen und Werft von St. Nazaire. Im Morgengrauen des 28. März 1942 sichteten die Wachen an der Loiremündung einen Zerstörer, dem mehrere Schnellboote in flotter Fahrt die Loire aufwärts steuernd folgten. Nach dem gescheiterten Versuch, Erkennungssignale auszutauschen, wurde der Stützpunkt alarmiert und festgestellt, daß es sich um feindliche Streitkräfte handelte. Sofort war alles auf den Beinen. Mich selbst erreichte der Alarm natürlich in La Baule. Der in Pornichet stationierte Befehlshaber der Flugabwehr, dem auch einige Ortskommandos des Heeres unterstanden, Kapitän zur See Meeke, brachte im Nu den ganzen Standort in Bewegung und so wurden die Engländer bei ihrer Anlandung gebührend empfangen. Er konnte aber nicht mehr verhindern, daß der Zerstörer bis vor das Schleusentor der Hauptschleuse gelangte und mit voller Fahrt den Bug hineinsetzte, so daß es beschädigt wurde. Nach kurzem Feuergefecht ergaben sich dann die englischen Soldaten, einige Schnellboote konnten noch fliehen, doch schien die Unternehmung damit zunächst beendet.

Auf den Alarm hin hatte ich mich sofort mit Einheiten der mir unterstellten Ersatzkompanien feldmarschmäßig auf den Weg nach St. Nazaire gemacht. Wir gingen in Zügen locker gegliedert am Straßenrand gegen St. Nazaire vor, das wir etwa um 9.30 Uhr morgens erreichten. Zu diesem Zeitpunkt waren die Kampfhandlungen aber bereits vorüber, es wurden nur noch Verwundete geborgen, Trümmer beseitigt und Aufräumungsarbeiten durchgeführt. Natürlich wollten wir den britischen Zerstörer besichtigen. Sohler, ich und einige leitende Herren gingen an Bord, und überlegten, wie man die ramponierte Schleuse in Ordnung bringen könne. Vorsichtshalber wurde aber das Betreten des Zerstörers verboten. Uns allen war bisher noch nicht klar, was dieser kurze Angriff eigentlich zu bedeuten hatte. Allerdings war unser Hauptschleusentor so beschädigt, daß es einiger Zeit bedurft hätte, es wieder herzustellen. Unsere Vorsichtsmaßnahmen erwiesen sich dann auch als richtig. Ich selbst war wieder zu meiner Arbeit nach La Baule zurückgekehrt, als ich nachmittags um 3.00 oder 4.00 Uhr die Nachricht erhielt, daß der britische Zerstörer und das Hauptschleusentor gegen 11.45 Uhr mit einer ungeheuren Detonation in die Luft gegangen wären und nun auch ein beträchtlicher Schaden am Schleusenbecken entstanden sei. Wie sich dann später herausstellte, hatten die Engländer den ganzen Bug des Zerstörers mit einem Sprengstoff gefüllt, der nicht auf Erschütterung, sondern auf eine Initialzündung reagierte. Die Besatzung hatte gleich nach dem Rammen der Schleuse einen Zeitzünder inganggesetzt, der dann die ganze Sprengladung mitsamt dem Schleusentor und dem vorderen Teil des Zerstörers in die Luft gehen ließ.

Nun wurde der ganze Zweck der Unternehmung klar, die uns beträchtlichen Schaden zugefügt hatte. Das Ein- und Auslaufen der U-Boote war jetzt sehr behindert, und erst nach langwieriger Arbeit wurde die Schleuse wieder in Ordnung gebracht.

Die mir in St. Nazaire gestellten Aufgaben waren außerordentlich vielseitig. Einmal ging es um die Betreuung der mir bei der Flottille unterstellten 30 Unterseeboote des Typs VII B oder VII C sowohl in materieller wie auch personeller Beziehung. Dazu gehörten die vielen kleinen und größeren Unterkünfte, Häuser, Villen und Hotels und auch die technische Überwachung der U-Boote in ihren gesamten Anforderungen nach einer Feindfahrt. Hierfür standen mir der bereits erwähnte Flottillenstab mit Unterstab zur Verfügung, wie auch die gut organisierte Werft in St. Nazaire und Reinigungs- und Wartungskräfte im Stützpunkt selbst.

An erster Stelle stand natürlich die Betreuung der Bootsbesatzungen, die nach den anstrengenden mehr oder weniger langen Feindfahrten doch recht erschöpft waren. Hier mußte gut Kontakt gehalten werden, es gab persönlichen Kummer und Nöte, manch einer war voll Übermut und übersprudelnder Vitalität, während der andere des Zuspruchs und der Hilfe bedurfte. Frohe Stunden zur Feier von Geburtstagen und Hochzeiten oder Beförderungen wurden oft durch ausbleibende Nachrichten von einem in See befindlichen Boot, was zu dieser Zeit meist Totalverlust bedeutete, getrübt.

Jedes ankommende Boot wurde gebührend in Empfang genommen. Im allgemeinen bereiteten wir einen Begrüßungsschluck vor, auch gab es für alle belegte Brote mit frischen Zutaten, die nach der eintönigen Kost an Bord besonders mundeten. Deutsche junge Damen, die bei den Befehlshabern, in den Stäben oder als Krankenschwestern in Fankreich eingesetzt und in unserer Nähe stationiert waren, wurden eingeladen, um Blumensträuße zu überreichen und manchmal alte Bekannte zu begrüßen. Bei besonderen Anlässen, wenn das Boot sehr erfolgreich gewesen war, marschierte auch eine Musikkapelle auf, deren flotte Weisen der einlaufenden Besatzung zeigten, daß die Kameraden an Land sie so herzlich wie möglich begrüßen wollten.

Sobald nach Einlaufen in der Schleuse das Boot festgemacht hatte, begrüßte ich als Flottillenchef die gesamte Besatzung. Dann wurde sofort Post verteilt, so daß die Leute, noch ehe die Boote in die Betonbunker gingen, die Grüße ihrer Lieben in Empfang nehmen konnten. Nach kurzer Besprechung mit dem Kommandanten und eventuellen von mir vorgenommenen Ordensverleihungen verteilte sich dann die Arbeit auf die mir unterstellten Offiziere des Stabes. Da gab es Beförderungen, Personalwechsel; der Leitende Ingenieur des Bootes besprach technische Angelegenheiten mit der Werft; einige Leute mußten den Arzt oder Zahnarzt aufsuchen; der Urlaub war zu regeln, und für die, die zunächst im Stützpunkt blieben, mußte neben dem Dienst für Zerstreuung gesorgt werden.

Man kann sich leicht meine Anspannung durch die Sorge um die Boote draußen am Feind und das Kommen und Gehen von Booten im Stützpunkt, deren Einlaufen und Verabschiedung vorstellen. Oft saß ich nach einer Empfangsfeier bis in die späte Nacht oder die frühen Morgenstunden beim Gedankenaustausch mit den Kameraden. Trotzdem sollte ich am kommenden Tag dann auf dem Posten sein, wo allein schon der Papierkrieg doch recht beträchtlich war und schnell erledigt sein mußte, sonst hätte ich für die Truppe überhaupt keine Zeit gehabt.

Ich drückte von vornherein dem Stab mein Tempo auf, hatte mir als Höchstmaß für Tagesschreibtischarbeit drei Stunden, für langwierige Angelegenheiten zwei Stunden für die Nacht oder den Abend vorgenommen, was ich auch so ziemlich durchhalten konnte. Natürlich passierte es, daß Offiziere meines Stabes gerade in dem Moment mit irgendwelchen Fragen zu mir kamen, wenn ich vom Schreibtisch aufbrechen wollte. Hier bin ich wohl manchmal etwas unfreundlich gewesen, denn ich pflegte ihnen zu sagen, daß sie nicht zu mir kommandiert wären, um mir Arbeit anzulasten, sondern sie sollten selbst darüber nachdenken und die Dinge in Ordnung bringen. Einmal herausgefordert, spielte sich bald eine gute Zusammenarbeit ein.

Besondere Sorgen machte mir die Reinhaltung aller unserer Unterkünfte. Ich hatte bereits vorher erwähnt, daß ältere Unteroffiziere, die als Reservisten wieder eingezogen waren, als Hausmeister eingesetzt wurden. Das Putzen konnte anfangs mit unseren eigenen Leuten durchgeführt werden, doch zu der Zeit, als die 6. Unterseebootflottille in St. Nazaire in Quartier ging, wurde vom Oberkommando der Marine festgelegt, daß alles jüngere Personal für den Fronteinsatz freizustellen sei. Dies bedeutete für uns, daß die Reinigung der Häuser in die Hände von Frauen gelegt werden sollte. Das schien zunächst einfach. Nach Besprechung mit meinem Ersten Verwaltungsoffizier übergab ich ihm die ganze Angelegenheit. Es gelang ihm auch, eine Französin ausfindig zu machen, die in der Lage war, eine größere Zahl von Reinemachfrauen für unsere 64 Häuser anzuleiten und zu führen.

Es dauerte aber nicht lange, bis sich bei mir ein Offizier vom Stabe der deutschen Spionageabwehr in Paris meldete und um eine Unterredung bat. Er erklärte mir, daß die Leiterin der von uns unter Vertrag genommenen Frauen und Mädchen von der Abwehr beargwöhnt würde, und ganz besonders sollte ich mir doch einmal die Mühe machen, mir die etwa 30 ihr unterstellten Hilfskräfte anzuschauen. Sie seien alle jung und sehr attraktiv, so daß der Verdacht nahe läge, inmitten der Flottille ein Spionagezentrum zu haben. Tatsächlich war auch mir bei meinen Rundgängen schon aufgefallen, daß Personal der Flottille und U-Bootoffiziere mit recht anziehenden jungen Damen auftraten. Eine genaue Untersuchung ergab dann meistens, daß es sich um eine kleine Verbrüderung mit unseren Hilfskräften handelte. Ich selbst bin nie ein Mann von Entscheidungen gewesen, die zur Verärgerung führen konnten. Ganz besonders im Kriege, wo es galt, die Freude, Einsatzbereitschaft und den Schwung in der Kampftruppe zu erhalten.

Jedenfalls gelang es mir wohl, hier Ordnung herzustellen. Ich will nicht ausschließen, daß hier und da Dinge ausgeplaudert wurden, die der feindlichen Spionage zur Information dienten, doch blieb alles in Grenzen. Im allgemeinen kam uns die französische Bevölkerung mit sehr viel Wohlwollen entgegen. Das Verhältnis zu dem Bürgermeister sowohl in La Baule wie auch in St. Nazaire war vorzüglich. Probleme wurden offen besprochen und nach Möglichkeit zur Zufriedenheit aller Beteiligten gelöst. Auffallend war die sehr schlechte Beurteilung der englischen Alliierten. Der Direktor eines großen Hotels, das dicht neben uns lag und später als Lazarett eingerichtet wurde, erzählte mir, daß die Engländer beim Anrücken der deutschen Truppen mit Wertgegenständen aller Art und guten Teppichen auf der Schulter aus seinem Hotel in die bereitliegenden Rettungsboote der sie aufnehmenden Schiffe gestiegen seien und auf Nimmerwiedersehen mit ihrer Beute nach England entschwanden. Überhaupt habe ich in meinem ganzen Seemannsleben, wo ich mit

Franzosen und Engländern in Berührung kam, immer wieder festgestellt, daß beide in ihrer Grundhaltung sehr verschieden waren und in ihrer Einstellung zueinander sehr ablehnend, oft feindlich, sein konnten.

Eine große Belästigung für den Dienstbetrieb bedeuteten die immer wieder auftauchenden Besucher von höheren Stäben aus dem Reich. Es waren meistens Offiziere im Staboffiziers- und Generalsrang aus Berlin, den heimatlichen Stützpunkten Kiel und Wilhelmshaven sowie den Ausbildungszentren an der Ostsee, wie auch von solchen Herren, die in Paris, Nantes, Bordeaux und den anderen französischen Hafenstädten ihr Arbeitsgebiet hatten. Ich gebe zu, daß ein Teil von ihnen wirklich Interesse hatte, mit uns an der Front Fühlung zu halten, um ihre Erkenntnisse in entsprechenden Vorschriften zu verankern. Ein großer Teil – und ich glaube es war die Mehrzahl – wurde aber einfach durch das sehr freizügige und gute Leben in unserem Stützpunkt angezogen. Man muß bedenken, daß wir an einer Hummer- und Austernküste und in der Nähe von großen französischen Weinanbaugebieten lagen und es weit und breit keine großen Städte gab. Handel und Versand waren unterbrochen, so daß wir hier, zumindest in den zwei Jahren, wo ich in Frankreich als Flottillenchef tätig war, aufs beste versorgt waren. Fischer und Weinhändler boten uns ihre Waren an, oder wir konnten sie in den Gaststätten verzehren.

Um allen diesen Besuchern klarzumachen, daß ich eigentlich keine Zeit für sie hatte, ließ ich durch die Schreibstube der Flottille ein größeres Schild anfertigen, auf dem stand: »Wenn du nichts zu tun hast, dann tue es nicht hier.«

Dieses Schild wurde in meinem Büro an der Wand hinter mir so aufgehängt, daß es ein mir gegenübersitzender Besucher in jedem Fall sehen mußte. Es war erfreulich zu beobachten, daß ein großer Teil meine stumme Bitte respektierte und schnell wieder verschwand. Viele Besucher bekamen wir aus dem Kreis der uns befreundeten Marinen, von Journalisten und ausländischen Diplomaten, und auch sie alle sollten betreut werden.

Es wurden mir aber auch andere Aufgaben angetragen. Ich hatte bereits erwähnt, daß der damalige Reichspropagandaminister Goebbels Pate meiner Flottille war. So wurde ich eines Tages von seinem Ministerium unterrichtet, daß ein Filmschauspieler oder Regisseur mit einigen Herren und Damen zu mir kommen würde, um die Grundlagen für einen Film über Unterseeboote zu erarbeiten.

Es erschienen also eines Tages drei Herren und zwei Damen bei mir, mit denen ich dann auch Einzelheiten besprach und sie weiter an die zuständigen Stellen in meiner Flottille verwies. Die Angelegenheit war natürlich bekannt geworden, und die jungen Offiziere interessierten sich sehr für das ganze Geschehen. Noch ehe die Sache aber richtig angelaufen war, hatte es während eines Kneipabends im Kasino Reibereien gegeben, deren Anlaß, wie ich nachher feststellen mußte, ganz auf Seiten des Regisseurs, Herrn F., lag. Es war nämlich vorgesehen, ihn auf einem ein- oder auslaufenden Boot kurzfristig einzuschiffen, um ihm einen Einblick in das Leben und Treiben im Inneren eines U-Bootes zu geben. In den Gesprächen mit den Herren meines Stabes und auch jungen U-Bootoffizieren trat er einerseits sehr hochfahrend auf, ließ jedoch viel Ängstlichkeit erkennen, wenn es darum ging, sich wirklich mit den Gegebenheiten auf einem U-Boot vertraut zu machen. In den abendlichen Diskussionen geriet er so mit den U-Bootleuten aneinander, wobei er sich recht lächerlich machte.

Es dauerte dann auch nur kurze Zeit, bis eines Tages bei mir drei U-Bootoffiziere erschienen und ihre Meinung über den Regisseur darlegten. Ich bedeutete diesem dann, daß die Angelegenheit nicht mit Reden in Ordnung gebracht werden könne, sondern er müßte wirklich einmal auf einem U-Boot sein und wenigstens eine Stunde mit den Leuten ausfahren und auch mit einem anderen Boot einmal heimkehren, um etwas von der Stimmung, die dort herrsche, für seinen Film einzufangen.

Nach langem Hin und Her ließ er sich überreden, wenigstens auf einem auslaufenden Boot mitzufahren. Um die Angelegenheit nicht zu schwierig zu gestalten, wählte ich hierfür ein auslaufklares Boot aus und bat den Kommandanten, mit Herrn F. eine Probefahrt die Loire abwärts bis zur Tiefwassergrenze durchzuführen, dort einmal zu tauchen und dann wieder einzulaufen. Es war wirklich kein erfreulicher Anblick zu sehen, wie sich der gute Herr mit seinen Genossen mit ausdrucksvollen, ängstlichen Gebärden endlich auf das U-Boot bequemte. Dann wurden die Leinen losgeworfen und das Boot verließ die Schleuse, um die Loire abwärts in See zu gehen.

Nach etwa zwei Stunden kehrten sie zurück, und Herr F. erzählte mir prahlend, daß sie Feindberührung mit britischen Fliegern gehabt hätten, es seien Wasserbomben geworfen worden, und ähnliches dummes Zeug mehr. Ich schaute nur fragend zu dem Kommandanten und den anderen umstehenden Offizieren und dachte mir meinen Teil. Der Kommandant, hinterher zur Rede gestellt, erklärte mir, daß sie einen kleinen Gag vorbereitet hatten. Sie wollten Herrn F. einmal ein Alarmtauchen vorführen und dabei auch ein wenig die Wirkung von Wasserbomben vorspielen. Zu diesem Zweck hatten sie Handgranaten mitgenommen und mit dem Leitenden Ingenieur verabredet, daß auf das Kommando »Alarm« wohl ein großer Zauber im Boot durchgeführt werden sollte, jedoch keinesfalls die Flutventile bedient würden. Das war auch darum schon nicht nötig, weil das Wasser in der Loiremündung nicht tief genug und ein Tauchen daher unmöglich war.

Auf das Wort »Alarm« war Herr F. schnellstens ins Luk gedrängt worden. Der Kommandant mit der Wache hatte oben das Turmluk geschlossen, und nachdem der Tumult im Boot sich einigermaßen gelegt hatte, wurden die vorbereiteten Handgranaten in gewissen Abständen außenbords zur Detonation gebracht. Nach einiger Zeit wurde dann auch »Auftauchen« befohlen, wieder lief der Zirkus wie geübt ab, und Herr F., der bänglich und zitternd in der Offiziersmesse gesessen hatte, wurde an Deck gelassen.

Ihm war überhaupt nicht aufgefallen, daß das ganze Oberdeck völlig trocken war, und somit ein Tauchen überhaupt nicht stattgefunden hatte.

Nun aber war dem Faß der Boden ausgeschlagen. Er wurde von den U-Bootleuten ziemlich verachtet und von den Offizieren recht mitleidig betrachtet. Man schlug mir vor, ihn abends ins Offiziersheim zu einer kleinen Festivität einzuladen, um die aufregende Fahrt zu feiern. Ich selbst wollte das ganze Filmteam schnellstens loswerden, da mit diesen Personen unter den gegebenen Bedingungen kaum eine ersprießliche Arbeit möglich war. Die Feier wurde im Haus »Les Tottes« durchgeführt; mit dem dort arbeitenden Barkeeper hatte ich eine eingehende Unterredung.

Fred, so hieß er mit Vornamen, war zum Unterstab der 6. Unterseebootflottille kommandiert. Seinen Bemerkungen hatten wir bald entnommen, daß er der Sohn des Besitzers einer gutgehenden Herrenbar in Berlin am Kurfürstendamm war. Er war in allen Regeln der Barkeeperkunst ausgebildet, konnte vorzügliche Cocktails mixen und hatte auch seine eigenen Rezepte. In einem Gespräch hatte er mir einmal gesagt:

»Herr Kapitänleutnant, wenn Sie einmal jemand haben, den Sie so recht nicht leiden mögen, so geben Sie mir nur einen kleinen Wink, dann sorge ich dafür, daß er im Nu außer Gefecht gesetzt wird.«

An diesem Abend wollte ich mich nun von Freds Kunst überzeugen und gab ihm zu verstehen, daß hier einmal ein Exempel zu statuieren sei.

Tatsächlich war ich nach einer halben Stunde von der Wirkung seiner Getränke überzeugt. Unser guter Regisseur fing nach anfänglichen prahlerischen Reden an, ein wenig zu randalieren und fiel dann schnell unter dem Gelächter unserer jugendlichen U-Bootfahrer völlig aus. Man trug ihn in den Garten, es war ja sommerlich warm – deckte ihm eine Decke über und ließ ihn dort seinen Rausch ausschlafen.

Als er sich dann am anderen Morgen bei mir meldete und über das ungehörige Benehmen der U-Bootoffiziere beklagte, setzte ich ihm den ganzen Fall freundlich auseinander und legte ihm nahe, doch sobald wie möglich abzureisen. Die ganze Angelegenheit unterstützte ich noch, indem ich in Berlin anrief und dem Staatssekretär Neumann im Reichspropagandaministerium klarmachte, daß eine solche Unternehmung von vornherein, auch mangels der nötigen Zeit und wegen der Umstände an der Front, kaum durchzuführen sei. So nahm dieser so gut geplante Film ein recht unrühmliches Ende.

In diesem Sommer bekamen wir auch Besuch von zwei jungen Malerinnen, die ihre Ausbildung auf einer Kunstschule gerade beendet hatten und unsere sehr nüchternen schnell erbauten Baracken mit Wandbildern ausschmücken sollten. Die beiden paßten sich unserem U-Bootrahmen sehr gut an. Ihre Bilder zeigten etwas vom Schiffs- und Hafenmilieu, von Matrosen und flotten Mädchen sowie Situationen aus dem Seemannsleben.

Bald wetteiferten eine ganze Menge junger Leute um die Gunst dieser Damen, die sich etwa vier Monate bei der U-Flottille aufhielten. Während die eine etwas stiller war, gab es aber zwischen der anderen und unseren U-Bootleuten immer recht frohe Redekämpfe, wobei sie durchblicken ließ, daß es mit der Ausdauer und der Tüchtigkeit der Männer nicht sehr weit her sei und sie es jederzeit mit ihnen aufnehmen wolle. Ein paar böse Buben meiner Flottille machten ihr daher den Vorschlag, mit ihnen doch einmal um die Wette zu trinken. Ich selbst wußte von der ganzen Angelegenheit nichts, doch als ich an dem darauffolgenden Morgen recht früh wie immer zum Frühstück kam, saß die junge Malerin bereits in der Offiziersmesse und fragte mich etwas herausfordernd, ob ich mir schon die von ihr unter den Tisch getrunkene Blüte meiner jungen U-Bootleute angeguckt hätte. Auf meine erstaunte Frage, was da eigentlich los sei, erzählte sie mir den ganzen Vorgang, und es wurde mir auch von der anderen Seite bestätigt, daß ein Kommandant und sieben Wachoffiziere nach einem durchzechten Abend buchstäblich unterm Tisch gelegen hätten, während sie bei gleicher Menge absolvierter Getränke erhobenen Hauptes aufrechtgehend ihr Zimmer angesteuert hätte.

Dieses Ereignis wurde natürlich unter uns eingehend besprochen, und wir Älteren kamen zu der Überzeugung, daß die junge Dame sich wohl ihren Magen durch Essen von Fett oder Ölfisch so gegen den Alkohol abgeschirmt hatte, daß meine in dieser Hinsicht scheinbar nicht so gewieften jungen Leute auf der Strecke geblieben waren.

Zu dieser Zeit, im Frühjahr 1942 , konnte ich auch einmal mit meinem Bruder Heinrich für einige Stunden zusammentreffen. Er war als I a nach Niort in der Nähe von La Rochelle kommandiert, wo eine neue Infanteriedivision zusammengestellt wurde. Da er dort nicht abkömmlich war, gelang es mir durch den Admiral Westfrankreich einen Wagen zu bekommen, mit dem ich bis zu seinem Standort fahren konnte. Solche Sonderfahrten waren nur über die höheren Kommandostäbe zu erreichen. Ich hatte selbstverständlich meinen Fahrer Fabinger und einen sehr schönen französischen Sportwagen, mit dem ich mich aber nur in einem gewissen Umkreis bewegen durfte. Es tat mir leid, daß Heinrich nicht zu mir kommen konnte, denn ich hätte ihm sehr viel Schönes zeigen und auch einen angenehmen Aufenthalt bereiten können. So konnten wir uns aber in Niort wenigstens etwas aussprechen. Er wurde dann von dort mit seiner Division an die Ostfront verlegt.

Mit den anderen Wehrmachtsteilen kamen wir kaum zusammen. Einen größeren Militärflughafen gab es in unmittelbarer Nähe nicht, doch hatten wir Berührung mit Heereseinheiten, die in Aufstellung begriffen waren, um dann ähnlich wie bei Heinrich an andere Kriegsschauplätze verlegt zu werden. Der erste Heeresangehörige mit dem ich in meinem Bereich in Verbindung kam, war ein Oberst Abraham, der – durch seine karmesinroten Biesen an der Hose als Generalstabsoffizier kenntlich – eines Tages in La Baule auftauchte. Auf der Strandstraße mit meinem Wagen kommend, sah ich ihn bereits von weitem und wies den Fahrer an, bei ihm zu halten. Auf meine Frage, ob ich ihm irgendwie behilflich sein könne und was er hier möchte, erklärte er mir, daß in Redon zur Zeit eine Heereseinheit aufgebaut würde, deren I a er wäre. So sei er nach La Baule gekommen, um Kontakt mit den U-Flottillen aufzunehmen. Hierauf bat ich ihn, mit in mein Auto zu steigen. Im Laufe unseres Gespräches zeigte er sich sehr erstaunt, in mir einen der Flottillenchefs zu sehen, denn er vermutete, daß sie mindestens auch im Oberstrang sein müßten. Bald war aber das Eis gebrochen. Er war ein sehr anregender und humorvoller Offizier, mit dem Sohler wie auch ich die ganze Zeit des Jahres in engster Verbindung blieben.

Kurz nach diesem Treffen und dem Bericht des Obersten in Redon wurden wir beiden Flottillenchefs aufgefordert, an einer Stabsbesprechung über die Verteidigung dieses Küstenabschnittes bei einer etwaigen Invasion teilzunehmen. Oberst Abraham hatte seinem General über uns berichtet, doch war wohl nicht viel über die Dienstgradverschiebung und unsere Dienststellung geredet worden. Wir wurden zwar von ihm freundlich aufgenommen und saßen mit seinen Offizieren an einer großen Tafel, wurden aber als kaum beteiligt in keiner Weise angesprochen. Es drehte sich jedoch bei der Besprechung um Belange, die auch St. Nazaire, die Küstenverteidigung, unsere U-Bootbasis und die Quartiere betrafen, denen wir nicht ohne weiteres zustimmen konnten. Sohler und ich sahen uns einige Male an, schwiegen aber weiter höflich. Bald darauf erklärte der General die Sitzung als beendet und wollte sich gerade erheben, als Sohler aufstand und dem General mit klarer Stimme verkündete, daß die eben besprochenen und angekündigten Anordnungen keinesfalls von uns gebilligt werden könnten. Hierauf großes Erstaunen, alles setzte sich wieder, und der General fragte, wer unsere Vorgesetzten seien. Sohler erklärte ihm, daß bezüglich des Stützpunktes alles, was Ausrüstung und Personal der Flottillen beträfe, in den Händen des Kommandierenden Admirals der U-Boote v. Friedeburg in Kiel läge; die taktischen Dinge jedoch – Einsatz der U-Boote und deren Frontverwendung – rein in den Händen von Dönitz zusammengefaßt seien. Auf eine weitere Frage, ob denn nicht irgendein anderer höherer Offizier zwischen uns und die eben genannten Vorgesetzten gestellt sei, sagten wir ihm, daß es zwar noch den FdU-West in Angers gäbe, der aber andere Befugnisse habe. Wir selbst empfingen unsere Befehle direkt von Kiel über v. Friedeburg oder über Paris von Dönitz. Nun gab es erstmal eine große Verwunderung. Dem General konnte es nicht einleuchten, daß zwei Kapitänleutnante, die im Heer einen Hauptmannsrang einnahmen, direkt Kommandierenden Generälen unterstellt seien und mit diesen direkt verkehrten. Oberst Abraham, der sich inzwischen schon ein wenig mehr über die ganze U-Bootlage im Westen informiert hatte, schaffte es aber, daß wir von dem General anerkannt wurden, und so langsam spielte sich das Zusammenleben zwischen Heer und Marine ein.

Als die Division dann im Herbst abrückte, wurde der Abschied in Redon mit einem Großen Zapfenstreich gefeiert, der mir unvergeßlich sein wird. Der wunderschöne Spätherbstabend auf dem Marktplatz von Redon, der von hohen Giebelhäusern eingefaßt war, war geradezu ideal, um eine solche Feier durchzuführen. Die abgedunkelten Häuser, deren Bewohner aus geöffneten Fenster diesem Zeremoniell zuschauten; die mit den Fackeln einmarschierenden Soldaten, die Wirbel der Trommeln, das Einsetzen der Musik und die Beendigung mit dem niederländischen Dankgebet sowie die danach wieder abmarschierenden Truppen gaben der ganzen Feier ein Gepräge, wie man es wohl selten zu sehen bekommt.

Im Laufe des Sommers 1942 verdichteten sich Gerüchte über eine beabsichtigte Landung der Alliierten in Frankreich. Es wurden längs der Küste Verteidigungsbastionen aufgebaut. In unserem Abschnitt, südlich von St. Nazaire, wurden Ukrainer, die man natürlich im Osten nicht verwenden konnte, als Hilfstruppen eingesetzt.

Oberst Abraham erzählte uns hierzu folgende Geschichte. – Unter diesen Truppen befanden sich auch zwei Kompanien Tataren. Nach der Ankunft begannen sie sofort mit dem Ausbau der ihnen zugewiesenen Verteidigungsabschnitte. Zum Erstaunen unserer deutschen Heeresinstrukteure fragten sie nicht lange nach Schaufeln, Spaten und ähnlichen Werkzeugen, sondern schnitzten sich aus umherliegenden Holzstücken entsprechende Geräte und hatten innerhalb von zwei Tagen bereits recht brauchbare Stellungen allein mit ihrer Hände Arbeit ausgebaut. Die Leute waren sehr arbeitsam, erfindungsreich und zäh. Mit primitivsten Mitteln hatten sie sich innerhalb dieser zwei Tage – wie man im Landserjargon sagen würde – eingebuddelt.

Der General, dem dieses berichtet wurde, fuhr selbst hin, um sich von diesem Wunderwerk, einer so schnell mit primitiven Mitteln hergestellten Verteidigungslinie, zu überzeugen. Aus Freude und Anerkennung stiftete er jeder Kompanie ein Fäßchen Cognac. Nun aber geschah etwas, was unsere deutsche Führung nicht im geringsten erwarten konnte. Die Tataren setzten einen Festabend an, und um das ganze richtig zu gestalten, schleppten sie Teerfässer herbei, die in der Umgegend bei Ausbruch des Krieges vom Straßenbau liegengeblieben waren, öffneten sie, tauchten zurechtgeschnittene Holzscheite in die Teermasse, zündeten diese an und hatten so wunderbare Fackeln als Festbeleuchtung. Durch den Genuß ihres Branntweines angefeuert, stieg die Stimmung rasant an, die Fackeln wurden lustig geschwenkt, und um die Wirkung noch zu vergrößern, hie und da in Gehöfte der nichtsahnenden französischen Bauern geworfen. Die lichterloh brennenden Gebäude waren wohl für die Verursacher ein großer Spaß, doch hatten die deutschen Behörden eine Menge peinlicher Arbeit, alles wieder ins rechte Gleis zubringen.

Die deutsche Führung war um eine Erfahrung reicher geworden, wie man mit asiatischen Truppen umzugehen hatte.

Im August erschien eines Tages in St. Nazaire der General der Waffen-SS Sepp Dietrich mit seinem gesamten Stabe und vielen Autos, um die Atlantikküste zu studieren. Er lag mit seinen Einheiten etwa 350 Kilometer weiter im Norden als Eingreifreserve für eine eventuelle Invasion der Alliierten. In Vertretung von Kapitän Sohler als Stützpunktleiter, der gerade im Urlaub war, erreichte mich die Nachricht, daß eine Gruppe höherer Offiziere der Waffen-SS das Marinegelände in St. Nazaire betreten hätte und forderte, in die U-Bootbunker eingelassen zu werden. Ich gab Befehl, die Herren des Geländes zu verweisen und ihnen anheimzustellen, sich mit mir in La Baule in Verbindung zu setzen. So erschien dann die ganze Autokavalkade in La Baule. Nach Regelung der Formalitäten lud ich die Herren zu einem Abendessen bei uns ein, das in einem fröhlichen und ungezwungenen Zusammensein endete. Ich fragte Sepp Dietrich noch, ob es unter den jetzigen Umständen angebracht sei, mit dem ganzen Stab durch Südfrankreich zu fahren, worauf er mir aber beruhigend antwortete, daß sich da oben in nächster Zeit nichts abspielen würde. Am anderen Morgen, dem 19. August, gab es mit einem Mal ein Telefonieren und Flüstern hin und her. General Dietrich brach das Frühstück ab und befahl sofortigen Aufbruch. Auf meine Frage, was denn los sei, erklärte er mir, daß ein Verband englischer Einheiten das an der Kanalküste gelegene Dieppe im Morgengrauen angegriffen habe. So wurde die Erkundungsreise der Waffen-SS sehr plötzlich beendet.

Die Gerüchte über eine bevorstehende Invasion der Alliierten an der Westküste Frankreichs veranlaßten auch das Oberkommando der Kriegsmarine, für die Sicherung der U-Bootstützpunkte zu sorgen. Wir beiden Chefs in St. Nazaire bekamen Anweisung, uns etwas weiter im Hinterland gelegene Ausweichquartiere zu schaffen, damit im Falle einer Invasion die Truppenführung nicht sofort am Strand überrollt werden konnte.

So ging ich auf Suche nach einem Ausweichquartier. In Frage kamen einzelne Gehöfte, kleine Landsitze und ähnliche Anwesen, auf denen wenigstens mein Stab mit Unterstab Platz finden konnte. Ich studierte die Landkarte, besah mir verschiedene Grundstücke und Gebäude, worunter sich dann Beauregard als geeignetes Objekt anbot.

Die Hausherrin war mit einer Tochter gerade bei der Pflege ihrer Kamelien, als ich mit meinem Dienstfahrzeug auftauchte. Sie ahnte sofort, daß mein Besuch etwas mit ihrem Besitz zu tun hatte und erzählte mir, daß die deutsche Marine ihren Mann aus seinen Geschäftshäusern in La Rochelle und St. Nazaire vertrieben hätte, und auch ihr Wohnhaus in der Stadt beschlagnahmt worden sei. Nun habe sich die Familie hierher auf ihren Sommersitz zurückgezogen, um endlich Ruhe zu haben.

Ich versicherte ihr, daß Härten nach Möglichkeit vermieden werden sollten und besprach dann alles eingehend am kommenden Tag mit ihrem Mann.

Hier mußte natürlich geholfen werden. In Gebäude der Umgebung konnte die Familie nicht ohne weiteres einziehen, da alles Sperrgebiet war, und nur ein geringer Teil der Franzosen in ihren Wohnungen bleiben durften. Herr L. erzählte mir aber, daß die Grafen Missillac um St. Nazaire herum Hausbesitz hätten, der zur Zeit nicht bewohnt sei. So wandte ich mich an den für uns zuständigen Admiral in Nantes und bat um Hilfe. Nach kurzer Verhandlung konnte die Familie L. in eine schöne Villa einziehen, so daß Beauregard uns nunmehr zur Verfügung stand.

Beauregard war ein kleines Schlößchen mit Landbesitz und für unsere Zwecke ideal. Auf den umliegenden Wiesen errichteten wir einige Baracken, so daß Flottillenstab und -unterstab gut untergebracht werden konnten. Mit diesen Arbeiten begannen wir aber erst Anfang 1943.

Beauregard hatte im Haupthaus einen sehr schönen großen Raum von etwa 50 Quadratmetern mit einem mächtigen Kamin, in dem man riesige Holzscheite verfeuern konnte. In einem am Hof liegenden Nachbargebäude befand sich auch ein großer Raum mit sehr gut ausgelegtem Kamin. Diese Räume wurden schnellstens hergerichtet, so daß wir in dieser ländlichen Gegend bald ein kleines Erholungszentrum entstehen ließen, wo natürlich auch gefeiert wurde. Da unter Alkoholeinfluß vieles ausgeplaudert werden konnte, was nicht allen Ohren zugänglich sein durfte, hatte ich festgelegt, daß in Beauregard kein französisches Personal Hilfsdienste leisten durfte, weil hier nicht die Kontrolle wie in La Baule gegeben war. Bei meinen jungen Offizieren war ich aber trotzdem immer auf der Hut. So ließ ich mich am ersten Weihnachtstag 1942 um 2.00 Uhr nachts wecken und inspizierte verschiedene Orte und Wachen, denn während der Feiertage machte sich leicht ein gewisser Schlendrian bemerkbar. So kam ich auch nachts gegen 3.00 oder 4.00 Uhr nach Beauregard, wo alles in Ruhe versunken schien. Durch die angelehnten Fenster des Kaminraumes sah ich aber Licht schimmern. So erschien ich plötzlich vor wohl zehn mit hübschen jungen Damen feiernden U-Bootoffizieren, die sich bei hellbrennendem Kamin und Alkohol vergnügten. Leider mußte ich feststellen, daß sich unter den Damen auch vier Französinnen befanden. Ich machte dem Zauber ein Ende, schickte alle nach Hause, die Initiatoren kamen zum Rapport und erhielten ihre Strafe.

Mit der Familie L. habe ich mich aber all meine Zeit gut vertragen. Mit der noch im Hause lebenden Tochter kam ich ab und zu zusammen, um mit ihr französisch zu sprechen. Als ich im Herbst 1943 ein neues Kommando erhielt und mich verabschiedete, dankte mir Herr L. noch einmal ausdrücklich für das ihm und seiner Familie gezeigte Wohlwollen und sprach die Hoffnung aus, daß wir uns nach dem Kriege einmal wiedersehen würden.

Durch den Aufbau eines neuen Berufes und dem damit verbundenen persönlichen Einsatz habe ich nie recht den Absprung gefunden, an die französische Atlantikküste zu reisen. Als es dann im Frühjahr 1981 soweit war, waren Herr und Frau L. inzwischen verstorben, doch wurden wir von der verheirateten Tochter und ihrem Mann sehr freundlich aufgenommen.

So ging das erste Jahr als Flottillenchef an der Westfront seinem Ende entgegen. Die 6. Unterseebootflottille hatte sich recht erfolgreich geschlagen. Versenkt wurden von den U-Booten ein Kreuzer, zwei Zerstörer, zwei Bewacher und 564.000 BRT Handelsschiffsraum.

Wie sah nun die Kriegslage bei Beginn des Jahres 1943 aus? Der U-Bootkrieg war sehr hart geworden. Das bereits erwähnte Radargerät schränkte das Fahren über

Wasser weitgehendst ein, so daß die nunmehr praktizierte Rudeltaktik mit den dabei üblichen Nachtangriffen fast wirkungslos wurde. Dönitz schreibt dazu, daß ab Juli 1942 erstmals U-Boote in der Biscaya in dunkler Nacht von Flugzeugen mit Bomben angegriffen wurden. Plötzlich blitzte in 1000 bis 2000 Metern Entfernung ein Scheinwerfer auf, der das U-Boot sofort erfaßte – unmittelbar darauf fielen die Bomben. Drei ausmarschierende Boote wurden auf diese Weise in der Biscaya schwer beschädigt und mußten tauchunklar in die Häfen zurückkehren.

Daneben verstärkten ab Beginn des Jahres 1942 die Engländer ihre Luftüberwachung in der Biscaya – besonders auch durch schnellere und zahlreichere Maschinen. Auch wurden die Konvois sehr viel geschickter geführt, so daß es den U-Booten immer schwerer wurde, überhaupt an den Feind heranzukommen.

So standen wir mit Beginn des Jahres 1943 einer erbitterten Abwehr des Gegners gegenüber. Mitte November 1942 hatte Admiral Sir Max Horton auf englischer Seite den Oberbefehl über die Atlantikschlacht übernommen. Er war ein hervorragender U-Bootoffizier gewesen und kannte aus eigenem Erleben die Bedingungen, unter denen U-Boote zu kämpfen hatten. Unter seiner Führung wurde der ganze Geleitzugdienst gestrafft. Eine Zahl schnell hergerichteter Flugzeugträger begleitete die Geleitzüge, so daß die umherkreisenden Flugzeuge die U-Boote unter Wasser drückten.

Horton ließ auch die sogenannten »Supportgroups« bilden, in denen vier bis sechs U-Bootjäger zusammengefaßt waren, die ein aufgespürtes U-Boot hartnäckig bekämpften. Weiterhin wurden seine Anstrengungen durch die »Very Long Range Aircraft Group« unterstützt. Dies waren Bomber, die über weite Strecken des Atlantiks Patrouille flogen und U-Boote meldeten.

Der Dienst in der Flottille ging seinen altgewohnten Gang, doch kam es jetzt sehr darauf an, die U-Bootbesatzungen in ihrem Unternehmungsgeist zu stärken und sie über die neuen Erkenntnisse der U-Bootführung im Seekrieg und die Rückschlüsse, die sich für die weitere technische Ausrüstung der U-Boote ergaben, zu unterrichten.

Im Januar 1943 reichte unser bisheriger Oberbefehlshaber der Kriegsmarine, Großadmiral Raeder, seinen Abschied ein, und an seine Stelle trat unser Befehlshaber der U-Boote, jetzt Großadmiral, Dönitz. Trotz der großen Belastung, die auf ihn zukam, gab er aber die taktische Führung der U-Bootwaffe nicht aus der Hand, so daß sich in unserem Bereich nichts änderte.

Am 1. März 1943 wurde ich außerplanmäßig zum Korvettenkapitän befördert, wie auch einige andere Flottillenchefs der Westflottillen, die bisher als Kapitänleutnant Dienst getan hatten. Dieser Schritt war notwendig geworden, weil uns auch immer mehr ältere Offiziere unterstellt wurden, was im dienstlichen Verkehr oftmals sehr viel Taktgefühl erforderte.

Von der Mutter erhielt ich zufriedenstellende Nachrichten, denn in Erfurt war es bisher zu keinen Luftangriffen gekommen. Bruder Heinrich hatte einen erfolgreichen

Vormarsch mit seiner Division auf der Krim hinter sich gebracht, war jedoch bald darauf in den Mittelabschnitt kommandiert worden, was Unglück und Glück bedeutete. Unglück, weil er sich dort nicht sehr wohlfühlte und Reibereien mit seinem Vorgesetzten hatte. Andererseits wurde seine alte Division – soweit mir erinnerlich ist – in Stalingrad eingeschlossen und er entging somit der russischen Gefangenschaft. Im Mai 1943 bekam er aus Gesundheitsgründen Urlaub und war mit der Mutter zusammen in Garmisch-Partenkirchen.

Wir versuchten in den Stützpunkten unseren abgekämpften U-Bootbesatzungen das Leben so angenehm wie möglich zu machen. Bei Offizieren und Mannschaften wurde für Zerstreuung gesorgt und auch zu den in Wohnheimen zusammengefaßten Marinehelferinnen und Krankenschwestern unserer Truppenteile Verbindungen aufgenommen. Ich muß ausführen, daß die jungen Frauen und Mädchen, die hier im Westen ihren Dienst taten, in außerordentlich gutem Ansehen bei uns standen. Bei Festlichkeiten gab es keine Ausfälle, der Verkehr unter diesen jungen Leuten gab nie Anlaß zu irgendwelchen Klagen, und mir ist einfach unverständlich, wie in der Literatur nach dem Kriege von Leuten, die sicher nicht dabeigewesen waren, abwegig und abfällig über diese Frauen geurteilt wurde.

Der Standortkommandant in La Baule – Hauptmann Sachse – hatte mich eines Tages zum Kaffee eingeladen, bei dem ich drei Damen der Deutschen Botschaft in Paris kennenlernte. Sie kamen dann auf Einladung öfter zusammen mit im Küstenbereich angestellten Marinehelferinnen zu unseren Tanzfesten. Von den uns zur Verfügung stehenden Quartieren hatte ich dann immer im Haus »Roche Rouge« Zimmer für die anreisenden Damen bereit, die dort gut betreut wurden. Unsere Feiern gingen bei wegen der Verdunkelung geschlossenen Fensterläden bis in die frühen Morgenstunden, und oftmals begab sich dann die ganze feiernde Jugend im Badezeug an den Strand, wo wir im Wasser des Atlantiks die Müdigkeit wegspülten.

Es war nicht immer einfach, die außerhalb des sogenannten »Sperrgebietes« tätigen Damen zu uns einzuschleusen. Sie halfen sich aber selbst, indem sie bei den deutschen Kontrollen in den Zügen französisch sprachen, so daß sie ungeschoren blieben, und wenn die französischen Kontrollorgane kamen, sprachen sie deutsch, so daß sie wiederum durchschlüpften. So gelangten sie ungehindert bis zur Bahnstation Savenay, das an der Strecke Nantes–Brest gelegen war und innerhalb meines Befehlsbereiches lag. Dorthin beorderten wir dann PKW's, die die Damen abholten und von wo aus sie auch wieder nach Paris zurückfuhren. Diese sehr fröhlichen Festlichkeiten mit vielen Anregungen und Zerstreuungen überdeckten etwas den Ernst der gesamten Situation. Viele der jungen Männer, die dort vergnügt zusammensaßen, wußten nicht, ob sie von der nächsten Feindfahrt lebend zurückkehrten. Einige der jungen Damen hatten hier Freundschaften geschlossen, aber sahen klar, wie gefährdet ihre Bindungen waren. Es war eben Krieg, und alle persönlichen und menschlichen Beziehungen waren seinem Gesetz unterworfen.

Während der Sommermonate kamen Schauspieltruppen mit sehr guten Schauspielern an die Küste, um durch ihre Aufführungen Abwechslung in die Freizeit zu bringen. Solche Unternehmungen hatten manches Mal so ihre Haken, und wir mußten uns als Chefs mit allerhand Begleiterscheinungen herumschlagen.

So erwartete ich eines Tages eine Theatergruppe bei meiner Flottille, die zwei Tage gastieren sollte. Als ich morgens um zehn Uhr auf dem Wege zu einer Besichtigung die Strandstraße entlangfuhr, sah ich einen Offizier und zwei Oberfeldwebel daherkommen, die mir unbekannt schienen. Ich ließ anhalten, worauf der Offizier mich um eine kurze Unterredung bat.

Es stellte sich heraus, daß sich die drei mit dem Bus der Schauspieler nach La Baule begeben hatten, um hier noch ein wenig mitzufeiern. Die Magnete waren natürlich die weiblichen Angehörigen der Truppe, und die ganze Angelegenheit war insofern sehr delikat, als die drei Mariner von einer Zerstörerflottille aus La Rochelle waren, woher der Bus kam.

Man kann sich vorstellen, was für Komplikationen sich ergeben hätten, wenn an diesem Tag die Zerstörer in La Rochelle Auslaufbefehl erhalten hätten und drei Mann fehlten. Ich nahm den Offizier, dem im Laufe des Morgens die Alkoholstimmung des vorherigen Abends etwas vergangen war mit in mein Büro, machte ihm die ganze Sachlage klar, telefonierte sofort mit seinem Chef in La Rochelle und erreichte es, daß über den Admiral Westfrankreich ein Wagen meiner Flottille Fahrerlaubnis bekam, die Herren zu ihrem Stützpunkt zurückzubringen.

Solche und ähnliche Fälle wurden mit Verständnis, Takt und kameradschaftlichem Sinn schnell bereinigt.

In dergleichen Situationen mußten wir Chefs je nach den Umständen zwischen Aufrechterhaltung der Disziplin, aber auch der Notwendigkeit, den individuellen menschlichen Freiraum nicht zu sehr einzuengen, entscheiden.

Meinen Urlaub verlebte ich meist in der Heimat, wobei hin- und rückreisend einige Tage Paris angehängt wurden. In Paris war auch die Befehlszentrale von Dönitz, die stets von uns Flottillenchefs aufgesucht wurde.

Wenn wir in Urlaub gingen, brachten uns unsere PKW's zu dem in der Nähe von St. Nazaire gelegenen Bahnhof Savenay, wo alle D-Züge hielten. Hier hatte ich ein Erlebnis, das festgehalten zu werden verdient. Nach dem Einsteigen in den Zug öffnete ich das Fenster und schaute ein wenig auf dem Bahnhof herum, bis der Zug abfuhr. Einen Waggon weiter hingen U-Bootleute aus den Fenstern, die auch der Heimat entgegenfuhren. Aus den lauten Reden konnte ich entnehmen, daß sie noch auf irgendein Päckchen warteten, das ihr Freund Martin an den Zug zu bringen versprochen hatte. Der Zug war schon im Abfahren begriffen, als ein Seemann eiligst den Bahnsteig entlangrannte, eine lebende Gans mitbrachte und sie seinen Freunden ins Abteil warf. Dies war nun das Päckchen.

Als wir uns Paris näherten, mußte der Zug einige Male anhalten, da Fliegeralarm gegeben worden war. Wie nun so alles aus den Fenstern herausschaute, öffnete sich im Nebenwaggon die Tür und ein U-Bootmann sprang heraus. Er hielt die Gans unterm Arm und setzte sie am Bahndamm aus, damit sie sich Futter suchen konnte. Zu diesem Zweck hatte man schnell ein Halsband angefertigt und mit einer langen Leine versehen, so daß der Begleiter sie immer unter Kontrolle hatte. Dies wiederholte sich bis Paris dreimal, und wir alle waren amüsiert über die Erfindungsgabe der jungen Leute. Ich nehme an, daß die Gans gut in die Heimat gekommen ist.

In unserem U-Bootquartier im Hotel Ambassador in Paris waren wir immer gut aufgehoben. Dort begegneten wir unseren heim- und rückreisenden Kameraden, jedoch auch jungen Fliegeroffizieren und anderen Wehrmachtsangehörigen.

Eines Abends, beim Essen, erspähte ich mit einem Male meinen alten Freund Hermann Kempf, der wie ich Handelsschiffsoffizier gewesen war, später Reedereiinspektor wurde und während des Krieges seiner außerordentlichen Sprachkenntnisse wegen der Abwehr zugeteilt worden war. Nach einigem Hin und Her im Gespräch, bei dem ich erkunden wollte, was er hier in Paris zu tun hatte, rückte er mit einer geheimnisvollen Sondermission heraus. Sie bestand darin, mit einem Holländer Kontakt aufzunehmen, der im Waffengeschäft tätig war. Zunächst wollte er mir keine nähere Auskunft geben, nannte dann aber zufällig den Namen Ruscheweyh. Hierauf fragte ich erstaunt, ob es sich um Rolf Ruscheweyh handele, was er bejahte. Nun erklärte ich ihm, daß ich mit Rolf seinerzeit im Königlich Preußischen Kadettenkorps zusammengewesen und mit ihm und seinem Erfurter Elternhaus immer in Verbindung geblieben sei. Durch meine Seefahrtszeit war der Kontakt etwas eingeschlafen. Ich hatte aber von der Familie gehört, daß Rolf nach Beendigung der Schule kaufmännisch ausgebildet worden und dann als Repräsentant für die Erfurter Firma I.A. John nach Paris gegangen war.

Rolf, der sehr intelligent, wendig und stets ein anregender Gesellschafter war, hatte dort später einige Dummheiten gemacht, so daß die Firma I.A. John ihm kurzerhand kündigte.

Rolf war aber zu der Zeit bereits ein vermögender Mann. Er war in Paris mit dem griechischen Waffenhändler Basil Zaharoff in Verbindung gekommen, der sich altershalber aus dem Geschäft zurückzog und Rolf wohl in sein Tätigkeitsgebiet eingeführt hatte. Ich nehme an, daß dies auch mit dem Zerwürfnis mit seiner väterlichen Firma I.A. John in Erfurt zusammenhing.

Zum Verständnis der Situation möchte ich noch einiges über Basil Zaharoff sagen. Er war um 1850 geboren, war Vertreter für schwedische Waffenlieferanten und auch für E. Vickers auf dem Balkan und später wohl auch in ganz Europa tätig. Basil Zaharoff umgab ein großes Geheimnis. Ihm wurden Beziehungen zu den höchsten Staatsmännern der damaligen Zeit wie Lloyd George, Briand, Venizelos und Clemenceau nachgesagt. Er soll Beteiligungen größten Stils im Öl- und Bankgeschäft und in der Schiffahrt gehabt haben. Auch munkelte man von einer Teilhaberschaft an der Spielbank von Monte Carlo.

Wie ich später von Rolf bei unserer ersten Begegnung nach dem Kriege hörte, hatte er sich nach der Trennung von I.A. John in den 20er Jahren ganz aktiv in das Waffengeschäft hineingearbeitet. Daneben hatte er ein holländisches Patent für beschußsichere Reifen aufgekauft, mit dem er gute Geschäfte machte.

So konnte ich Hermann Kempf viele Einzelheiten zu seiner Aufgabe beisteuern, denn es ging wohl um Waffenlieferungen neutraler Staaten wie Schweden und der Schweiz, die für die deutsche Wehrmacht wichtig waren. Ich trug ihm Grüße an Rolf auf und wartete nun gespannt auf seinen nächsten Bericht.

Am anderen Tag fragte ich Hermann, wie es ihm ergangen sei. Etwas außerhalb von Paris in der Nähe von Versailles hatte er Rolfs dort in herrschaftlichem Park gelegene Villa aufgesucht und war nach Passieren von zwei Sekretärinnen zu ihm geführt worden.

Rolf Ruscheweyh habe ihn in einem großen Himmelbett liegend empfangen und sich damit entschuldigt, daß er in ärztlicher Behandlung stünde und ihre Besprechung deshalb im Schlafzimmer stattfinden müsse. Nach Erörterung der zur Diskussion stehenden Punkte habe er zum Abschied noch meinen Gruß ausgerichtet, woran sich dann ein persönliches Gespräch über unsere alte Kadettenzeit und Erfurt geknüpft hätte.

So erfuhr ich nach langen Jahren wieder einmal etwas von Rolf Ruscheweyh, den ich später während meiner kaufmännischen Tätigkeit im Jahre 1953 in seinem Besitz in Schaan in Liechtenstein aufsuchte.

Wenn ich jetzt das Kapitel meiner Zeit als Flottillenchef in Frankreich abschließe, möchte ich doch einige Worte zu unserem Befehlshaber der Unterseeboote und nunmehr gleichzeitigem Oberbefehlshaber der Kriegsmarine, Großadmiral Dönitz, sagen.

Von Beginn meiner U-Bootzeit im Jahr 1935 an bis zum Ende des Krieges ist Dönitz mein höherer Vorgesetzter gewesen. So bin ich natürlich oft mit ihm in Berührung gekommen. Während meiner Zeit als Wachoffizier und Kommandant war er Führer der Unterseeboote, und in meiner Zeit als Flottillenchef und später als Erster Admiralstabsoffizier beim Führer der Unterseeboote-Ausbildung Befehlshaber der U-Boote und Oberbefehlshaber der Kriegsmarine.

Für mich persönlich war Dönitz ein hervorragender Soldat, der nicht nur von uns Unterführern und den Truppen voll anerkannt wurde, sondern er genoß auch großes Ansehen im Ausland. Die Hochachtung, die ihm vom ehemaligen Gegner entgegengebracht wurde – auch nach dem Krieg – fand leider in der deutschen Presse, in den deutschen Schulbüchern und schon gar nicht bei der deutschen Regierung ihren

Niederschlag. Seine bedeutendste Leistung als Soldat war die Erfindung der Rudeltaktik von angreifenden U-Booten, die als neue Kampfmethode eingesetzt, große Erfolge erzielte.

Daneben war Dönitz ein vorzüglicher Truppenführer, der nicht nur Kontakt zu seinem Stabe und den höheren Offizieren hatte, sondern auch versuchte, dem letzten U-Bootmann seine Gedanken und Ansichten klar zu vermitteln.

Seine Gestalt und seine Persönlichkeit tritt aber besonders am Ende des Krieges hervor, als Hitler ihn als seinen Nachfolger nominierte. Als Dönitz am 30. April 1945 um 18 Uhr das Telegramm mit seiner Ernennung als Hitlers Nachfolger in der Hand hielt, waren ihm sofort drei Dinge klar.

1. Lehnte er wegen seiner Einstellung diese Position ab, mußte er befürchten, daß eine einheitliche Führung von Truppe und Volk verlorenginge, so daß sich alles in ein wildes Chaos auflösen würde.
2. Ein weiterer Einfluß der Größen des Nationalsozialismus wie Göring, Himmler, Goebbels, Bormann und anderen mußte sofort unterbunden werden.
3. Der Widerstand der im Osten eingesetzten Truppen mußte kurzfristig beibehalten werden, um den zu hunderttausenden flüchtenden Menschen den Weg nach dem Westen offenzuhalten. Die schon seit dem 23. Januar durchgeführte Evakuierung der Menschen aus Kurland, Ost- und Westpreußen über See, die am 8. Mai 1945 ihren Abschluß fand und etwa zwei Millionen Menschen rettete, gehört ebenfalls zu den hervorragenden Leistungen der deutschen Marine unter der Führung von Dönitz.

Ich möchte hier noch zwei persönliche Erlebnisse anführen, die ein Licht auf Dönitz werfen. Während meiner Chefzeit in La Baule schrillte eines Nachts das Telefon neben meinem Bett. Ich fuhr aus dem Schlaf hoch, ergriff den Hörer und erkannte die Stimme von Dönitz.

»Wissen Sie eigentlich, Schulz, daß wir Krieg haben?« – »Jawohl, Herr Admiral!« – »Na, dann gute Nacht, Schulz.«

Man kann sich leicht vorstellen, was in diesem Augenblick in meinem Kopf vorging – ich grübelte nach, wo ich etwas falsch gemacht haben könne.

Als ich einige Zeit später über Paris fuhr, meldete ich mich beim Großadmiral und kam auf seinen Anruf zurück. Er machte mir klar, daß er ein Schriftstück von mir mit Anordnungen in der Hand gehabt hatte, die ihm zu bürokratisch, friedensmäßig und nicht kriegsgerecht erschienen waren. Wie immer hatte man bei ihm aber Gelegenheit, sich auszusprechen, und wir schieden im guten Einvernehmen.

Die andere Begebenheit geschah bei einem seiner Besuche bei der Truppe. So kam er im August 1943 an die Westküste Frankreichs und hatte alle Flottillenchefs nach Brest befohlen. Der Chef der 3. U-Flottille in La Rochelle, Zapp, und ich selbst in

St. Nazaire konnten an dem Treffen nicht teilnehmen, da wir wegen havarierter U-Boote im Stützpunkt bleiben mußten. Wir teilten dies dem Befehlshaber mit, und er ordnete an, daß wir uns drei Tage später auf seinem Rückflug auf dem Flugplatz in Nantes bei ihm zu melden hatten.

Es war ein schöner warmer Sommertag, als seine Maschine, von sechs Jägern begleitet, auf dem Flugplatz aufsetzte und ausrollte. Zapp und ich gingen ihm entgegen und machten unsere Meldung. Hierauf hakte er sich bei uns beiden ein und ging so mit uns am Rande des Flugplatzes auf und ab. Zapp, der Dienstältere, wurde zunächst zum Sprechen aufgefordert und erzählte alles, was ihm wichtig erschien. – Hierauf wandte Dönitz sich an mich, und ich konnte frei und offen über alle Vorkommnisse und alles Gehörte berichten. Erstaunlich bei ihm war, daß er sich immer Zeit nahm, zuzuhören, so daß man das Gefühl hatte, sich aussprechen zu können. Nie kehrte er den hohen Vorgesetzten heraus, nie unterbrach er einen ungeduldig und ließ sich nie zu schneller Stellungnahme hinreißen.

Anschließend an unsere Berichte erzählte er uns, wie er die gesamte Kriegslage aus seiner Sicht beurteile, was er im Wehrmachtsstab oder von Hitler direkt erfahren habe, wie er sich die Kriegsführung weiter denke und mit welchen Schwierigkeiten wir zu rechnen hätten.

Nachdem alles in Ruhe besprochen war, wies er uns an, nun zu unseren Flottillen zurückzukehren, die Leute in seinem Sinne zu instruieren und die Stimmung bei der Truppe an der Front hochzuhalten.

Dieser Führungsstil der Einwirkung auf seine Untergebenen durch das persönlich gesprochene Wort war eine seiner hervorragendsten Eigenschaften. Im Gegensatz hierzu steht eigentlich der Stil von Großadmiral Raeder, den wir ebenfalls alle verehrt hatten. Raeder brachte aber alles zu Papier, und seine Anordnungen waren seitenlange Elaborate. So sehr das im Frieden angebracht war, zeigte es doch seine Nachteile im Krieg, wo durch die rasch wechselnden Ereignisse unmittelbar und schnell auf Unterführer und Untergebene eingewirkt werden mußte.

Menschlich war Dönitz ein wenig kühl und nicht leicht zugänglich. Ich selbst habe ihn aber immer sehr hoch geachtet und bin stolz darauf gewesen, in Friedenszeiten und auch ganz besonders im Kriege ihm persönlich unterstellt gewesen zu sein. Er war ein hervorragender Mensch und Soldat.

Erster Admiralstabsoffizier beim Führer der Unterseeboote Ausbildung gleichzeitig Leiter der Erprobungsgruppe U-Boote in Gotenhafen

Nach zweijähriger Flottillenchefzeit an der Front wurde ich im Herbst 1943 als Erster Admiralstabsoffizier zum Führer der Unterseeboote Ausbildung nach Gotenhafen kommandiert, wo ich im Oktober meinen Dienst antrat.

Meinem Chef, Kapitän zur See Viktor Schütze, unterstanden alle schwimmenden Ausbildungsabteilungen der U-Bootwaffe. Im einzelnen waren dies:

19./20. U-Flottille Pillau (Kommandanten-Vorschule)
23. U-Flottille Danzig (Schießausbildung)
24. U-Flottille Memel/Gotenhafen (Unterwasserortung)
25. U-Flottille Libau (Schießausbildung)
26. U-Flottille Pillau (Schießausbildung)
27. U-Flottille Gotenhafen (takt. Ausbildung)
Erprobungsgruppe U-Boote (neue Typen) Danzig/Bornholm.
Außerdem war ihm die Agru Front (Ausbildungsgruppe Frontboote) auf der Halbinsel Hela unterstellt.

Hier führte das Kommando ein besonders befähigter Ingenieuroffizier, Hans Müller, der den Booten nach der Ausbildung den letzten Schliff für die Frontverwendung bezüglich Alarmtauchen und sonstigen technischen Raffinessen gab.

Unsere Dienststelle lag auf dem Wohnschiff *Neiße* (ex *Claus Horn*), einem Handelsschiff mittlerer Größe, das von einem Oberleutnant zur See der Reserve, Engelmann, kommandiert wurde.

Da ich mit einer längeren Verwendungszeit in Gotenhafen rechnete und nicht immer mitten im Dienstbetrieb auf dem Wohnschiff leben wollte, hatte ich mir in dem zwischen Zoppot und Gotenhafen liegenden kleinen Ort Adlershorst ein Zimmer gemietet, so daß ich am Wochenende dort etwas ausspannen konnte.

Unser Stab setzte sich zusammen aus meinem Chef, mir selbst, zwei Verbandsingenieuren, den Korvettenkapitänen Ing. Looschen und Gottwald, dem Verbandsverwaltungsoffizier, Korvettenkapitän (V) Zander mit noch einem jüngeren Offizier, dem Adjutant Oberleutnant zur See Reetzke sowie einem Stabsoffizier für verschiedene Verwendungen namens Schäfer.

Angehängt an den Führer der Unterseeboote Ausbildung war auch ein Gericht. Es war mit einem Marinekriegsgerichtsrat und einem Marineoberstabsrichter besetzt.

Meinen Chef, Kapitän zur See Schütze, kannte ich seit langen Jahren. Wir waren bereits in der Weddigenflottille im Jahre 1936/37 zusammen gewesen, trafen uns dann als U-Bootkommandanten in Lorient wieder und sollten nun gemeinsam den ganzen Ausbildungsbetrieb leiten.

Ich habe mich mit Schütze im allgemeinen sehr gut vertragen. Manchmal allerdings eckte er hier und da mit den Flottillenchefs der ihm unterstellten Flottillen und auch bei der Agru Front an. So landeten dann die Hilferufe dieser Einheiten bei mir, und es wurde meine Aufgabe, mancher Anordnung des Chefs eine etwas andere Fassung zu geben. Ich glaube, daß ich dieser Anforderung doch gerecht geworden bin, denn die Flottillenchefs wandten sich bald einfach an mich, und Schütze entschlüpfte einmal der Ausruf: »Was wollen die Leute eigentlich immer dauernd von Ihnen, sie können mich doch ebensogut fragen!«

In der Überschrift dieses Kapitels hatte ich bereits bemerkt, daß ich neben meiner Stellung als Erster Admiralstabsoffizier auch noch die des Leiters der Erprobungsgruppe U-Boote hatte. Pflichtgemäß mußte ich diesem Sektor auch meine Aufmerksamkeit zuwenden, was den natürlichen Vorteil hatte, daß ich mich bei Gewitterwolken am dienstlichen Horizont mehr dieser Aufgabe widmete, die mich nach Danzig und Pillau, aber auch nach der Insel Bornholm führte.

Schütze wurde zeitweilig beim Admiral der U-Boote vorstellig, mich doch von dieser Dienststellung zu befreien, weil er von einem Ersten Admiralstabsoffizier, der ewig auf Reisen sei, nicht viel Unterstützung hätte. Es blieb aber während meiner Zeit in Gotenhafen für mich bei diesem Doppelkommando.

Meine Aufgaben beim FdU Ausbildung bestanden vor allen Dingen darin, die uns unterstellten Flottillen und Einheiten in allen Dingen zu unterstützen, die eine reibungslose Durchführung des Dienstbetriebes und somit baldige Frontverwendungsfähigkeit gewährleisteten. Da gab es personelle Ausfälle, Schwierigkeiten in der Beschaffung des notwendigen Materials, Umstellung der Lehrpläne aufgrund neuer Berichte und Erfahrungen, Stellenbesetzung im Lehrpersonal durchzuführen, die Schießübungsgebiete zu koordinieren und das Überwechseln der Boote von einer Ausbildungseinheit zur anderen reibungslos durchzuführen.

Als Erprobungsleiter hatte ich mit dem Test neuer Torpedos und des neuentwickelten Tiefenausstoßes der Torpedos zu tun. – Es standen auch jetzt die ersten Versuche mit den neuen U-Bootstypen XXI und XXIII an, die mit einem Schnorchel ausgerüstet waren, der in ausgefahrener Stellung dem dicht unter der Wasseroberfläche fahrenden Boot die Luftzufuhr zu den Dieselmotoren ermöglichte. Durch diese Neuerung waren die Boote nicht mehr genötigt, zur Frischluftnahme aufzutauchen. – Es wurden neue Ortungs- und Peilverfahren erprobt, für die eine besondere Gruppe aufgestellt worden war. Für die nunmehr meistens unter Wasser fahrenden U-Boote war es notwendig, auch vom getauchten Boot aus ein astronomisches Besteck durchführen zu können. Hier war die Firma Zeiss in Jena eingeschaltet, die ich mehrfach besuchte und mit dem dortigen Leiter der für uns in Frage kommenden Abteilung, Herrn Dr. Werner, eng zusammenarbeitete. Dienstreisen führten mich auch nach Harzburg, wo die neuen Bootstypen, im Maßstab 1 : 1 in Holz gefertigt, in gedeckten Schuppen lagen, um die Endausrüstung und noch anzubringende Verbesserungen ausprobieren zu können.

Besondere Freude bereitete mir eine Sonderaufgabe. Beim Afrikafeldzug des General Rommel hatte sich herausgestellt, daß die italienische Kriegsmarine trotz tüchtiger Führer und sehr guter Besatzungen nicht in der Lage war, den erforderlichen Nachschub an Munition, Brennstoff und Panzern zur Versorgung der Afrikatruppe zu gewährleisten. So war schon 1942 an die deutschen Hochschulen, vor allen Dingen in Berlin, die Aufgabe herangetragen worden, Tanks von drei bis fünf Kubikmeter Inhalt derart zu konstruieren, daß sie von getauchten U-Booten, auf etwa 20 Meter Tiefe steuernd, zur afrikanischen Küste geschleppt werden konnten.

Zu meiner Zeit waren diese Tanks gerade fertig. Der Schlepper *Ortelsburg* unter der Führung von Kapitän Quil wurde für zwei solcher Tanks zur Verfügung gestellt, die nun unter der Leitung der Konstrukteure (Prof. Horn und sein Assistent Dipl.-Ing. Dr. Dieckmann) von der Technischen Hochschule Berlin erprobt werden sollten.

Diese in Schlepp genommenen Tanks sollten bei einer Geschwindigkeit von zwei Seemeilen langsam selbständig unterschneiden und sich dann bei einer Geschwindigkeit des getauchten U-Bootes von fünf Seemeilen stabilisieren, um in der richtigen Tiefe mit geringen Schwankungen zu folgen.

Die Herren aus Berlin hatten alles Notwendige an Meßinstrumenten und Berechnungsformularen mitgebracht. Herr Dr. Dieckmann baute sich in einem der Tanks einen Sitz auf, so daß er dort unten im Dunkeln, mit einer Taschenlampe ausgerüstet, am Manometer die Tiefenbewegungen des Tanks aufzeichnen konnte.

Als ich als Erprobungsleiter zu dieser Gruppe stieß, hatte ich sofort seemännische Einwendungen. 1. Wie lange würde die Luft für einen Mann in diesem abgeschlossenen Tank ausreichen? 2. Wie konnte man mit ihm in Verbindung treten, falls etwas passierte? 3. Ging die ganze Erprobung nicht am besten ohne einen Mann im Tank vor sich? – Ich möchte hier nicht zu weitschweifig werden. Jedenfalls gab es aufgrund meiner Einwendungen und meiner Verantwortung eine ganze Menge zu regeln, was im wesentlichen darauf hinausging, daß sowohl Licht und auch genügend Luft sowie eine Telefonverbindung in den Tank gelegt wurden, ehe die geplanten Versuche anliefen.

Ich muß aber hier an dieser Stelle einmal sagen, daß ich während der Zusammenarbeit mit den Herren von der Universität Berlin eine große Hochachtung vor der deutschen Wissenschaft bekam.

Beide Herren versuchten immer wieder, mich in meinem Sicherheitsdenken zu beruhigen und zeigten mir ihre Rechenergebnisse vor, in denen alle zu berücksichtigenden Umstände genau aufgezeichnet waren. Ich konnte hinterher feststellen, daß alles so, wie es geplant war, reibungslos ablief und sich manche Sicherheitsmaßnahme, die ich verfügt hatte, erübrigt hätte. Aber doppelt hält nun einmal besser. Der Erfolg dieser Unternehmung war beachtenswert, obwohl sie nun nicht mehr zum Tragen kam. – Herrn Professor Horn habe ich nicht mehr wiedergesehen, doch nach dem Krieg nahm ich Ende der 50er Jahre einmal Verbindung mit Herrn Dr. Dieckmann auf, der inzwischen Rektor an der Technischen Hochschule in Karlsruhe geworden war.

Durch meine jetzige Tätigkeit in der Heimat kam ich mehr mit den Sorgen und Nöten der Bevölkerung in Berührung.
Auf der dienstlichen Seite wurde ich mit den Schwierigkeiten des U-Bootbaus, mit Personalfragen im U-Bootbereich und der Beschaffung von technischen Ausrüstungsgegenständen der Boote vertraut. Hatte ich mich in den nahezu vier Frontjahren nur mit der eigentlichen Kriegsführung auseinanderzusetzen, so erhielt ich hier in Gotenhafen einen guten Überblick über die komplizierten und sich oft überschneidenden Fragen aller Heimatdienste, die sich mit der Versorgung der Kampftruppen zu befassen hatten. Mein Einblick beschränkte sich nicht nur auf den U-Bootbereich. Wir waren zwar nur ein Teil des großen Ganzen, doch mußten wir immer, um unsere Forderungen durchzusetzen, mit den benachbarten Dienststellenbereichen verhandeln.

Die erste Zeit meiner Tätigkeit bis zum Sommer 1944 verlief – soweit man das in diesen Kriegszeiten sagen kann – normal. Die Fronten lagen weit von uns entfernt, so daß wir unbehelligt arbeiten konnten. Große Schwierigkeiten machten uns die stärker werdenden Luftangriffe, durch die sich Produktionsausfälle ergaben, die zu schweren Störungen führten. Es wurde der Sektionsbau in nicht so gefährdeten Landesteilen eingeführt, der es ermöglichte, daß auf den Werften die einzelnen Teile dann nur noch zusammengesetzt werden brauchten. Eine große Zahl hochkomplizierter Geräte wurde in alle möglichen Gebiete ausgelagert, um den dauernden Bombenangriffen zu entgehen. Besondere Sorge bereiteten uns die immer jünger werdenden Bootsbesatzungen, die aus Zeitmangel nicht so geschult werden konnten, wie es notwendig gewesen wäre.

Um mich ein wenig zu entspannen und auf andere Gedanken zu kommen, meldete ich mich zu einem Reitkursus in Zoppot an. Ich hatte zwar auf der Marineschule als Fähnrich einige Reitstunden gehabt, doch bot sich mir hier Gelegenheit, in dem sehr schönen Gelände meine Reitkenntnisse zu erweitern. Daneben war ich auch ein eifriger Besucher der Spielbank in Zoppot, wo ich mit wechselndem Glück am Wochenende immer ein paar Stunden verbrachte.

Mit der Mutter hatte ich jetzt besseren Kontakt als von der Front aus. Auch in Erfurt war das Leben unruhiger geworden. Sie berichtete mir, daß erstmals im Februar 1944 am Stadtrand Fliegerbomben abgeworfen worden waren. Auch dies waren Zeichen für die wachsende feindliche Luftüberlegenheit, die sich nun mehr und mehr auch in den bisher verschont gebliebenen Gebieten bemerkbar machte.

Im Mai 1944 konnte ich einige Urlaubstage am Bodensee verbringen, doch mußte ich wegen dringender Dienstgeschäfte frühzeitig zurückkehren.

Am 20. Juli 1944 erfolgte das Attentat auf Hitler, das ein weltweites Echo hervorrief und Reichspropagandaminister Goebbels als Anlaß diente, den totalen Krieg zu proklamieren. Von jetzt ab ging es rapide dem Kriegsende entgegen. Im vertrauten Kreise wurden die Möglichkeiten, diesen Krieg noch zu gewinnen, ernsthaft diskutiert. Man mußte hier aber mit seinem Gesprächspartner sehr vorsichtig sein, da defaitistische Äußerungen schwer bestraft wurden.

Bis zum Dezember 1944 verschärfte sich nun die Situation sehr schnell. Die Ostfront war im dauernden Rückzug begriffen, der Schulbetrieb mußte hier und da verlegt werden, wie z.B. durch die Aufgabe von Libau. Die Kurlandarmee deckte, so gut es ging, die nördlichen Ostseehäfen, so daß größere materielle Schäden vermieden werden konnten, doch zeichnete sich der Zeitpunkt ab, an dem der normale Dienstbetrieb nicht mehr durchführbar sein würde. Um die Jahreswende hatte der Bereichsbefehlshaber des Gebietes Königsberg in Pillau eine Sitzung der ihm unterstellten höheren Truppenführer angeordnet, um die Lage zu erörtern. Da mein Chef nicht abkömmlich war, fuhr ich mit einem Torpedoboot hinüber und nahm als Beobachter mit dem Seekommandanten von Pillau, einem schon eisgrauen Herrn, an dieser Sitzung teil. Wegen mißliebiger Äußerungen war der bisherige Bereichsbefehlshaber durch einen anderen General ersetzt worden, der mit direkter Anweisung aus dem Hauptquartier kam und der versammelten Runde schlankweg erklärte, daß Pillau und Königsberg unbedingt gehalten werden müßten. Um ihn herum saßen lauter höhere Stabsoffiziere als Truppenbefehlshaber, die er nun nach ihren Ansichten fragte. Der überwiegende Teil sagte, daß eine Verteidigung von Ostpreußen bei dem starken Druck der Russen nicht möglich sei. Es fehle an der nötigen Ausrüstung, an Panzern und vor allen Dingen an ausgeruhten und frischen Truppen. Durch den dauernden Rückzug und Verlust allen Materials sei die Truppe derart geschwächt, daß sie einem offensiven Stoß von russischer Seite aus nicht standhalten könne.

Hierauf ergriff der General wieder das Wort, wies darauf hin, daß von der Verteidigung Ostpreußens viel für die gesamte Verteidigung abhinge, und er sei überzeugt, daß man mit den vorhandenen Kräften der Sachlage Herr werden würde. Im übrigen – und damit wandte er sich zu uns beiden Marinern – würde die Marine das Heer tatkräftig unterstützen, denn wir hätten ja auch noch – soweit ihm bekannt – im Pillauer Festungsbereich schwere Geschütze zur Verfügung.

Hierauf erhob sich der Festungskommandant und erklärte dem General, daß seine Geschütze so montiert und aufgestellt seien, daß sie wohl einen von See angreifenden Gegner abwehren könnten, jedoch in keiner Weise gegen einen Angriff von der Landseite her einsetzbar wären.

Nach dieser Sitzung war mir klar, daß Memel und Pillau sehr gefährdet waren, was ich dann auch meinem Chef vortrug. Ich fügte hinzu, daß es höchste Zeit sei, den

Ausbildungsbetrieb einzustellen, die Werkstatt- und Wohnschiffe seeklar zu machen und das ganze Potential nach Westen hin abzusetzen.

Schütze hängte sich sofort ans Telefon und berichtete dem Kommandierenden Admiral der U-Boote, v. Friedeburg, in Kiel. Friedeburg war sehr nachdenklich, besprach erst die ganze Situation mit Berlin und unterrichtete uns dann, daß in Memel und Pillau vorsichtig Anordnungen zum Auslaufen getroffen werden sollten, jedoch dürfe nicht der Eindruck entstehen, daß die Kriegsmarine ihre Positionen aufgäbe.

So sorgten wir also dafür, daß ein Teil wichtiger Ausrüstungsgegenstände, die an Land in Baracken gelagert waren, wieder auf die Transportschiffe zurückgeladen wurden. Die Murings wurden aufgehoben (d.h. einer der beiden Anker wurde wieder aufgenommen), und bei den Turbinen- und Dampfschiffen wurden die Kesselanlagen in Betrieb gesetzt. Die Motoren der Motorschiffe machten Probeläufe. Für das Personal wurde Ausgangssperre verhängt. Diese Vorbereitungen nahmen gut zwei oder drei Tage in Anspruch, doch dann waren die Schiffe in der Lage, innerhalb von zwei bis drei Stunden auslaufen zu können.

Der Feind rückte uns jetzt stark auf den Leib. Am 6. Januar 1945 wurden die Gewässer um Pillau und die Danziger Bucht vermint. Alles deutete auf einen baldigen Angriff hin, der dann am 25. Januar an der ostpreußischen Grenze bei dem Ort Eydtkuhnen erfolgte. Weiter nördlich hatten die Russen vorher den ostpreußischen Ort Goldap besetzt. Die von ihnen dort an der deutschen Bevölkerung vollbrachten entsetzlichen Grausamkeiten setzten ganz Ostpreußen in Grauen und Schrecken.

Das Wissen über alle diese Dinge ist nach dem Kriege verschwiegen worden. Die russische Führung hatte bewußt in ihren Soldaten eine Haßstimmung gegen die deutsche Bevölkerung angeheizt, die nun zum Durchbruch kam. Bekannt geworden ist der Aufruf des sowjetischen Schriftstellers Ilja Ehrenburg, der wie folgt lautete:

»Tötet, tötet!
Es gibt nichts, was an den Deutschen unschuldig ist,
an den Lebenden nicht
und nicht an den Ungeborenen!
Folgt der Weisung des Genossen Stalin
und zerstampft für immer das faschistische
Tier in seiner Höhle,
brecht mit Gewalt den Rassenhochmut der
germanischen Frauen,
nehmt sie als rechtmäßige Beute.
Tötet, ihr tapferen, vorwärtsstürmenden
Rotarmisten!«

Am 24. Januar kam für uns das Stichwort »Hannibal«. Am 25. Januar verließen daraufhin die Pillauer Marineeinheiten nach und nach den Hafen, so daß wir uns geordnet zurückziehen konnten. Am Abend dieses Tages kam es zwischen dem damaligen Gauleiter von Ostpreußen, Koch, und mir zu einem harten telefonischen Wortwechsel. Schütze, den Koch eigentlich sprechen wollte, war zu diesem Zeitpunkt nicht erreichbar.

Koch verlangte im Befehlston, daß sofort sämtliche verfügbaren Schiffe nach Pillau beordert würden, um die sich dort versammelnden Flüchtlingsmassen aufzunehmen und abzutransportieren. Ich erwiderte ihm, daß dieses nicht ginge, und er – genau wie ich – auch die gegebenen Befehle kenne, wonach der Abtransport der militärischen Einheiten Vorrang habe, und erst dann der Schiffsraum für die Bergung der Zivilbevölkerung bereitgestellt werden könne. Als er immer heftiger wurde und mich stark angriff, sagte ich ihm sehr klar, daß wir bereits seit 14 Tagen diesen Angriff erwarteten und laufend Teile der Zivilbevölkerung mit unseren westgehenden Schiffen abtransportiert hätten. Uns wäre aber auch bekannt, daß gerade die Gauleitung Ostpreußens allen Zivilisten gesagt hätte, die Gefahr wäre nicht sehr groß, es stünden genügend Abwehrkräfte zur Verfügung, und man brauche keine Sorge zu haben. Nun, wo das Unglück hereingebrochen sei, habe er die alleinige Verantwortung für die verzögerten Evakuierungsmaßnahmen zu tragen. Hierauf bekam ich noch einige recht unerfreuliche Worte zu hören. So beendete ich das Gespräch einfach durch Auflegen des Hörers.

Die Aufgaben beim FdU Ausbildung änderten sich schlagartig. Alle verfügbaren Kräfte wurden entweder für den Rücktransport militärischer Einrichtungen und, so weit es ging, auch für die Evakuierung der Zivilbevölkerung eingesetzt. Vier jüngere Offiziere wurden zu meiner Unterstützung in den Stab kommandiert, die rund um die Uhr Wache gingen, um mich zu entlasten. Telefon- und Fernschreibverkehr wuchsen lawinenartig an, laufend gab es Besprechungen mit den anderen Verbänden und Landdienststellen.

Zur Darstellung der Situation möchte ich kurz folgendes einfügen: Grundsätzlich lag der Abtransport der Zivilbevölkerung in den Händen des Kommandierenden Admirals der Ostsee, Admiral Kummetz. Diesem untergeordnet war für die Aufgaben der östlichen Ostsee Admiral Burchardi. Für den Geleitschutz und für die Sicherheitsaufgaben wurde bei diesen Unternehmungen die 9. Sicherungsdivision unter dem ganz vorzüglichen Korvettenkapitän Adalbert v. Blanc eingesetzt.

Wenn unser Stab somit auch nicht direkt in das Flüchtlingsproblem eingeschaltet war, wurden wir dennoch davon betroffen, weil es im Bereich des FdU Ausbildung viele größere Schiffe – darunter eben auch Passagierschiffe – gab, die den Marineeinheiten als Wohnschiffe dienten. Wir waren bemüht, soweit es in unseren Kräften stand, neben Erfüllung unserer militärischen Aufgaben auch die Evakuierung zu unterstützen.

So kam es, daß wir in den tragischen Untergang des ehemaligen Kraft-durch-Freude-Schiffes *Wilhelm Gustloff*, das als eines unserer großen Wohnschiffe in dem in der Helaer Bucht gelegenen Oxhöft lag, hineingezogen wurden.

Im Verlauf der Absetzung unserer U-Booteinheiten war um den 20. Januar herum Befehl ergangen, das in Oxhöft bestehende Lazarett sowie die dort liegenden Marineeinheiten und zusätzlich Zivilpersonen auf der *Gustloff* einzuschiffen und das Schiff seeklar zu melden. Weitere Schiffe aus unserem U-Bootbereich waren *Walter Rau* und *Antonio Delfino*.

Da uns die *Wilhelm Gustloff* wegen der Verwundeten und der Angehörigen unserer Einheiten besonders am Herzen lag, nahmen wir Verbindung mit der 9. Sicherungsdivision auf, um dem Schiff Geleitschutz zu geben. Obwohl die *Gustloff* bereits am 28. Januar auf Hela-Reede ging, konnten keine Sicherungsfahrzeuge zur Verfügung gestellt werden. Auch am 29. Januar war dies nicht möglich, so daß wir darin auf Bitte der Sicherungsdivision eigene Torpedofangboote für diese Aufgabe zur Verfügung stellten. – Hier muß ich einflechten, daß diese Boote keine Zerstörer im eigentlichen Sinne waren, denn sie hatten nur die Aufgabe, geschossene Übungstorpedos wieder einzufangen. Immerhin waren die Boote beweglich und konnten so als Begleitfahrzeuge und schwacher Sicherungsschutz angesehen werden.

Ferner entschlossen wir uns, einen erfahrenen U-Bootkommandanten, den Korvettenkapitän Zahn, mit an Bord zu geben, um die beiden Handelsschiffskapitäne der *Gustloff* in der Schiffsführung zu unterstützen. Ich sprach in Gotenhafen eingehend mit Zahn über die gestellten Aufgaben und wies ihn noch einmal darauf hin, daß wir als alte U-Bootleute die Schwierigkeiten eines Angriffes auf schnellfahrende Überwasserschiffe kannten. Die *Gustloff* konnte mit Sicherheit damals 14, wenn nicht sogar 16 Meilen laufen, so daß bei einem Zickzackkurs eine Torpedierung sehr schwierig sein dürfte. Zum anderen plädierte ich dafür, nicht den unter der Küste verlaufenden Zwangsweg zu benutzen, obwohl dieser laufend auf ausgelegte Minen überwacht wurde. – Wir erörterten auch die Frage des Setzens von den üblichen friedensmäßigen Dampferlichtern und Positionslaternen.

Mit vielen guten Wünschen wurde dann Zahn von uns entlassen und begab sich auf die *Wilhelm Gustloff.*

So kam der schicksalsschwere Dienstag, der 30. Januar, heran. Die 9. Sicherungsdivision konnte immer noch keine Geleithilfe anbieten, so daß wir aus unserem Verband einen eigenen Begleitschutz zur Verfügung stellten. Wir beorderten hierzu das veraltete Torpedoboot *Löwe* und zwei T.F.-Boote.

Am Spätnachmittag des Tages setzte sich die *Gustloff* mit Sicherungseinheiten in Bewegung, umrundete Hela Südostspitze und steuerte den Geleitweg an.

Am Abend des 30. Januar 1945 frischte der Wind zusehends auf, so daß wir etwa Nordwest Windstärke 7 hatten, die Temperatur war nahe bei zehn Grad unter Null. Von den drei mitgegebenen Sicherungsfahrzeugen meldete bald das eine T.F.-Boot und wenig später auch das andere Maschinenschaden, so daß sie bei der aufkommenden See der *Gustloff* nicht mehr folgen konnten. Nur das Torpedoboot *Löwe* blieb noch in der Nähe, hatte aber ebenfalls schwer mit dem aufkommenden Seegang zu kämpfen.

Gegen 21 Uhr abends wurde die *Gustloff* von einem russischen Unterseeboot torpediert. Durch ein Mißverständnis wurde der Seenotfunkspruch auf einer verkehrten Welle abgesetzt, so daß wir erst kurz vor Mitternacht über den in der Nähe befindlichen Kreuzer *Admiral Hipper* Nachricht von dem Unglück erhielten.

Zunächst konnte nur Torpedoboot *Löwe* helfen, dann detachierte *Hipper* das ihn begleitende T 36, doch er selbst konnte wegen der weiter bestehenden U-Bootgefahr nicht viel ausrichten. Von Gotenhafen aus wurde eine Schnellbootflottille an den Unfallort entsandt, doch hatten die Boote bei dem stürmischen Wetter stark zu kämpfen, so daß sie erst gegen zwei Uhr nachts dort ankamen. – Von den etwa 5000 an Bord befindlichen Menschen konnten nur ungefähr 900 gerettet werden.

Die zur Hilfe kommenden Fahrzeuge brachten grauenvolle Berichte mit. Frauen und Kinder hatten bereits geschlafen und waren nur notdürftig bekleidet in die Rettungsboote gekommen, diese waren teilweise voll Wasser geschlagen und viele der Schiffbrüchigen waren bei der eisigen Kälte einfach erfroren. Wie ein Wunder mutet es an, daß die 900 Menschen gerettet werden konnten.

Es ist viel über den Untergang der *Wilhelm Gustloff* geredet und auch geschrieben worden. Von meiner Sicht aus war es falsch, dieses doch recht schnellaufende Schiff auf dem Zwangsweg fahren zu lassen. Korvettenkapitän Zahn konnte sich bei den beiden an Bord befindlichen Handelsschiffskapitänen mit seiner Ansicht nicht durchsetzen. Sie waren wohl auf See erfahrene ältere Kapitäne, doch fehlte ihnen für eine solche Fahrt im Kampfgebiet das nötige Wissen. Auch wollten beide Kapitäne unbedingt mit gesetzten Dampferlaternen fahren, was ihnen aber Zahn ausreden konnte. Jedoch bestanden sie auf den seitlichen Positionslaternen, die aber natürlich für den russischen U-Bootkommandanten gut sichtbar waren und ihn so frühzeitig in die Lage versetzten, das richtige Angriffsmanöver durchzuführen. – Hinzu kam, daß sich die Kapitäne zu sehr auf den Geleitschutz des Torpedobootes *Löwe* verließen, und da dieses bei dem schweren Seegang nicht so schnell mitkam, auch noch zu allem Unglück die Geschwindigkeit herabgesetzt wurde.

Wie Zahn später bei der Vernehmung über den Unglücksfall aussagte, waren die Handelsschiffskapitäne der Ansicht, daß es sich bei der *Gustloff* um ein reines ziviles Lazarettschiff mit einigen Flüchtlingen handele, so daß sie aus diesen Gründen, ihre friedliche Absicht bekundend, auch die entsprechenden Lichter führen wollten.

Diese Folgerungen waren natürlich unter den gegebenen Umständen grundverkehrt. –

Nach Abwicklung unserer Restaufgaben setzte Kapitän zur See Schütze unser Auslaufen mit dem U-Bootbegleitschiff *Otto Wünsche* auf Donnerstag, den 8. Februar, 14 Uhr, fest. Auf seine Frage an mich, wieviel Geleitboote wir zu unserer Sicherung mitnehmen sollten, schlug ich ihm vor: »Kein einziges«. Ich wies auf die Überbeanspruchung dieser Boote hin, sagte, daß sie beim Zivilschutz dienlicher eingesetzt werden könnten, während wir mit einer verhältnismäßig hohen Geschwindigkeit von 16 bis 18 Meilen, und im Zickzack laufend, kaum in Gefahr kämen, von einem U-Boot angegriffen zu werden. Weiter schlug ich vor, den sicherlich vom Feind überwachten Zwangsweg nicht zu steuern, sondern mit Kurs Nord bis dicht unter die schwedische Küste und dann von dort aus ostwärts die Hamrarne Enge zu gewinnen, die die Durchfahrt zwischen der Insel Bornholm und Schweden bildet. Etwa in dieser Gegend sollten wir von Kiel aus Geleitschutz anfordern, doch glaubte ich nicht, daß dieses noch notwendig sei.

Schütze schloß sich meiner Ansicht an, wir machten seeklar und gelangten ungehindert in den frühen Morgenstunden des 10. Februar nach Warnemünde. Ich stieg dort sofort aus, fuhr mit dem PKW nach Travemünde, wo ich den Liegeplatz für *Otto Wünsche* festlegte und dann gleich weiter nach Neustadt, wo inzwischen unser Wohnschiff *Neisse*, das vor uns aus Gotenhafen ausgelaufen war, zu unserer Aufnahme bereitlag.

Der Krieg neigte sich jetzt dem Ende zu. Um Kraft für einen massiven Vorstoß nach Westen zu erhalten, hatten die Russen größere Verbände zusammengefaßt, die in Richtung Berlin angesetzt wurden. Damit gab es vorübergehend an der Ostseeküste Entlastung, wo sich die befestigten Plätze wie Gotenhafen, Hela, Swinemünde und andere, zwar von den Russen eingeschlossen, bis zur Kapitulation behaupten konnten.

Auch in unserem unmittelbaren Bereich bekamen wir jetzt die Feindeinwirkung zu spüren. War es bis zum März noch verhältnismäßig ruhig, so erfolgten nun am 3. und 4. April Luftangriffe auf Kiel, am 7. April auf Neumünster und Hamburg und am 8. April auf Travemünde, wo das U-Bootbegleitschiff *Wilhelm Bauer* und ein T.F.-Boot im Hafen liegend versenkt wurden. Erst am 14. April wurde die Stillegung der gesamten Schieß- und Gefechtsausbildung der U-Boote befohlen.

Diese letzten zweieinhalb Monate meines Kommandos zeichneten sich durch andauernde Unruhe, widersprüchliche Kommandos und Kommandierungen wie auch hastige Entscheidungen aus. Mein Chef und ich waren laufend unterwegs. Ein kleiner Kalender aus der damaligen Zeit, der noch in meinem Besitz ist, zeigt, daß wir in Travemünde, Swinemünde, Hela, Insel Bornholm, Eckernförde, Wismar und anderen Orten waren, um die aus dem Osten zurückflutenden Marineeinheiten in der westlichen Ostsee und auch in Dänemark unterzubringen, neu zu gruppieren und ihnen den Umständen entsprechend neue Aufgaben zuzuweisen.

In all dieses Wirrwarr hinein erfolgte dann meine Kommandierung zum Chef der 25. U-Flottille, die, aus Libau kommend, nach Travemünde verlegt worden war.

So trat ich am 22. April 1945 noch einmal ein neues Kommando an.

Als Chef der 25. U-Flottille in Travemünde und auf Fehmarn

Es war keine reine Freude, in so turbulenter Zeit ein neues und gleichzeitig sehr verantwortungsvolles Kommando zu übernehmen, denn in Krisenzeiten ist es immer wichtig, sich in einem straff zusammengefaßten Verband zu befinden, wozu auch eingehende Kenntnis der Truppenverhältnisse und besonders des Personals notwendig ist.

Wenn ich auch durch meine lange Dienstzeit und die sich daraus ergebende Dienststellung im Bereich der U-Bootwaffe gut bekannt war, sah ich hier in Travemünde doch viele neue Gesichter.

Bei Antritt meines Kommandos traf ich meinen Vorgänger nicht mehr an. Da ja bereits der Schießbetrieb eingestellt war, sah ich meine Hauptaufgabe jetzt darin, die gegebenen Befehle der Situation entsprechend auszulegen und unter Vermeidung unnötiger Verluste von Menschenleben das Kriegsende abzuwarten.

Als Wohnschiff und Unterbringung für den Flottillenstab diente mir die *Wega*, ein mittlerer Passagierdampfer von etwa 12.000 Tonnen, die in Travemünde an der Vorderreihe an der Pier lag.

Eine mir bekannte Familie, die an der Kaiserallee ein Haus bewohnte, vermietete mir ein Zimmer, wohin ich mich bei Bedarf ein wenig außerhalb des Dienstbetriebes zurückziehen konnte.

Zu dem mir unterstellten Verband gehörten die größeren Zielschiffe *Wega*, *Swakopmund* und *Bolkoburg* sowie die etwas kleineren *Messina*, *Kürassier* und *Pionier*. Daneben konnte ich noch auf einen kleinen Marinestützpunkt auf der Priwallseite, wo heute die früher der Reederei F. Laeisz gehörende Viermastbark *Passat* liegt, zurückgreifen.

Zu den zur Schießausbildung im Hafen liegenden U-Booten kamen durch Auflösung der in der östlichen Ostsee betroffenen Verbände noch fortwährend Boote hinzu, so daß deren Zahl weiter anstieg.

Im wesentlichen ging es darum, diese Boote zu betreuen, die Liegeplätze so auszuwählen, daß sie aufgelockert, weit auseinandergezogen einem massiven Luftangriff möglichst wenig ausgesetzt waren, und somit gefechtsklar blieben.

Natürlich überstürzten sich jetzt hier die Ereignisse. Ich hatte Urlaubsverbot für das Gebiet außerhalb Travemündes verhängt, da nach eingehenden Meldungen die Engländer im Anmarsch auf Lübeck waren. Im allgemeinen hatte ich mit meinen Befehlen keine Schwierigkeiten, doch bei diesem Verbot nahmen sich einige Offiziere die Freiheit, einen an der mecklenburgischen Küste gelegenen Gutshof zu besuchen und dort auch die Nacht über zu bleiben. Zwar waren dies Offiziere, die im Augenblick kein festes Kommando hatten, doch war es mir klar, daß es in Kürze turbulent werden würde, so daß ich dringend auf überzählige Offiziere angewiesen war, die Einzelaufgaben übernehmen konnten.

Ich sah mich leider gezwungen, diesen Herren ein Ausgehverbot auszusprechen und verwies sie auf ihre Kammern an Bord des Wohnschiffes *Wega*.

Einige Tage, nachdem ich dies Kommando angetreten hatte, erschien mein Vorgänger und forderte mich auf, ihm sofort Personal in Stärke einer Kompanie zu übergeben, da er auf höchsten Führerbefehl einen Sonderauftrag durchzuführen hätte. Ich nahm ihn erstmal in meine Kammer, besprach mit ihm ruhig die Lage und erklärte ihm ganz offen, daß im Augenblick niemand von der Flottille entbehrlich sei, da die an mich gestellten Anforderungen sonst nicht erfüllt werden könnten. Hierauf gab es ein recht unerfreuliches Gespräch, das damit endete, daß er, der ja die personellen Verhältnisse der Flottille gut kannte, mir sagte, daß er einfach das gewünschte Personal abziehen und veranlassen würde, die Flottille zu verlassen. Daraufhin ließ ich eine Offiziersstreife am Fallreep aufziehen, die jegliches Verlassen des Schiffes ohne Sonderbefehl verhinderte und gab gleichlautende Befehle an alle mir unterstellten Schiffe und U-Boote.

Er verließ mich ziemlich aufgebracht und versicherte mir noch, daß er aufgrund der ihm von höchster Ebene gegebenen Order anderweitig sein Recht durchsetzen würde.

Ich hatte nun doch einige Bedenken und versuchte mehrfach, Admiral v. Friedeburg als meinen direkten Vorgesetzten telefonisch zu erreichen, um ihm den Sachverhalt vorzulegen. Gegen Abend glückte es mir endlich. Friedeburg bestätigte mich aber in meiner Meinung und wies noch einmal darauf hin, daß nur er befugt sei, in die inneren Angelegenheiten meiner Flottille einzugreifen. Im übrigen sprach er mir sein volles Vertrauen aus und bemerkte noch, daß ich die Flottille gemäß meinen eigenen Entschlüssen führen solle. So war dieses Kapitel für mich erledigt, und ich habe auch bis zum Kriegsende nichts mehr in dieser Angelegenheit vernommen.

Eine andere Entscheidung, die ich selbständig traf, möchte ich hier erwähnen, weil sie auf Erfahrungen meines Vaters nach Beendigung des Ersten Weltkrieges beruhte. –

Durch die zurückflutende Ostfront waren natürlich auch Lazarette verlorengegangen, so daß schleunigst weiter westwärts Hilfslazarette eingerichtet werden mußten. Auch das Kurhaus in Travemünde, das ich eines Tages besuchte, um nach einem Bekannten meines Bruders Ausschau zu halten, der angeblich dort lag, war zu einem Hilfslazarett geworden. Als ich dieses Haus betrat, war ich erschüttert über die primitive Einrichtung. Es fehlte an Decken, an Betten, an Geschirr und vielen anderen notwendigen Gegenständen, die so schnell nicht hatten herbeigeschafft werden können. Besonders beeindruckten mich die in den langen Gängen liegenden Verwundeten, die auf einem Strohlager nur sehr behelfsmäßig untergebracht waren.

Zum Verständnis meiner daraufhin getroffenen Entscheidung füge ich jetzt das Erlebnis meines Vaters ein, das ihn sein Leben lang bedrückt hatte: Als nach dem Ersten Weltkrieg die deutschen Truppen in die Heimat zurückfluteten, geschah dies in guter Ordnung. Zum Teil rückten die Truppen feldmarschmäßig mit ihren Kanonen, Bagagewagen und sämtlicher Ausrüstung, die zu einer Truppe gehört, in ihre Heimatquartiere ein. Ich entsinne mich noch als Kind der Rückkehr des in Erfurt beheimateten Artillerieregiments, das in geschlossener Formation in die altgewohnten Kasernen einzog. Zwar hatte der Arbeiter- und Soldatenrat damals außerhalb der Stadt Posten genommen und den Regimentskommandeur aufgefordert, die Entlassung seiner Truppen vor der Stadt durchzuführen, was dieser aber verweigerte. Nach kurzem Wortwechsel, in dem der Arbeiter- und Soldatenrat nicht nachgeben wollte, gab der Kommandeur Marschbefehl und bedeutete dem roten Soldatenrat, den Weg freizugeben, andernfalls würde geschossen.

So rückte diese Truppe in vollkommener Ordnung in ihre alten Quartiere in Erfurt ein, wo dann die Auflösung der Einheit stattfand.

In ähnlicher Weise erlebte mein Vater – soweit ich mich erinnere im Kölner Bereich – die Entlassung seiner Truppe. Zusammen mit anderen Offizieren hatte er die artilleristische Ausrüstung seines Verbandes wie Pferde, Geschirre, Munition, Wagen, Lafetten, Geschütze und eine Menge Vorräte zu verwalten.

Nach Auflösung der Truppe traten mehrere nun entlassene Soldaten, die aus Bauernfamilien stammten, an die Offiziere heran mit der Bitte, ihnen doch Pferde, Wagen und solche Ausrüstungsgegenstände, die auch in der Landwirtschaft eingesetzt werden konnten, mitzugeben. Während des Krieges hätten ja von ihren Höfen Pferde und Wagen für die Truppen gestellt werden müssen, und so würde man ihnen allen den Anfang erleichtern.

Die Offiziere mußten aber alle diese Dinge als Staatseigentum betrachten und konnten sich nicht entschließen, diesen Bauernsöhnen sozusagen Ersatz für das bei den Eltern beschlagnahmte Gut auszuhändigen.

Später wurde dann das ganze Material an Händler verschleudert, die damit sehr große Gewinne erzielten.

Als ich nun die trostlose Lage im Kurhaus Travemünde sah, dachte ich an die Erzählung meines Vaters und beschloß, ohne vorher irgendwelche Vollmachten einzuholen, zu handeln.

Ich machte dem Chefarzt des Hilfslazarettes einen Besuch und fragte ihn, ob er Wolldecken, Matratzen, Bettwäsche, Eßgeschirr und weitere nützliche Dinge von mir haben wolle. Ich glaube, er betrachtete mich damals wie eine Art Weihnachtsmann und fragte mich, wo ich denn das alles hernehmen wolle? Darauf erwiderte ich, daß ich Chef der im Hafen liegenden Schiffe sei, wobei es sich vor allem bei der *Swakopmund* und der *Wega* um große Passagierschiffe handele, die reichlich mit diesen Sachen ausgerüstet seien.

Nun ging alles sehr schnell. Über die Ortskommandantur wurden zehn LKW's und die nötigen Mannschaften bereitgestellt, unsere U-Bootleute, denen ich die Sachlage erklärte, griffen selbstverständlich mit zu, und innerhalb von anderthalb Tagen war der größte Teil des wertvollen Materials zum Kurhaus Travemünde hinübergewechselt, wo es so dringend benötigt wurde. – Noch heute freue ich mich, daß ich damals diesen Entschluß faßte. Ein Vorwurf ist mir dafür nie gemacht worden.

Ende April kamen mit einem Mal fünf mit geheimen Akten vollgepackte LKW's mit Anhängern nach Travemünde. Der Führer des Konvoi verlangte von mir, ich solle die Akten auf einem Schiff unterbringen und dann damit nach Nordholstein oder Dänemark schicken. Solche Arbeit hatte mir gerade noch gefehlt! Ich bedeutete ihm höflich, aber fest, daß ich mit diesen Dingen nichts zu tun hätte, außerdem stände ihm ja der Weg frei, und er solle mit seinem Konvoi weiterziehen. Für mich war das aber Anlaß, nachzudenken, wie ich mit meinen eigenen Geheimdokumenten verfahren sollte. Ich hatte sowieso vor, bei Verlassen des Travemünder Hafens mit meinem Stab von der komfortableren, aber auch größeren *Wega* auf die kleinere *Messina* überzusteigen, die viel leichter zu manövrieren war. So gab ich Order, alles auf den U-Booten und den Überwasserschiffen vorhandene Geheimmaterial auf der *Messina* zu deponieren. Den Leitenden Ingenieur des Schiffes wies ich an, darüber nachzudenken, wie man den doch recht beträchtlichen Haufen in den Öfen der Kesselanlagen verbrennen könne.

Eine weitere Maßnahme bildete das Anlegen von Proviantlagern in Ostholstein. Mir war klar, daß nach einem völligen Zusammenbruch der Fronten und der dann damit verbundenen Kapitulation die Versorgung der Truppe mit Lebensmitteln die wichtigste Aufgabe war. So zweigte ich von unserem recht beträchtlichen Vorrat an sehr gutem U-Bootproviant, der im wesentlichen aus Dosen bestand, größere Mengen ab und ließ diese im nördlichen Ostholstein lagern.

Ich habe später in der Gefangenschaft noch einmal nach diesen Vorräten suchen lassen, doch waren sie gleich nach der Kapitulation oder schon früher geplündert worden. In jedem Fall sind sie nicht in die Hände der vorrückenden Engländer gefallen, sondern kamen der deutschen Bevölkerung oder auch Soldaten, die in den Lagern untergebracht waren, zugute.

Am 28. oder 29. April traf ich nach langer Zeit wieder mit meinem Bruder Heinrich zusammen. Er kam mit den zurückweichenden Truppen der Ostfront über Mecklenburg nach Holstein, wurde in den letzten Tagen krank und in das Lazarett in Neumünster eingeliefert.

So lag er ganz in meiner Nähe. Wie wir miteinander Kontakt bekamen, weiß ich nicht mehr, jedenfalls konnten wir uns einen Tag lang in unseren persönlichen

Angelegenheiten besprechen und wußten, daß wir beide am Leben waren. Er selbst wurde bald entlassen, war nachher Ortskommandant in Boostedt bei Neumünster, mußte aber später, gemäß Alliiertenbefehl, als Generalstabsoffizier mit allen Generalen und Admiralen in ein dafür vorbereitetes Lager nach Ostende gehen, wo alle diese Herren einer gründlichen Durchleuchtung – wie man diese Befragungen damals nannte – unterzogen wurden.

In diesen Tagen erhielt ich von irgendeiner Stelle auch noch den Befehl, alle entbehrlichen Leute zu einer Infanterieeinheit zusammenzufassen, die Travemünde gegen die anrückenden Engländer verteidigen sollte.

Die Leser dieser Zeilen können sich sicherlich nicht vorstellen, was einem bei solchen unseligen Befehlen alles durch den Kopf geht. Zunächst waren wir erst einmal Seeleute und keine Infanteristen. Wir hatten zwar eine infanteristische Ausbildung erhalten, konnten uns auch einigermaßen im Gelände bewegen, hatten gelernt, die Deckung von Bäumen, Gräben und Gebüsch auszunützen, doch fehlte es in jedem Fall an infanteristischer Erfahrung und auch an den nötigen Waffen, um einen Gegner wirkungsvoll zu bekämpfen.

Der andere Punkt war der, daß ich persönlich einen solchen Widerstand gegen eine geschulte Kampftruppe, die mit besten Panzern und allen Geräten ausgerüstet war, für völlig aussichtslos hielt. So war die Frage zu entscheiden, wie ich diesem Befehl einigermaßen nachkommen, unnötiges Blutvergießen aber vermeiden konnte.

Ich muß hier einmal auf die Belastungen, denen ich in diesen Tagen unterworfen war, kurz eingehen. Man kann sich schwer vorstellen, wie Befehle und Gegenbefehle, Fragen der mir unterstellten Kommandanten und sonstigen Führungskräfte, der Zivildienststellen und anderer Truppenteile, die in den Raum Holstein einrückten, als ein Hagelwetter auf mich niederprasselten. Um mit all dem Durcheinander fertigzuwerden, hatte ich mir für schwierige Entscheidungen zehn Minuten bis höchstens eine Viertelstunde zugebilligt, und der größte Teil waren eben schwierige Entscheidungen.

Ich zog mich dann in meine Kammer zurück, legte die Uhr vor mich auf den Tisch, wies den Adjutanten an, mich diese Viertelstunde abzuschirmen, um einen klaren Gedanken fassen zu können. Da viele Dinge über Leben und Tod entschieden, zog ich dann erfahrene Offiziere der betroffenen Einheiten zu einer Besprechung zusammen, um noch einmal meinen Beschluß durch eventuelle Gegenargumente überprüfen zu können. Danach erteilte ich aber meine Befehle, so daß ich meinen Kopf frei für weitere Dinge hatte, die unaufhörlich, mehr oder weniger wichtig, auf mich einstürmten.

Nun sollten wir also mit überzähligen Leuten Travemünde verteidigen. Ich ließ eine Offizierssitzung einberufen, legte meine Gedanken dar und bat um Meinungsäußerungen. Es war allen klar, daß in jedem Falle etwas zu geschehen habe und zunächst ein Offizier gefunden werden müsse, der das Kommando übernähme.

Nach einigen Bedenken meldete ein U-Bootoffizier, der Oberleutnant zur See Waterstraat, daß er bereit wäre, das Kommando zu übernehmen, wobei er versuchen würde, den gestellten Anforderungen ohne Blutvergießen gerecht zu werden. Ich drang nicht weiter in ihn, wie die ganze Angelegenheit gelöst werden solle, dankte ihm für seine Bereitwilligkeit und wies ihn an, sich Personal in Stärke einer Kompanie aus dem Verband auszusuchen, die nötige Bewaffnung zu beschaffen und an Land zu gehen. Mit diesem Auftrag sei er aus dem Bereich meiner Flottille ausgeschieden und hätte eigenverantwortlich, den Umständen entsprechend, seine Aufgabe durchzuführen.

Ich möchte hier noch einfügen, daß ich Waterstraat später in der Gefangenschaft getroffen habe. Er erzählte mir, daß er mit noch anderen Truppenteilen außerhalb Travemündes die einmündenden Straßen mit Fahrzeugen, gefällten Bäumen und durch Aufreißen der Pflastersteine blockiert habe; er sei dann – ohne von den Schußwaffen Gebrauch zu machen – vor den anmarschierenden Engländern zurückgewichen, habe langsam die Kompanie aufgelöst und die Leute seien in der Zivilbevölkerung untergetaucht. Fünf Tage später erfolgte ja die Teilkapitulation, so daß er seiner Aufgaben entbunden war.

Die Ereignisse trieben nun ihrem Höhepunkt zu. Normale Telefongespräche oder Funkverbindungen waren überhaupt nicht mehr möglich. Auch als dringend angemeldet, wurden sie immer wieder zurückgestellt, weil noch wichtigere, mit allen möglichen und unmöglichen Dringlichkeitszeichen angeforderte Gespräche vorrangig behandelt wurden. So machte ich überhaupt keinen Versuch mehr, mit meinen vorgesetzten Dienststellen Verbindung aufzunehmen, was nur Zeitverschwendung und unnötiges Warten bedeutete. Entscheidungen mußten kurzfristig gefaßt und schnell durchgeführt werden.

Eine einschneidende Meldung erreichte uns aber alle über das Radio. Es war am 30. April – die Meldung vom Tod Adolf Hitlers und die anschließende Bekanntgabe der Ernennung von Großadmiral Dönitz zu seinem Nachfolger.

Kurz darauf wurde mein unmittelbarer Chef, Kapitän zur See Schütze, mit einem neuen Kommando beauftragt; mir selbst wurden sämtliche U-Bootausbildungsflottillen, die in der östlichen Ostsee lagen, unterstellt, so daß ich praktisch den gesamten Verband des Führers der Unterseeboote Ausbildung zu betreuen hatte. Damit wurden mir auch die zum FdU Ausbildungsverband gehörenden Kriegsrichter mit ihrer Sekretärin zugewiesen, die sich in Travemünde etabliert hatten.

Praktisch war an eine Ausübung meiner neuen Tätigkeit aus den bereits vorher geschilderten Umständen kaum zu denken. Ich beschränkte mich also darauf, für Ordnung in meiner Flottille zu sorgen, konnte aber hier und da auf Anfragen, die telefonisch zu mir durchkamen, Antwort geben und Richtlinien erteilen.

Am 2. Mai 1945 erhielt ich die Meldung, daß die englischen Panzer acht Kilometer vor Lübeck ständen. Daraufhin gab ich das verabredete Signal, sämtliche nicht fahrbereiten Unterseeboote auf den befohlenen Plätzen zu versenken; Boote, die annähernd gefechtsklar waren und genügend Brennstoff hatten, erhielten Befehl, nach Kopenhagen auszulaufen; und alle Überwasserschiffe, den Hafen zu verlassen und zunächst auf der Außenreede angegebene Positionen einzunehmen.

Es war ein trauriges Bild, all die nagelneuen Unterseeboote eines nach dem anderen in den Fluten versinken zu sehen. Motorboote waren überall unterwegs, um die Restbesatzungen aufzunehmen und auf unseren wartenden Einheiten abzusetzen.

Diese Vorbereitungen füllten den ganzen 2. Mai aus, wobei wir unablässig von englischen Fliegerangriffen, die etwa alle drei oder vier Stunden erfolgten, belästigt wurden.

Aus irgendeinem höheren Kommandobereich flatterte mir noch der Befehl zu, mit meinen Einheiten nach Flensburg zu marschieren. Nach eingehender Unterredung mit den Offizieren meines Stabes kam ich aber zu der Überzeugung, daß wir auf diesem Weg nur unnötige Verluste erleiden würden, denn die Zielschiffe hatten keine Vorkehrungen zum Schutz gegen die jetzt von den Engländern zahlreich in die Ostsee geworfenen Minen. So entschloß ich mich, zunächst einmal die vor mir liegende Insel Fehmarn anzusteuern, um für endgültige Entscheidungen Zeit zu gewinnen.

Zu dieser Zeit wurde die vollbesetzt mit KZ-Insassen vor Neustadt liegende *Cap Arcona* von britischen Flugzeugen angegriffen und versenkt, ein besonders tragischer Vorfall.

Am 3. Mai um 5 Uhr morgens verließ unser gesamter Verband Travemünde mit Kurs Nord. Ich selbst hatte mich auf der etwa 3000 bis 4000 t großen *Messina* eingeschifft und gab zunächst Befehl, sämtliche Geheimakten zu vernichten.

Hierbei stellte sich heraus, daß dies gar nicht so einfach war. Der Leitende Ingenieur des Schiffes kam etwa nach zwei Stunden zu mir und sagte, daß der eine Kessel nahezu ausgefallen sei, weil das viele in die Heizöffnung gestopfte Papier zu völliger Versottung der Rauchfänge geführt habe. Wir wurden zwar dann der ganzen Sache Herr, doch wurde mir zum ersten Mal klar, wie schwer es ist, große Mengen Papier, dazu noch in dicken Ziehbänden und Pappeinbindungen, in einer Kesselanlage zu verbrennen.

Während wir in weit auseinandergezogener Formation gen Norden steuerten, erschienen am späten Vormittag wieder englische Flugzeuge und warfen trotz des allerdings nur geringen Abwehrfeuers Bomben auf uns ab. Leider traf eine die Messe der *Bolkoburg*, wo ein Teil der Seeleute gerade beim Essen war. Der Kommandant meldete kurz darauf 16 Tote und einige Verwundete. Dies war für mich nun Grund genug, die Fahrt nach Flensburg abzubrechen. Ich beorderte *Swakopmund*, *Wega* und *Bolkoburg* zur Südostküste von Fehmarn, während *Messina*, *Kürassier* und *Pionier* an der Ostküste nördlich Staberhuk mit geringster Fahrt auf Strand gesetzt wurden. Da ich mit Recht vermutete, daß die Engländer bald mit neuen Bomben beladen wieder angreifen würden, erteilte ich durch Flaggensignale und Funksprüche Order, auf allen Schiffen Flaggen und Wimpel niederzuholen, die Schiffe außer Dienst zu stellen und die Besatzungen dann sofort auf der Insel Fehmarn in Sicherheit zu bringen.

Diese Maßnahmen hatten den gewünschten Erfolg. Etwa gegen 16 Uhr nachmittags erschien wieder eine größere Formation von Flugzeugen, die sich auf die völlig verlassenen Schiffe am Südstrand konzentrierten. Die von *Wega* und *Swakopmund* aufsteigenden Rauchwolken zeigten zur Genüge an, daß die Schiffe getroffen waren. Während die *Wega* auf ebenem Kiel sank, erhielt die *Swakopmund* zuerst Schlagseite und kenterte dann über Steuerbordbug.

Persönlich habe ich meinem Gott von tiefstem Herzen zu danken, daß er mir bei der Fahrt von Travemünde nach Fehmarn einen Schutzengel an die Seite gestellt hat. Nach dem Bombenabwurf auf die *Bolkoburg* drehten die Maschinen ab, bekämpften andere Schiffe, die dort herumschwammen, und flogen dann auch die *Messina* an. Wir gaben an Bord Fliegeralarm, doch war mir klar, daß wir überhaupt nichts machen konnten, denn unsere Flakbewaffnung hatten wir in Travemünde für den Heereskampf abgeben müssen, so daß wir vor den Flugzeugen völlig ungeschützt waren. Als die Maschinen uns anflogen, klemmte ich mich in eine Ecke des Ruderhauses, so daß mich die mit Maschinengewehren schießenden Engländer nicht sehen konnten. Meine Offiziere hatten sich flach auf den Boden des Ruderhauses geworfen, und auch die anderen Leute an Bord drückten sich irgendwo weg. Wie durch ein Wunder hielt auch hier eine gütige Macht die Hand über mich und das Schiff und ließ uns später das rettende Ufer erreichen.

Sobald die Luftgefahr vorbei war, gab ich Order, von unseren drei Schiffen an der Ostküste sämtlichen Proviant an Land in einer Scheune zu stapeln und ständig durch fünf Mann bewachen zu lassen. Ich selbst stieg auf eines der uns begleitenden Torpedofangboote über und fuhr an die Südküste, wo ich mir die brennenden Schiffe ansah und Kontakt mit den an Land gegangenen Flottillenteilen herstellte. Mit viel Glück waren von den drei Schiffen hier alle Besatzungsmitglieder gut an Land gekommen, so daß es weiter keine Verluste gegeben hatte.

Inzwischen war es dunkel geworden, vielerorts waren noch Brände zu sehen, teils durch Bombenangriffe, teils durch andere Umstände verursacht, die die Nacht gespenstisch erhellten. Überall war Ruhe eingetreten, die Hektik des Tages hatte sich gelegt, jeder suchte eine Stelle, um sich auszuruhen.

Bei mir selbst ließ die Spannung dieser letzten Tage nun auch nach. Ich glaubte, jeden Augenblick vor Müdigkeit umzufallen, denn ich war drei Tage lang kaum zum Schlafen gekommen.

Als ich um neun Uhr abends zur *Messina* zurückkehrte, wurde mir sofort von zwei Offizieren erklärt, daß ich zu dem nahegelegenen Katharinenhof gehen müßte, um mich dort für die Aufnahme von Offizieren und Soldaten zu bedanken. Dort sei ein sehr netter Besitzer, der früher Rittmeister bei den Wandsbeker Husaren gewesen sei. Die ganze Familie habe sich rührend um unsere Leute gekümmert.

Auf meine Entgegnung, daß ich todmüde sei und kaum die Augen offenhalten könne, wurde ich einfach unter den Arm genommen und zur Familie Loesener gebracht. Hier begegnete ich Nono zum ersten Mal, die später meine Frau werden sollte. Mein guter Stern muß mich wohl gelenkt haben. Auf unser Anklopfen öffnete sie, einen mit brennenden Kerzen bestückten Leuchter in der Hand, die Haustür. Wir gingen alle ins Obergeschoß des Hauses, wo die Familie um einen großen Tisch versammelt war, an dem es sich auch schon einige Offiziere meiner Flottille wohlsein ließen. Nach kurzer Begrüßung und Vorstellung wurde ich aufgefordert, etwas mit zu Abend zu essen. Die gute Nono wurde in die Küche geschickt, um noch etwas Eßbares für uns zu holen. Später gestand sie mir, daß sie sich gleich bei unserem Erscheinen damit abgefunden hatte, nochmals auftischen zu müssen.

Man bat mich, die Nacht dort im Hause zu verbringen, doch wollte ich erst einmal meine Unabhängigkeit bewahren und bat darum, in einer Scheune nächtigen zu dürfen.

Ich war kaum mehr imstande, einen klaren Gedanken zu fassen. Es geschah dann auch nach meinem Wunsch. Ich lag bald darauf im Stroh, bat den Adjutanten noch, mich am nächsten Morgen zu wecken, und muß dann wohl wie ein Stein eingeschlafen sein. – Anderntags hatte man mich so lange wie möglich schlafen lassen, doch um zehn Uhr morgens stand mein Adjutant vor mir und holte mich von meinem Lager hoch. So langsam kam mir zu Bewußtsein, was sich alles in den letzten Tagen ereignet hatte. – Die Versenkung der U-Boote in Travemünde; das Auslaufen des Restverbandes; die Verwicklung in verschiedene Kampfhandlungen; mein Entschluß, entgegen den Befehlen nicht nach Flensburg zu gehen, sondern die fehmaraner Küste anzulaufen; die Ausschiffung der Besatzungen; meine völlige Erschöpfung und endlich ein langer Schlaf in Ruhe und Frieden in einer Scheune. Es war der 4. Mai 1945 morgens. Ringsum herrschte Stille bis auf einige Kommandotrupps, die hier und da etwas zu verrichten hatten. Die Sonne schien, das bäuerliche Leben lief seinen gewohnten Gang, im Süden der Insel trieb der Wind noch die Rauchschwaden der dort versenkten Schiffe vor sich her. Ich war zutiefst meinem Gott dankbar, daß ich die mir gestellten Aufgaben den Umständen entsprechend gelöst hatte; daß es mir gelungen war, die gesamte Flottille von 2500 Mann in Sicherheit zu bringen und ich diesen Krieg heil und gesund überstanden hatte.

Zunächst versuchte ich, aus der Funkstation von der *Messina* neue Nachrichten zu erhalten, doch hatte sich im Funkverkehr das Drunter und Drüber noch nicht gelegt. Man konnte mir nur mitteilen, daß am 2. Mai die Italienfront kapituliert habe, und man vermute, daß auch für die deutschen Fronten entsprechende Verhandlungen ingang wären, was aus verstümmelten Funksprüchen zu entnehmen sei. Auffallend war auch das Nachlassen der Luftangriffe, doch glaube ich, fielen am 4. Mai noch vereinzelt Bomben. Endlich gegen Abend des Tages kam die Nachricht, daß im norddeutschen Raum eine Teilkapitulation erfolgt sei, die mit dem 5. Mai 1945 um 0.00 Uhr in Kraft treten sollte.

Um meinen Dienstgeschäften besser nachgehen zu können, erklärte ich mich nun doch bereit, ein mir von der Familie Loesener auf Katharinenhof zur Verfügung gestelltes Zimmer zu beziehen, denn Telefon und Schreibtisch waren jetzt die wichtigsten Voraussetzungen, den Verband in die Hand zu bekommen.

Gleich zu Anfang gab es eine etwas unerfreuliche Konfrontation mit drei Offizieren meines Stabes. Es waren dies der Kapitän beim Stabe; mein Adjutant, ein Oberleutnant der Reserve, und noch ein weiterer Offizier.

Der Erste, der österreichische Staatsangehörigkeit hatte, erklärte mir, daß er durchs Radio erfahren habe, Österreich sei wieder ein freier Staat, so daß er sich nicht mehr an die deutsche Wehrmacht gebunden fühle und hiermit seinen Dienst aufkündige. – Gleich neben ihm stand als Zweiter mein Adjutant, der durch den Krieg gezwungen gewesen war, sein Jurastudium abzubrechen und nach der militärischen Ausbildung zur 25. U-Flottille kommandiert worden war. Dieser eröffnete mir, daß er aus Mitteldeutschland stamme, sich schon immer sehr für den Kommunismus interessiert habe und nun sofort nach Leipzig wolle, wo, wie er gehört habe, jetzt die Russen stünden, um sich dort in deren Befehlsbereich zu betätigen. – Die Gründe des Dritten sind mir nicht mehr erinnerlich.

Ich machte die Herren darauf aufmerksam, daß in diesem Augenblick, wo die ganze Flottille noch intakt sei, viele Aufgaben auf mich zu kämen, für deren Bewältigung ich das eingefahrene Personal benötigte. Sie erklärten mir aber, daß sie sich nicht mehr an mich gebunden fühlten und hiermit freigestellt sein wollten. Als ich nun sah, daß es ernst wurde, sagte ich ihnen, daß ich sie nicht aufhalten wolle, machte sie jedoch darauf aufmerksam, daß derjenige, der sich einmal von meiner Flottille getrennt habe, mit mir nichts mehr zu tun hätte.

Sie wollten von mir auch noch Zivilausweise haben, die ich über den Bürgermeister besorgen sollte, doch war dies in der kurzen Zeit gar nicht möglich. Sie verhandelten dann mit einem Fischer, von dem sie ein Boot bekamen und verließen mit ihm in Richtung Lübecker Bucht die Insel.

Solche Zerfallserscheinungen hatte ich ja auch schon in Travemünde bei Übernahme des Kommandos festgestellt und ganz besonders vor Auslaufen der Schiffe. Kurz nach dem damaligen Einschiffungsbefehl erschien der Kriegsgerichtsrat bei mir und versuchte mir klarzumachen, daß es doch gar keinen Zweck hätte, das Kriegsgericht mit in See zu nehmen, da er viel besser in Travemünde, wo er sich etabliert habe, seine Arbeit leisten könne. Nach einigem Hin und Her sagte ich ihm offen auf den Kopf zu, daß es ihm nicht um die Arbeit ginge, sondern er Angst hätte, sich dem unsicheren Element der Seeschiffahrt, ganz besonders unter den Kriegsbedingungen, zu stellen, und eben klar herausgesagt Angst habe.

So verabschiedete ich in Travemünde diesen Herrn mit seinem Büro, legte ihm jedoch auf, bis auf weitere Nachricht von mir dort zu bleiben, damit ich ihn immer, falls notwendig, zur Verfügung hätte.

Es mag etwa 1958 gewesen sein, als ich mit Nono eine Reise nach Westdeutschland machte und dabei auch ins Ruhrgebiet kam. Ich hatte gehört, daß mein ehemaliger Kriegsrichter sich in Bonn als Rechtsanwalt niedergelassen habe, nahm Kontakt mit ihm auf, und wir wurden zum Tee eingeladen. Ich erwähnte mit keinem Wort irgendetwas von den letzten Tagen des Krieges, doch unterhielt er uns mit den herrlichsten Geschichten aus seinen Erlebnissen seit dem Kriegsende.

So erzählte er, daß er sich gleich nach Ankunft in Düsseldorf um die Schweizer Staatsangehörigkeit bemüht habe. Dies war ihm möglich, weil wohl seine Mutter Schweizer Staatsbürgerin war und er somit Rechte geltend machen konnte. Es habe auch nicht lange gedauert, bis er nach wenigen Monaten die Erlaubnis bekam, in die Schweiz einzureisen und ansässig zu werden. Freudig begab er sich dorthin, mußte aber zu seinem Leidwesen feststellen, daß er nach dreimonatigem Aufenthalt zur Ableistung seiner Dienstzeit in der Schweizerischen Armee einberufen wurde. Nun aber überdachte er die Lage und kehrte lieber nach Deutschland zurück, wo er sich dann in Bonn niederließ.

So langsam sickerten nun aber weitere Nachrichten durch. Am 7. Mai wurde die Gesamtkapitulation der deutschen Wehrmacht bei General Eisenhower in dessen Hauptquartier in Reims unterzeichnet. Noch am selben Tag besetzten die Engländer die Insel Fehmarn. Gruppen des britischen 8. Corps unter Oberst Grey verteilten sich auf der Insel, um Klarheit zu gewinnen, welche Truppen hier lagen. Grey stellte fest, daß es auf Fehmarn nur eine Funkmeßschule gab, die einem Fregattenkapitän unterstellt war. Daneben hielt sich noch ein Kapitän zur See auf Fehmarn auf, der aus irgendeinem Stabe hierher versprengt worden war. Außerdem strömten jetzt unentwegt deutsche Truppen auf die Insel. Oberst Grey hatte schnell herausgefunden, daß die 25. U-Flottille der einzige geschlossene Verband auf Fehmarn war. Gegen Mittag tauchte er auf Katharinenhof auf, fragte nach mir und erklärte, daß ab heute Waffenruhe herrsche. Die deutsche Wehrmacht habe kapituliert. Er habe gehört, daß ich der einzige seemännische Verbandsführer auf der Insel sei. Hiermit unterstelle er mir sämtliche militärischen Gebäude und Institutionen sowie speziell auch alle Schiffe, die an der fehmaraner Küste vor Anker gegangen seien oder in den Häfen lägen. Alles dieses Gut gehöre jetzt der englischen Krone. Er mache mich für alle Versenkungen, Schäden oder Brände, die entstünden, verantwortlich.

Nach diesem kurzen Gespräch verschwand er wieder, mir noch hinterlassend, daß bezüglich aller Marineangelegenheiten von britischer Seite bald jemand zu mir kommen würde, um die seemännischen Fragen zu erörtern.

Eine Hauptaufgabe bestand jetzt darin, meine 2500 Mann auf der ganzen Insel vernünftig zu verteilen, trotzdem den Verband aber in der Hand zu behalten. Hier bewährte es sich nun, daß ich soviel Proviant wie möglich von den Schiffen gerettet hatte. Soweit es ging, wurden die gruppenweise verteilten Männer von Katharinenhof aus versorgt; auch erhielten sie nach Verhandlungen mit den Bauern Kartoffeln, Rüben und Kohl, so daß sie in einigermaßen guter Verfassung waren.

Die Verpflegungslage wurde jetzt täglich brenzliger, denn unaufhaltsam strömten neue Soldatenformationen auf die Insel, die versorgt sein wollten. Somit hatte sich meine Dezentralisation recht gut bewährt, wir waren kein auffallend großer Haufen, hielten aber sehr gut zusammen und blieben in Fühlung.

Trotzdem entschloß ich mich, nachdem die nötige Organisation getroffen war, die 25. U-Flottille offiziell am 13. Mai aufzulösen. Ich hatte alle Kommandanten der Boote und Schiffe sowie landfesten Einheiten zu mir nach Katharinenhof befohlen. Ich gab ihnen diesen meinen Entschluß bekannt, sagte ihnen aber zu, daß ich mich weiter um ihre Angelegenheiten kümmern würde, und sie mich auch jederzeit auf Katharinenhof finden könnten, um Einzelheiten zu besprechen. Im übrigen sollten wir aber abwarten, welche Befehle wir von den Engländern bekämen.

Am Montag, dem 14., faßte ich einen kurzen Bericht über alle Ereignisse nach dem Verlassen von Travemünde, speziell über die Versenkung der U-Boote und meine gegebenen Befehle ab. Dieser Bericht sollte der Rechtfertigung meiner Maßnahmen dienen, falls ich hierfür einmal zur Verantwortung gezogen würde. Dieses Schreiben schickte ich an den Kommandierenden Admiral der U-Boote und behielt eine Kopie bei mir.

Es war gut, daß ich so gehandelt hatte, denn nach meiner Etablierung in Hamburg, es mag noch 1945, aber spätestens Anfang 1946 gewesen sein, wurde ich vor ein englisches Gericht gerufen, das mich über meine Anordnungen während der Kapitulationstage befragte. Nun konnte ich nachweisen, daß meine Order zur Versenkung der U-Boote vor den Stichtagen erfolgt war, so daß man mir nichts anhaben konnte. So zeigte die restlose Erfüllung der mir auferlegten Pflichten doch noch eine gute Seite.

Der Krieg war nun zu Ende, ich selbst befand mich in Kriegsgefangenschaft. Der von mir geliebte und so schöne Beruf des Seeoffiziers mußte zu Grabe getragen werden und mit 39 Jahren hatte ich eigentlich alles, was ich erstrebt hatte, verloren. Doch während die Zukunft dunkel vor mir lag, ging durch Nono ein heller Schein über meinem Leben auf. Und während ich auf der einen Seite alles bisher Erworbene und zwei Berufe verloren hatte, gewann ich in ihr den Lebenskameraden, der heute beim Schreiben dieser Zeilen nun mit mir 38 Jahre gemeinsam eine erfolgreiche Wegstrecke zurückgelegt hat.

Kriegsgefangenschaft auf Fehmarn und Entlassung aus der Wehrmacht

Am 15. Mai erschien auf Katharinenhof der von Oberst Grey angekündigte Kapitänleutnant der britischen Marine, der sich nicht gerade sehr taktvoll aufführte und auch von wenig Sachkenntnis getrübt schien. Er gab mir Befehl, die noch am Ostufer liegenden Schiffe zu bemannen und nach Kiel in Marsch zu setzen, worauf ich ihm antwortete, daß dies ohne Schlepperhilfe nicht möglich sei. Ich bemerkte noch, daß wir sehr starke Seeschlepper benötigten, denn die Schiffe waren gut und hoch aufgelaufen, so daß es erheblicher Kräfte bedurfte, um sie wieder flott zu machen.

Am kommenden Tag kamen dann auch zwei Schlepper, die jedoch keinesfalls in der Lage waren, die Schiffe zu bergen. Nach fünfstündigem Bemühen entließ ich sie, und bat, mit stärkeren Kräften zurückzukommen. Zunächst erschien aber der Kapitänleutnant wieder, sprach davon, daß ich seine Anordnungen sabotiere und gab Befehl, den in den Schiffen befindlichen Ballast teilweise zu löschen, damit das Abschleppen erleichtert würde. Ich wies darauf hin, daß der Ballast für die Schiffe notwendig sei, denn es handele sich um reine Frachtschiffe, die ohne genügendes Bodengewicht unstabil würden.

Nach einigen unfreundlichen Worten verschwand er mit der Anweisung, seine Befehle durchzuführen. Ich hatte nun keine Lust, mit meinen Leuten diese Drecksarbeit mit nicht vorhandenen Hilfsmitteln durchzuführen. Um aber Schwierigkeiten zu vermeiden, befahl ich, Arbeitsgruppen zusammenzustellen, die mit der Löschung des Sandballastes beginnen sollten. – Nach zweistündiger Arbeit, bei der wir viel Sand und sonstige Materialien auf den Treppen und Gängen verstreut hatten, ließ ich die Arbeit abbrechen und harrte der Dinge, die da kommen würden.

Vom 19. bis 21. Mai erfolgten dann Bergungsversuche mit stärkeren Schleppern. Nun glückte das Unternehmen und am Montag, dem 21. Mai, verließ die *Messina* als letztes Schiff die fehmaraner Küste.

Vorher hatten wir noch alles brauchbare Gut aus den Schiffen herausgeholt, und so weit es nicht von uns benötigt wurde, an die Bevölkerung verteilt. Bemerkenswert war, daß sich die Weiblichkeit vor allen Dingen der vorhandenen Textilien bemächtigte, und ich war erstaunt, als bei dem schönen Maiwetter am nächsten Sonntag die jungen Mädchen in neuen Blusen, die aus den Signalflaggen der Schiffe zusammengeschneidert worden waren, erschienen, oder in Röcken, die aus der blauleinenen Bettwäsche gearbeitet waren.

In all dieses Geschehen hinein wurde ich von General Schlieper am 22. Mai nach Burg, der Inselhauptstadt, zu einer Besprechung gebeten. Hier erfuhr ich, daß die Engländer ein großes Gebiet von Ostholstein zum Gefangenen- und Internierungslager erklärt hatten. Die Abgrenzung ging von Neustadt aus über Eutin, Plön nach der Ostseite der Kieler Förde unter Ausschluß der eben genannten Orte. Alles aber, was nördlich dieser Linie bis zur See hin lag, einschließlich der Insel Fehmarn, war dem deutschen General v. Stockhausen, der seinen Sitz beim Grafen Platen in Putlos genommen hatte, unterstellt. Stockhausen wiederum hatte mit Genehmigung der Engländer General Schlieper zum Kommandeur einer noch aufzustellenden Ordnungstruppe ernannt. Für Fehmarn wurde Befehl gegeben, daß sämtliche Heereseinheiten die Insel zu verlassen hätten, jedoch alle Marineeinheiten, die in den genannten Raum eingerückt waren, in Fehmarn unterzubringen seien. – Als Kommandeur über ganz Fehmarn wurde Kapitän zur See Riewe ernannt. – Schlieper richtete nun an mich die Frage, ob ich mit Männern aus meiner Truppe den Ordnungsdienst auf Fehmarn durchführen wolle, was ich sofort bejahte, da mir klar war, daß meine Leute eine Tätigkeit bekamen und ich selbst direkt Kontakt mit General v. Stockhausen in Putlos haben würde.

Über General Schlieper erhielt diese »Ordnungstruppe« drei Reitpferde, fünf Motorräder und zwei PKW's zur Ausübung ihrer Pflichten. Weiter bekamen wir Pistolen und Gewehre sowie weiße Armbinden mit dem Zeichen MP, was »Military Police« bedeutete.

Aus meiner Einheit erstellte ich nun acht Kommandos mit je einem Offizier, drei Unteroffizieren und acht Mann, von denen ich zwei Kommandos im Westen der Insel, zwei in der Mitte und zwei im Osten unterbrachte. Die restlichen zwei Einheiten waren sogenannte »Fliegende Kommandos«, die ich hier und da einsetzte, wo es mir nötig schien.

Ich selbst verlegte nun mein Quartier in die Mitte der Insel, wo mir Ziegeleibesitzer Neuwohner in seinem Haus zwei Räume zur Verfügung stellte, von denen aus ich meinen Dienstbetrieb leiten konnte. Für mich persönlich hatte ich nun viel Bewegungsfreiheit gewonnen. Ich konnte ungehindert auf der ganzen Insel Fehmarn Umschau halten und natürlich auch unbegrenzt in ganzen Camp von Ostholstein umherfahren. – In meiner Eigenschaft als Kommandeur der Ordnungstruppe meldete ich mich beim General v. Stockhausen in Putlos und wurde in meiner Dienststellung bestätigt.

Meine Hauptaufgabe sah ich jetzt darin, stabile Verhältnisse auf Fehmarn zu schaffen, denn die etwa 12.000 Einwohner der Insel wurden durch die immer stärker hereinflutenden deutschen Truppenteile verschiedenster Art stark in Mitleidenschaft gezogen. Hier und da kam es bereits zu anmaßenden Forderungen irgendwelcher Unterführer, ja sogar Drohungen, die zum Unwillen unter der Bevölkerung führten. Hiermit räumte ich schnellstens auf. Die Berechtigung erhielt ich durch sehr klare, vom britischen 8. Corps herausgegebene Befehle, die mir von Putlos übermittelt wurden. Zunächst wurden allen Soldaten, die noch Waffen trugen, diese abgenommen, gelagert und dann von den Engländern abgeholt. Alles, was nicht Marine war, wurde wieder aufs Festland geschickt, während vom Festland alle dort liegenden Marineeinheiten nach Fehmarn in Marsch gesetzt wurden. Schließlich hatten wir über 50.000 Mariner auf der Insel.

In Kapitän zur See Riewe, der jetzt neu als Inselkommandant hinzugekommen war, hatte ich einen verständnisvollen Vorgesetzten, der die riesigen Menschenmengen in Lagergruppen zusammenfaßte, jeder Gruppe einen eigenen Leiter gab und diese anwies, mit mir eng Kontakt zu halten. So war im Nu ein brauchbares Ordnungsnetz über die ganze Insel gezogen, was auch not tat. Zwar war jetzt für die Versorgung der Truppen die britische Wehrmacht zuständig, doch dauerte es eine ganze Weile, bis alles richtig funktionierte. Es wurden nun eingehende Gespräche mit den Bürgermeistern der Gemeinden geführt, die dann ihrerseits auf die Bevölkerung einwirkten, genügend Grundnahrungsmittel zur Verfügung zu stellen, um irgendwelche Übergriffe, Plünderungen und Diebstähle zu vermeiden.

So war die Zeit bis zum 10. Juni des Jahres sehr kritisch, doch dann setzten regelmäßige Lebensmittellieferungen von Eutin aus ein, so daß wir Verantwortlichen von dieser Last befreit wurden.

Im Zuge dieses Zusammenbruchs liefen auch allerhand Personen umher, die nicht so recht einzuordnen waren. Es handelte sich um versprengte Zivilisten, aber auch desertierte Wehrmachtsangehörige und freigekommene Häftlinge, die nicht gewillt waren, sich wieder in eine Ordnung einzufügen. Die Engländer hatten dies Problem schnell erkannt und errichteten Sonderlager für »displaced persons«. Eines Tages erschienen bei mir zwei der drei ehemaligen Offiziere meines Stabes, die sich damals bei der Kapitulation abgesetzt hatten und baten, von unserem Verband mitverpflegt zu werden, denn sie wußten genau, daß wir über gute Lebensmittelbestände verfügten. Die Engländer hatten diese Helden mit ihrem gecharterten Fischkutter beim Vormarsch nach Holstein gefaßt, hatten sich auf ihr langes Gerede überhaupt nicht eingelassen, und als sie herausfanden, daß sie der Marine angehörten, nach Fehmarn abgeschoben. Hier waren sie im Lager für »displaced persons« gelandet, wo die Verpflegung wohl am schlechtesten war, denn all diese Wirrköpfe waren nicht imstande, sich eine vernünftige Lagerführung zu geben, geisterten bei den Inselbewohnern herum und drohten mit Repressalien. Hier wurde dann meine Ordnungstruppe zur Hilfe gerufen, die die Brüder erfaßte und wieder in ihr Lager zurückbrachte. Mit meinen beiden »Ehemaligen« hatte ich aber kein Mitleid. Ich erinnerte sie an meine Worte bei ihrem Abschied, wo ich ihnen gesagt hatte, daß mit ihrem Verlassen des Flottillenverbandes für mich die Verbindung abgebrochen sei. Ich hatte ihnen alles Gute gewünscht, und nun müßten sie zusehen, wie sie mit ihrem persönlichen Bedarf zurechtkämen.

Ein anderer Fall machte uns mehr zu schaffen. Auf Fehmarn tauchte hier und da ein Mann auf, der einen großen BMW fuhr und bald im Osten, im Norden und Westen der Insel erschien, die Bauersleute bedrohte und sich den Wagen vollud mit Schinken, Butter, Eiern; aber auch mit Schmuck wie Ringen und Uhren, die er unter fadenscheinigen Gründen requirierte.

Sobald diese Beschwerden bei mir einliefen, unterrichtete ich meine Ordnungstruppen und gab Order, mich sofort ins Bild zu setzen, sobald er wieder einmal mit seinem BMW die Insel beträte. Es verging einige Zeit, doch am 5. Juni erhielt ich morgens die Meldung, daß der BMW eben, mit britischen Papieren ausgewiesen, wieder auf der Insel angekommen sei. Sofort gab ich dem an der Fehmarnsundfähre stationierten Kapitän Spiess Befehl, Fahrer und Fahrzeug beim Verlassen der Insel festzunehmen, ihn sicher einzusperren, mich sofort zu benachrichtigen und weitere Anordnungen abzuwarten.

Gegen 16 Uhr wurde er gefaßt. Es muß an der Fehmarnsundfähre ein ziemlicher Aufstand gewesen sein, denn der Mann hatte sich wohl recht herausfordernd verhalten. Als ich erschien, wurde ich als »Nazischwein« beschimpft, das für diese Tat zur Verantwortung gezogen würde. Er sei Pole, habe im KZ gesessen, und Leute wie er hätten jetzt das Sagen. Darüber hinaus zeigte er mir Ausweise, ausgestellt vom britischen 8. Corps mit irgendwelchen Unterschriften, die ihn berechtigten, für die Kantine eines Truppenteils in Eutin Lebensmittel zu besorgen. Nach kurzer Überlegung rief ich General Schlieper in Langenhagen an, informierte ihn über den Vorfall und bat ihn, mit dem 8. Corps zu klären, was mit dem Mann geschehen solle. Es dauerte auch keine halbe Stunde, da kam ein Rückruf, daß er weiter festgehalten werden solle; das britische 8. Corps würde eine Offiziersstreife nach Fehmarn senden, der wir ihn samt Auto und requirierten Waren zu übergeben hätten.

Gegen sieben Uhr abends erschienen dann die Engländer. Wir unterrichteten sie über den Sachverhalt, worauf sie den tobenden und herumschreienden Mann zur Ruhe wiesen, ihn in ihr Auto bugsierten und einem mitgebrachten Fahrer die Anweisung gaben, den BMW zu besteigen. Kurz darauf verließen beide Autos Fehmarn, und wir haben von dem Herrn nie wieder etwas gesehen. Ich hörte später, daß eine untergeordnete Dienststelle der Engländer in Eutin ihn mit den Ausweisen versehen hatte, von denen eine gewisse Gruppe profitierte. Die Engländer machten kurzes Federlesen und ließen ihn, der angeblich ja längere Zeit im KZ gesessen hatte, ins Gefängnis bringen.

Ich selbst hatte in diesen Tagen viel freie Zeit und konnte in meiner Dienststellung die Insel nach allen Richtungen hin durchstreifen und gut kennenlernen. Einer der PKW, ein Kübelwagen von VW, diente mir als Untersatz. Aber auch in Ostholstein hatte ich oft zu tun, wo General Schlieper in Langenhagen häufig Besprechungen ansetzte. Mir lag auch daran, einmal zu erfahren, was aus meinen Sachen in Travemünde geworden sei. So fuhr ich einfach nach Eutin, meldete mich mit meiner weißen Armbinde beim dortigen Kontrollpunkt und bat, mich einen Tag außerhalb des Camps bewegen zu dürfen. Man fragte kurz nach meinem Grund. Ich gab an, daß ich einen entlaufenen Wehrmachtsangehörigen in Travemünde zu suchen hätte, worauf man mich ungehindert passieren ließ, mir nur auferlegte, zum Abend wieder zurück zu sein. Ich fuhr dann in aller Ruhe nach Travemünde, besuchte dort mein Privatquartier, stellte fest, daß sich alle Sachen in gutem Zustand befanden und bat die Hausbesitzer, alles bis zu meiner Entlassung aufzubewahren. Dann bummelte ich langsam wieder nach Eutin zurück, passierte den Kontrollpunkt und war damit wieder im Lager.

Am 14. Juni war Nonos Geburtstag, zu dem ich auch nach Katharinenhof eingeladen wurde.

Wir beide waren inzwischen einig geworden, daß wir unseren Lebensweg nun gemeinsam gehen wollten und hatten uns am Pfingstmontag, dem 21. Mai, heimlich verlobt. Meine Schwiegermutter erzählte mir allerdings später, daß sie bei unserem Altersunterschied nicht daran gedacht hätte, daß sich zwischen uns etwas anspinnen könne, aber so ganz haben wir ihr das nie geglaubt! Bereits Tage vorher, noch ehe ich das Amt mit der Ordnungstruppe erhielt, fragte sie mich einmal nach dem Essen, was ich zu tun gedächte. Ich erwiderte, daß ich ein wenig zur Küste gehen wollte, wo ich gern am Strand verweilte. Da machte sie mir den Vorschlag, doch Nono im Garten beim Unkrautzupfen zu helfen, und damit ich mir meine schöne blaue Hose nicht verschmutze, drückte sie mir ein mit Leder bezogenes Kissen in die Hand, so daß ich nun gebunden war, in den Garten zu gehen.

Ich fand diese Regelung nicht schlecht, denn inzwischen hatte ich mich leidenschaftlich in die nette junge Dame verliebt.

Anfang Juli ergingen Befehle an alle Offiziere ab Rang eines Obersten (Kapitän zur See) oder Generals sowie alle Offiziere des Generalstabs, sich an bestimmten Stellen zu sammeln, um dann nach Ostende in ein Sonderlager überführt zu werden. Man wollte diesen Personenkreis »durchleuchten« und wissenswerte Dinge in Erfahrung bringen. Freigestellt von dieser Aktion waren nur solche Offiziere, die irgendeine feste Aufgabe von den Engländern erhalten hatten. Dazu gehörte auch mein Job als Kommandeur der Ordnungstruppe. Im Lager befand sich ein Kapitän zur See v. Wangenheim, der mich aufsuchte und mich bat, ihm die Ordnungstruppe zu übergeben, denn in diesem Falle brauche er nicht nach Ostende. Mir selbst war dieser Vorschlag nur lieb, denn solange ich dienstlich gebunden war, war auch an eine Entlassung meinerseits nicht zu denken. Jetzt konnte ich von dieser Verantwortung entbunden werden und meine Entlassung betreiben.

So geschah es dann auch. Wir wurden beide nach Putlos zu General v. Stockhausen berufen, der mit diesem Wechsel einverstanden war, und ich suchte dort gleich den zuständigen Referenten auf, um mich auf die Liste der zu entlassenden Personen setzen zu lassen.

Am 13. Juli 1945 war es dann soweit. Am nächsten Tag früh um 6.30 Uhr verließ ich mit der Fähre die Insel Fehmarn und meldete mich in dem Lager Zernekau, das dicht bei Eutin lag.

Mit einer größeren Gruppe wurden wir tags darauf abgeholt und nach Eutin gebracht. Ein Major der britischen Luftwaffe verhörte uns eingehend darüber, wo wir hinwollten und welche Berufe wir hätten. Ich zielte zunächst auf meinen alten

Beruf, die Handelsschiffahrt, worauf mir aber erwidert wurde, Handelsschiffe gäbe es in Zukunft für Deutschland nicht wieder. Mein fieberhaft arbeitendes Gehirn legte mir dann den Gedanken nahe, den kaufmännischen Angestellten auszuspielen, und ich wies auf Beschäftigung bei der Hamburg-Amerika Linie hin. Hierauf die Antwort, auch die Betätigung im kaufmännischen Bereich der Hapag fiele auf lange Zeit aus. Nun legte mir der Entlassungsoffizier das Wort »Landarbeiter« in den Mund, so daß mir klar wurde, man wollte zunächst Leute entlassen, die in der Landwirtschaft tätig sein konnten. So erzählte ich von einem Onkel, der einen Gutshof habe und mich dringend für Landarbeit benötige. Auf die Frage, wo denn dieser Gutshof läge, erwiderte ich, »bei Ahrensburg in der Nähe von Hamburg«. Dies war natürlich glatt gelogen, denn Onkel Hermann, an den ich dachte, hatte dort ein Haus auf etwa 2000 Quadratmeter Land mit einem kleinen Garten. Der Major fragte dann noch nach der Größe des Hofes, den ich mit Fantasiezahlen ausstattete, und nach kurzer Überlegung wies er den neben ihm sitzenden Schreiber an, in meinen Entlassungspapieren den Vermerk »Landwirtschaftlicher Arbeiter« einzusetzen.

Die ganze Prozedur meiner Entlassung hatte sich natürlich hingezogen, so daß ich erst spät die Kaserne verließ und gerade noch bis Segeberg kam. – Dort übernachtete ich, fand aber am Tag darauf kaum Gelegenheit nach Hamburg zu kommen. Die meisten Bahngleise waren zerstört, Zugverbindungen kaum möglich, Straßen aufgerissen oder von englischen Panzern blockiert, alles zeigte sich noch als heilloses Durcheinander. Irgendwie bekam ich aber an diesem Montag, dem 16. Juli, doch noch ein Gefährt, denn ich war um 19 Uhr in Hamburg und suchte sofort meinen Onkel Esche am Alsterufer 17 auf. Dort fand ich mein erstes Quartier nach Kriegsende.

Epilog

Im nunmehr beginnenden Zivilleben stellte sich für mich die Frage: Welche Strategien entwickeln, um mein Leben neu aufzubauen? Ich entschloß mich, mich kaufmännisch zu betätigen und die Selbständigkeit als Kaufmann anzustreben. Im Jahr 1946 feierten Nono und ich Hochzeit. Sie stand mir nun zur Seite und hielt alles gut zusammen. Sie war das Rückgrat, das ich brauchte, um nach vorn zu schauen.

1950 erfolgte die Gründung meiner Firma »Wilhelm Georg Schulz – Industrievertretungen«, die sich in den folgenden Jahren und Jahrzehnten erfolgreich entwickelte. Privat wuchs meine Familie durch die Geburt unserer Töchter Elisabeth und Crisca.

In meinem Bestreben, überall Umschau zu halten und am Geschehen um mich herum teilzuhaben, trat ich verschiedenen Vereinigungen bei oder nahm alte Kontakte wieder auf. Im Wesentlichen waren dies:

Verband Deutscher Kapitäne und Schiffsoffiziere (VDKS)
Nautischer Verein zu Hamburg
Cap Horniers
Verband Deutscher U-Bootfahrer
Marine-Offiziersvereinigung
Hamburger Marine-Offiziersmesse
Verband Deutscher Soldaten
Crew 1932 der Marine
Hamburger Tischrunde von 1946

Im Laufe der Jahre wurden mir nun verschiedentlich Ehrenämter in diesen Vereinigungen angeboten. Wegen meiner sehr beschränkten Zeit konnte ich aber nur beim VDKS und »Seefahrtsdank« mitarbeiten.

Die »Hamburger Tischrunde« wählte mich 1969 zu ihrem Präsidenten. –

1957/58 wurde mir durch zwei Ereignisse der Krieg nachhaltig in Erinnerung gerufen.

Am 23. April 1957 erhielt ich ein Schreiben des Besitzers einer norwegischen Schiffsbergungsfirma, Herrn Hövding, der mit der Hebung des vor Narvik gesunkenen *U 64* beauftragt worden war. Das Erlebnis meiner damaligen 3. Feindfahrt wurde wieder lebendig.

Wir trafen uns zu einer Besprechung im »Atlantic«, bei der ich ihm Einzelheiten über den Untergang mitteilte. Durch meine sehr genauen Schilderungen war er später in der Lage, einen Taucher in das Boot zu schicken, der das Leck und ein zum Fluten geöffnetes Bodenventil schließen konnte. – So brauchte er nun nur noch Preßluft auf die Schwimmtanks geben und das Boot kam aus 35 Meter Wassertiefe wieder an die Oberfläche.

Interessant war seine Erzählung, wie er zu dem Beruf eines Schiffsbergers gekommen war. – Ende des Zweiten Weltkrieges war er als Nachrichtentechniker bei der norwegischen Post beschäftigt. Seine Regierung suchte zu dieser Zeit ein Bergungsunternehmen, das die in norwegischen Gewässern versenkten Kriegsschiffe heben konnte. Keine der damals existierenden einschlägigen Firmen wollte diese Aufgabe übernehmen. – So beschäftigte er sich mit der Sache, kam zu der Überzeugung, daß er bei einem Kredit von 300.000 norwegischen Kronen die Arbeit anfangen könne und sagte der Regierung seine Bereitwilligkeit unter der Bedingung eines zinsgünstig zu gewährenden Kredites zu.

Als erstes begann er mit der Bergung des deutschen Schlachtschiffes *Tirpitz*, die ein großes Geschäft für ihn wurde. Er erzählte beredt, wieviel er an Panzerplatten, Kupfer, Blei und elektrischen Kabeln, die in Länge von vielen Kilometern aus dem Schiff herausgeholt wurden, sowie noch brauchbarem Inventar verkauft hätte.

Der Werdegang von Herrn Hövding zeigt, wie man mit Unternehmungsgeist, Mut und wohl auch etwas Glück bei harter Arbeit ein Vermögen erwerben kann. Später kaufte er Schiffe und betrieb eine Reederei.

Ein ganz besonderes Ereignis war die Einladung von Kapitän Baker nach Poole in England im Sommer 1958. Am 4. Februar des Jahres erschien in der »Welt« folgende Notiz:

> **»Weltkriegsgegner gesucht**
> London, den 3. Februar
> Howard Baker, ein pensionierter Offizier der britischen Handelsmarine, sucht einen deutschen U-Bootkommandanten. Der deutsche Offizier hatte im Zweiten Weltkrieg den britischen Frachter versenkt, auf dem Baker Dienst tat. Baker will dem deutschen Offizier für sein humanes Verhalten bei der Rettung danken und ihn zu sich nach Großbritannien einladen.
>
> Das deutsche U-Boot war nach der Torpedierung aufgetaucht, und der Kommandant hatte angeordnet, den schiffbrüchigen Seeleuten zu helfen. Das beschädigte Rettungsboot ließ er von seiner Besatzung reparieren und mit Lebensmittelvorräten ausrüsten.«

Schwägerin Ulla entdeckte diese Zeilen und schickte sie mir mit dem Zusatz: »Bist Du's oder bist Du's nicht?« Ich hatte einmal in ihrer Gegenwart mein Erlebnis mit den Schiffbrüchigen vor Freetown erzählt, und sie hatte sich beim Lesen des Artikels daran erinnert.

Zunächst wollte ich nicht recht an die Sache heran. Doch rief ich schließlich bei der »Welt« an und wurde an die Redaktion der United Press in Frankfurt/Main gewiesen. – Nun aber kam eine Lawine ins Rollen.

8. Februar Kontakt mit Frankfurt.
9. Februar Nachricht, daß ich der gesuchte Kommandant des U-Bootes sei. Abends meldet sich »Daily Express«-Vertretung aus Bonn.

Phone
Poole 688

POOLE ARMS,
THE QUAY,
POOLE

Herrn
Wilhelm Schulz
HAMBURG 39
Gryphuisstr. 2

GERMANY.

16. 2. 58

Sehr geehrter Herr Schulz!

Seit unserem ersten Treffen auf Ihrem U-Boot in 1941 war es immer mein grosster Wunsch Sie einmal wieder zu sehen - um mich mit einem Handdruck fur die Rettung unseres Lebens zu bedanken.

Es war Kriegszeit, das konnten wir nicht andern. Doch glaube ich, dass wir unter diesen Umstanden beide unsere Pflicht taten.

Ich horte, dass Sie selbst in Kriegsgefangenschaft geraten waren und da ich doch als Seemann dauernd unterwegs war, hatte ich alle Verbindungen verloren. Spater horte ich, dass Sie den Krieg nicht uberstanden hatten.

Die See habe ich nun verlassen und besitz ein kleines Seemann's Lokal am Hafen. Ich habe bereits viele deutsche Kapitane und Mannschaften kennengelernt. Sie sind meistens Hamburger. Durch Unterhaltung mit ihnen habe ich versucht herauszufinden ob jemand etwas von Ihnen weiss und mir wurde gesagt, dass dieser Zufall bekannt war. Das gab mir die Idee, Sie mit Hilfe der Presse zu suchen, mit dem Erfolg, dass ich jetzt Ihre Adresse bekommen habe.

-2-

Phone
Poole 688

POOLE ARMS,
THE QUAY,
POOLE

- 2 -

Meine Frau und ich haben nun den Wunsch, Sie und Ihre Frau herzlichst einzuladen, einen Urlaub von wenigstens zwei bis drei Wochen mit uns zu verbringen, auf unsere Kosten. - Ich kann Ihnen versichern, dass, wenn Sie kommen konnen, werden Sie ein sehr volles Programm vorfinden, denn all meine Freunde und auch die verschiedenen Behorden, mochten Sie gern kennenlernen.

Da ich leider nicht genug deutsch sprechen oder schreiben kann, habe ich eine Bekannte gebeten, diesen Brief zu ubersetzen, damit die Einladung auch ganz klar ist.

Es wurde mich wirklich sehr freuen, recht bald eine Antwort von Ihnen zu bekommen und zu wissen, ob und wann Sie kommen konnen.

Erinnern Sie sich noch, Herr Kommandant, dass Sie sagten:"We are all seamen!" - und wenn wir nun auch beide am Lande sind, hoffe ich doch, dass diese Worte fur Sie noch dieselbe Meinung haben wie fur mich.

In der Hoffnung, dass wir uns recht bald wieder treffen werden, verbleibe ich mit herzlichsten Grussen,

Ihr,

H H Baker

Howard ("Dick") Baker

10. Februar, 0.30 Uhr, Anruf »Daily Express« aus London, bestätigte mir meine Aussagen und teilte mit, daß gerade ein Interview mit Baker durchgeführt worden sei.
»Hamburger Abendblatt« bei mir vormittags in der Wohnung (Interview und Fotos).
»Daily Express« veröffentlicht ersten Artikel in England. Deutsche und ausländische Zeitungen folgen laufend mit »Stories«.
16. Februar. Ein Brief von Kapitän Baker – seinerzeit Zweiter Offizier auf der *Tweed* – trifft ein mit einer Einladung, ihn mit meiner Frau in Poole zu besuchen.

Nun wurden mehrere Briefe gewechselt, ich versprach Baker, noch im selben Jahr zu kommen, und wir legten die Zeit von Mitte Juli bis Mitte August für die Reise fest.

Mir gingen dabei natürlich allerlei Gedanken durch den Kopf. Wir U-Bootleute wurden vom englischen Volk und auch z.T. von der britischen Marine, der wir ja sehr schwer zu schaffen gemacht hatten, nicht gerade gern gesehen. So wandte ich mich an Admiral Ruge als Chef der damaligen Marineabteilung im Verteidigungsministerium und unterrichtete ihn von der ganzen Angelegenheit. Er schrieb mir dann sehr nett, daß er dem Marineattaché bei der deutschen Botschaft in London von der ganzen Sache Mitteilung gemacht habe, und ich solle mich in schwierigen Fällen an ihn wenden. Mehr könne er aber nicht tun, da ich ja pensionierter Offizier und somit nicht mehr im Amt sei, so daß von seiten des Verteidigungsministeriums keine direkte Unterstützung gegeben werden könne. Immerhin, ich hatte einen kleinen Aufhänger und begab mich dann getrost auf die Reise.

Am 14. Juli kamen Nono und ich etwa gegen 16 Uhr nachmittags in Poole, einem kleinen Hafenort in der Nähe von Bournemouth, an.

Am Kai im Hafen, wo Baker ein kleines Gasthaus (Pub) betrieb, standen eine Menge Menschen, und man konnte sofort sehen, daß dort auch die Presse mit ihren Fotoapparaten und Filmausrüstungen Aufstellung genommen hatte.

Wir brauchten also das Haus gar nicht suchen und wußten, wo wir auszusteigen hatten. – Da gab es nun zwischen Baker und mir ein herzliches Wiedersehen mit vielen Umarmungen und dem Ausdruck wirklicher Freude. Nachdem dies vorbei war, mußten wir noch einmal alles für die Presse und die Fotografen wiederholen. Dann aber wurde vorgestellt und bekanntgemacht, und wir verschwanden in seinem Pub, der den Namen »Poole Arms« trug.

Für uns hatte man im ersten Stock ein schönes Zimmer hergerichtet, das uns die Aussicht auf den Kai und die dort liegenden Schiffe bot. Als Hausgäste hatten wir natürlich nichts mit dem Pub direkt zu tun, Baker bat mich aber, doch einmal in den drei verschiedenen Abteilungen seiner Gastronomie zu erscheinen und mich den Anwesenden zu zeigen. Dieses tat ich dann auch gern, auch deshalb, um etwas Propaganda für ihn zu machen.

Ein ungewöhnliches Wiedersehen nach 16 Jahren – die ehemaligen Kriegsgegener, der Kommandant von *U 124*, Wilhelm Schulz (rechts), und der Zweite Offizier der *Tweed*, Howard Baker, am 14. Juli 1958 in Poole bei Bournemouth

Am besten Kontakt bekam ich in dem Raum des Pubs, wo die einfachen Leute, also Hafenarbeiter und Seeleute verkehrten. Ich wurde in dem Kreis schnell warm, lud alle zu einer Runde ein, Frage und Antwort gingen hin und her, was auch keine Schwierigkeiten machte, denn wir stammten ja alle aus demselben Milieu, nämlich der Schiffahrt. Ein großer Teil der Leute war in der U-Bootabwehr gewesen, und so konnten wir unsere Ansichten über den Geleitzugkrieg austauschen.

Durch die verschiedenen Presseartikel und den Kontakt mit diesen Männern waren wir natürlich in Poole bekannte Leute. Überall, wo wir auftauchten, wurden wir freundlich begrüßt, und die Arbeiter auf den im Hafen liegenden Schiffen grüßten von oben mit einem lauten »Good morning, Commander«, so daß wir uns hier ganz wie zu Hause fühlten.

In dem zweiten Raum des Pubs, genannt die »Lounge«, verkehrte das Bürgertum. Hier lernten wir auch viele Freunde von Bakers kennen, wobei wir nie ein unfreundliches Wort hörten.

An dem dritten Raum stand »Privat«. Hier versuchte ich auch einmal etwas Kontakt zu bekommen, doch diese Leute wollten anscheinend nicht gestört sein, saßen hinter ihren Zeitungen, tranken in Ruhe ein Glas und verschwanden dann wieder.

Da Presse und Rundfunk sich sehr freundlich verhielten, wir guten Kontakt mit der Bevölkerung bekamen und uns auch sonst in jeder Richtung Achtung entgegengebracht wurde, ließ der erste Druck nach, und wir haben diese Zeit sehr genossen.

Es liefen eine Menge Briefe an Baker und auch an mich ein, deren Absender ihre Freude zum Ausdruck brachten, daß wir beide uns gefunden hatten.

Besonders erschüttert waren Nono und ich über den Besuch einer älteren Frau, die drei Söhne im Kriege verloren hatte. Zwei davon waren mit Schiffen untergegangen, die durch deutsche U-Boote versenkt wurden.

Die Frau war von weit her angereist, um mich kennenzulernen und brachte immer wieder zum Ausdruck, daß es doch schön sei, wenn in diesem mörderischen Krieg die Menschlichkeit und auch die Achtung vor dem besiegten Feind trotzdem noch vorhanden gewesen wäre.

Ich kann hier unmöglich die ganzen Erlebnisse in Poole bei Bakers schildern. Erwähnen möchte ich aber doch noch zwei Briefe. Sie stammten von Besatzungsmitgliedern der versenkten *Umona*. Es handelte sich um einen Engländer namens Brothers, der aus Neuseeland an mich schrieb, sowie den ebenfalls von der *Umona* stammenden Elliott. Beide hatten über das Treffen aus den Zeitungen erfahren. – So wurden mir noch einmal all die Ereignisse des nun schon weit zurückliegenden Krieges in Erinnerung gebracht.

Ein weiteres bedeutsames Erlebnis war die Bekanntschaft mit Elisabeth Gasaway aus den USA. »Libby«, wie wir sie später nannten, schrieb mich im September 1959 an. Sie teilte mir mit, daß sie beabsichtige, ein Buch über *U 124* zu schreiben, und bat um allerlei Auskünfte. Nach längerem Schriftwechsel kam sie dann nach Deutschland. Sie war im Juni 1962 vier Wochen unser Gast, und wir konnten alle sie bewegenden Fragen durchsprechen. Ein weiterer Besuch erfolgte nach dem Erscheinen ihres Buches in den USA im Sommer 1971, bei dem sie dann noch verschiedene ehemalige Besatzungsangehörige des Bootes sprach wie auch nach England reiste, wo das Buch nachgedruckt wurde (»Grey Wolf, Grey Sea«, New York 1970; London 1972).

Im ganzen hatte »Libby« gut recherchiert, sehr lebendig geschrieben und auch das Schicksal von *U 124* unter meinem Nachfolger Kapitänleutnant Mohr ausführlich behandelt.

Zu besonderem Dank bin ich ihr noch verpflichtet, weil sie mir über die USA Fotokopien des Kriegstagebuches von *U 124* beschaffte, das, soweit es meine Feindfahrten betrifft, vollständig bei mir vorliegt.

Mit dem Verkauf meiner Firma zum 31. Dezember 1978 endete mein wechselvolles Berufsleben nach 55 arbeitsreichen Jahren.

Wilhelm Schulz
im Jahr 1978

Nach dem Verlassen der Schule war ich

10 Jahre in der Handelsschiffahrt,
12 Jahre in der Kriegsmarine und
33 Jahre als Kaufmann tätig.

Mein Leben war nicht immer leicht – aber voller Erlebnisse und schön. – Ich möchte keinen Tag missen. – Hierbei denke ich besonders an das Schicksal, das mich in den letzten Tagen des Zweiten Weltkrieges auf Fehmarn stranden ließ, wo ich meine Nono fand, mit der mich nun schon 38 glückliche Jahre verbinden.

Die mir geschenkten beiden Kinder und die sechs Enkelkinder sind meine große Freude.

Meinen Eltern danke ich für die Kraft und den Selbstbehauptungswillen, den sie mir mit ins Leben gaben.

Geprägt wurde mein Leben durch mein Elternhaus – das eines preußischen Offiziers –, die Erziehung im Preußischen Kadettenkorps und das Seemannsleben auf Segelschiffen und Dampfschiffen der Handelsmarine in weltweiter Fahrt sowie die daran anschließende Zeit als Seeoffizier in Friedens- und Kriegszeiten.

Ein gütiger Gott hielt in allen Gefahren und Nöten stets schützend seine Hand über mich.

Hamburg, im Herbst 1984 *Wilhelm Schulz*

Personenregister

AUSTRALIEN
TASMANIA
NEU GUINEA
NEU SEELAND
BORNEO
CAROLINEN
Marianen
Sandwich Ins.
Honolulu
Hawaii
Fiji Ins.
Tongatabu
Rarotonga
Cook Ins.
Chatham Ins.
Kermadek Ins.
Campbell I.
Auckland Ins.
Antipoden I.
Melbourne
Newcastle
Sydney
Perth
Fremantle
Ellice Ins.
Gilbert Ins.
Marquesas Ins.
Starbuck I.
Malden I.
Fanning I.
Christmas I.
Pitcairn
Tuamotu
Tokio
Vladiwostock
Nanking
Shanghai
Canton
Kurilen
Aleuten
Kamtschatka
Hongkong
Taiwan
Chefoo
Korea
Wellington
Cook Str.
Christchurch
Tasman
Mangareva
Torres Str.
Hobart
Bass Str.
Auckland
Norfolk I.
Salomon I.
Neu Caledonien
Neu Hebriden
Tahiti
Samoa
Lord Howe I.
Port Augusta
Port Pirie
Adelaide
Bismarck Archipel
Neu Mecklenburg
Philippinen
Marshall Ins.
Palau Ins.
Celebes
Nikolajewsk
Vorkap
Formosa
Brisbane
Seattle
Victoria
Portland
San Francisco
C. Mendocino
Sitka
Mikado
Chatham
Santa Cruz Ins.
Pelew Ins.
Fidschi
Alaska
Kodiak
Mindanao
Taltal
Hamburg
DEUTSCHES SCHIFF
aus
von
am
nach
angekommen
West Länge
120°
130°
140°
150°
160°
170°
180°